生猪产业技术体系北京市创新团队资助

生猪养殖环境控制与饲养管理手册

谢实勇　主编

中国农业科学技术出版社

图书在版编目（CIP）数据

生猪养殖环境控制与饲养管理手册 / 谢实勇主编 .—北京：中国农业科学技术出版社，2020.4

ISBN 978-7-5116-4642-2

Ⅰ.①生… Ⅱ.①谢… Ⅲ.①养猪学-手册 Ⅳ.①S828-62

中国版本图书馆 CIP 数据核字（2020）第 037424 号

责任编辑 崔改泵
责任校对 李向荣

出 版 者 中国农业科学技术出版社
北京市中关村南大街 12 号 邮编：100081
电　　话 (010) 82109194 (出版中心) (010) 82109702 (发行部)
(010) 82109709 (读者服务部)
传　　真 (010) 82106650
网　　址 http://www.castp.cn
经 销 者 各地新华书店
印 刷 者 北京富泰印刷有限责任公司
开　　本 787mm×1 092mm 1/16
印　　张 17.5
字　　数 426 千字
版　　次 2020 年 4 月第 1 版 2020 年 4 月第 1 次印刷
定　　价 80.00 元

《生猪养殖环境控制与饲养管理手册》

编　委　会

目　　录

第一章　猪的生产

猪肉是我国人民喜食的肉类，约占肉类消费总量的70%，猪的生产在动物生产中占有极其重要的地位。

我国具有悠久的养猪历史和丰富的养猪经验，创造了丰富多样的地方猪种，粮猪结合的生态农业模式在实施农业可持续发展战略的今天仍具有重要意义。我国猪的存栏数约占世界的45%，为世界第一养猪大国，但养猪生产水平和经济效益与世界先进水平相比，还有一定的差距，具体表现为出栏率低、胴体瘦肉率低、养猪的比较效益低。因此，中国未来养猪业的发展应积极推广科学养猪，由分散粗放经营向适度规模和集约化经营方式转变，不断提高养猪的生产水平和经济效益。

第一节　猪的生物学与行为学特性

猪在进化过程中，形成了许多生物学特性，不同猪种既有共性，又有其各自的特性。在生产实践中，可以在不断认识和掌握猪的生物学特性的基础上，创造适合不同猪只的饲养管理条件，或改进饲养管理方法，从而获得较好的生产效果。

一、猪的生物学特性

（一）多胎、高产，世代间隔短

猪是常年发情的多胎高产动物，一般一年能产两胎，若缩短哺乳期，一年可产两胎以上。猪每胎产仔数10头左右，繁殖力高的猪种，如我国的太湖猪，每胎平均产仔数超过14头。

猪一般4~5月龄达到性成熟，6~8月龄可以初次配种，妊娠期短（114天），1岁时或更小的年龄就可以第一次产仔。我国有些地方猪种性成熟时间、初配年龄和第一胎产仔时间更早。

（二）杂食性，饲料利用率高

猪可掘土觅食，是杂食动物。门齿、犬齿和臼齿都很发达，胃是介于肉食动物的简单胃与反刍动物的复杂胃之间的中间类型，因此能充分利用各种动植物和矿物质饲料。但猪也不是什么食物都吃，而是有选择的，猪能辨别口味，特别喜吃甜食、香食。

猪的采食量大，按单位体重的采食量，猪大于其他家畜，但猪消化速度快，消化能力强，能消化大量的饲料，以满足其迅速生长发育的营养需要。猪对精料中有机物的消化率一般都在70%以上，也能较好地消化青粗饲料，对青草和优质干草中的有机物消化率，分别达到64.6%和51.2%，但是由于猪胃内没有分解粗纤维的微生物，几乎全靠大肠内微生物分解，因此猪对粗饲料中粗纤维的消化能力较差，而且饲料中粗纤维含量越高时，日粮的消化率就越低。

（三）生长发育快，生产周期短

猪和牛、羊、马相比，无论是胚胎期还是性成熟前的生长期都是最短的。猪由于胚胎期短，同胎仔数多，出生时生长发育不充分，如头的比例大，四肢不健壮，初生体重小（一般只有1.0~1.5kg，不到成年体重的1%），各组织器官发育也不完善，对外界环境的适应能力较差。

为了补偿胚胎期生长发育的不足，猪生后两个月内生长发育特别快，仔猪生后1月龄体重为初生重的5~6倍，2月龄体重为1月龄体重的2~3倍，断乳后到8月龄前，生长发育仍很强烈，特别是性能优良的肉用型猪种，在满足其生长发育所需的条件下，160~170日龄体重可达90~100kg，相当于初生重的80~100倍，而牛、羊同期只有5~6倍。

（四）皮下脂肪厚，汗腺退化

和其他家畜相比，猪沉积体脂肪的能力强，特别是在皮下、肾周和肠系膜处脂肪沉积多。采食1kg淀粉，猪可沉积脂肪365g，牛则沉积脂肪248g。有的猪种可早期沉积脂肪，人们称之为早熟易肥，我国地方猪种大多有此特性。

猪的皮肤厚，皮下脂肪厚，阻止了体内热量散发，再加之汗腺退化，皮脂腺小，机能差，所以，大猪怕热。在酷暑时期，猪就喜欢在泥水中、潮湿阴凉处趴卧以便散热。但仔猪皮下脂肪少，皮薄、毛稀，单位体重的散热面积相对较大，故仔猪怕冷、怕湿。由于皮脂腺不发达，猪也容易患皮肤病。

（五）嗅觉和听觉灵敏，视觉较差

猪的嗅觉非常灵敏，能辨别许多气味。仔猪在生后数小时便能辨别气味，通过嗅觉寻找乳头，每次哺乳都如此，因此，仔猪生后初期靠嗅觉固定乳头哺乳后，整个哺乳期不变。母猪能通过嗅觉识别自己生下的小猪。如仔猪哺乳数小时后，再寄养到其他母猪时，仔猪拒绝吃乳或母猪攻击仔猪。猪凭借灵敏嗅觉辨别群内的个体、圈舍和卧位，能保持群内个体间的密切联系。当群内混入其他群个体时，猪能很快地辨别出，并进行驱赶性攻击。发情母猪和公猪通过特有的气味辨别对方所在方位。猪还可以依靠嗅觉有效地寻找埋藏于地下的食物。

猪的听觉也很灵敏，能辨别声音的强度、音调和节律，如以固定的呼名、口令和声音刺激等进行调教，能很快形成条件反射。仔猪生后几小时，就对声音有反应，3~4月龄就能很快地辨别出不同的声音刺激。猪对意外声响特别敏感，尤其是与吃喝有关的音响更为敏感，当它听到饲喂用具发出的声响时，立即起而望食，并发出饥饿的叫声。对危险信息特别警觉，即使睡眠，一旦有意外响声，也立即苏醒，站立警备。因此，为了保持猪舍安静，应尽量避免突然的音响。

猪的视觉较差，视距、视野范围小，且不能分辨颜色。

（六）适应性强，分布广泛

猪对自然地理、气候条件的适应性强，是世界上分布最广、数量最多的家畜之一，除因宗教和社会习俗等而禁止养猪的地区外，凡是有人类生存的地方都可养猪。猪的适应性强，主要表现在对寒暑气候的适应、对饲料多样性的适应、对饲养管理方法和方式的适应。猪只有在比较舒适的环境下才能表现出较高的生产性能，如果遇到恶劣的条件，猪体就出现应激反应，如果抗拒不了这种环境，生理平衡就遭到破坏，生长发育受阻，生理出现异常，严重时患病和死亡。如温度对猪的影响，当温度升高到上限临界温度以上时，猪表现出呼吸频率升高，采食量减少，生长猪生长速度减慢、饲料利用率降低，公猪射精量减少、性欲降低，母猪不发情。同样，冷应激对猪影响也较大，当环境温度低于下限临界温度时，其采食量增加，增重减慢，饲料利用率降低，打颤、聚堆。因此，在生产实践中应根据不同类型猪只的特点，为其提供一个适宜的环境。

二、猪的行为学特性

行为就是动物的行动举止，是动物对某种刺激和外界环境的反应。一个成年动物的行为是由先天遗传和后天获得行为复合起来构成的。先天行为包括各种简单反射、复杂反应以及行为链；后天获得的行为包括各种条件反射、学会的反应和习惯。猪和其他动物一样，对其生活环境、气候条件和饲养管理条件等，在行为上都有其特殊的表现，而且有一定的规律性。如果我们掌握了猪的行为特性，并且根据猪的行为特点，制定合理的饲养工艺，设计合理的猪舍和设备，最大限度地创造适于猪习性的环境条件，就能够提高猪的生产性能，提高养猪的经济效益。

（一）社会行为

动物社会的含义与人类的不同，“社会”一词主要是指同种动物个体通过相互作用而结成的一种生活组织。所以，社会行为就是与同类发生联系、相互作用的行为，它包括同伴、家族、同群内个体之间的相互认识、联系、竞争及合作等现象。

1. 结群行为

在无猪舍的情况下，猪能自找固定地点居住，表现出定居漫游的习性。猪有合群性，在放养的情况下，通常由1头成年公猪率领5~10头母猪形成一个小群，公猪以其发达的犬齿为武器，保护并引导猪群的活动。在舍饲条件下，猪的一生充满一系列的结群处境：最初是同窝仔猪与母猪在一起，然后是断乳仔猪群，再后转到生长肥育群或后备猪群……

2. 争斗行为

争斗行为是动物个体间在发生冲突时的反应，由“攻击”和“逃避”两个部分组成。用于种群内的攻击行为纯属竞争的性质，所争的对象有生物的和非生物的，如配偶、食物、栖身处所等。通过争斗还可决定个体在群体中的位次，因此，当一头陌生的猪进入一个猪群时，这头猪会成为全群猪攻击的对象，轻者伤皮肉，重者造成死亡。

猪的争斗，双方使用头颈，以肩抵肩，以牙还牙，或抬高头部去咬对方的颈和耳朵。有经验的优势公猪往往能在两三次迅猛的攻击中取胜，但有时争斗能持续1h之久。母猪之间的争斗，只是互相咬，而无激烈的对抗。小猪在生后第二天便有争夺奶头的表现（用头和嘴横向拱撞），如不及早剪掉犬齿，有时能误伤母猪乳房。猪之间的争斗很少造成死亡，但在热天发生的持续争斗，会因中暑造成间接的死亡。

从小养在一起的个体之间很少发生争斗，因此养猪业中有生后不调群的同窝肥育方式。

3. 优势序列

优势序列是社会行为造成的一种等级制。它使某些个体通过斗争在群内占有较高的地位，在采食、休息占地和交配等方面得以优先。优势序列是后天经历确定的，一般是通过争斗决定个体在群内的位次，某一个体一旦在一场斗争或威吓行为中取胜，以后再无须重新较量，败者会随时随地予以避让或表示屈服。

小猪在出生后几天之内便能确定占据母猪奶头位置的序列，由于母猪前后奶头的产奶量不同，哺乳序列能影响3周龄体重和断奶体重，而断奶体重的大小又会影响其序位，而序位又进一步影响8周龄体重。

优势序列不一定是垂直关系，有时有并列或三角关系夹在其间。

在优势序列关系确定的有组织的猪群里，个体之间相安无事，猪的增重快。反之，在一个新组织的猪群里，到处都有冲突和对抗，使个体均得不到安宁的采食和休息，新合群的个体须经过多次的对抗并决定出自己的位次之后，才能算群里的成员。按优势序列组成的畜群规模，应与家畜的辨识能力相适应，一个猪群一般不超过20头。

优势序列现象造成群体个体间的待遇不均，在不能按需供应时矛盾更加突出，在生产实践中的一些饲养措施便是针对优势序列的，如个体限位饲养、栓系饲养、自由采食、地面撒喂等。

（二）性行为

有性繁殖的动物达到性成熟以后，在繁殖期里所表现的两性之间的特殊行为都是性行为。性行为包括发情、求偶和交配行为。

母猪临近发情时外阴红肿，在行为方面表现神经过敏，轻微的声音便能把它惊起，但这个时期虽然接受同群母猪的爬跨，却不接受公猪的爬跨。在圈内好闻同群母猪的阴部，有时爬跨同群其他母猪，行为不安，食欲下降，夜间尤甚。跑出圈外的发情母猪，能靠嗅觉去很远的地方寻找公猪，有的对过去配种时所走过的路途记忆犹新。在农村，常能在有公猪的地方找到逃走的母猪。发情母猪常能发出柔和而有节奏的哼叫声。当臀部受到按压时，总是表现出如同接受交配的伫立不动姿态，立耳品种同时把两耳竖立后贴，这种“不动反应”能由公猪短促有节奏的求偶叫声所引起，也可被公猪唾液腺和包皮腺分泌的外激素气味所诱发。由于发情母猪的不动行为与排卵时间有密切关系，所以被广泛用于对舍饲母猪的发情鉴定。性欲高度强烈时期的母猪，当公猪接近时，臀部靠近公猪，闻公猪的头、肛门和阴茎包皮，紧贴公猪不走，甚至爬跨公猪，最后站立不动，接受公猪爬跨。母猪在发情期内接受交配的时间大约为48h（38~60h），接受交配的次数为3~22次。

公猪一旦接触母猪，会追逐母猪，嗅母猪的体侧、膁部、外阴部，把嘴插到母猪两后腿之间向上抛掷，错牙形成唾液泡沫，时常发出低而有节奏的吼声，当公猪性兴奋时，还会出现有节奏的排尿。公猪的爬跨次数与母猪的稳定程度有关，射精时间为3~20min，有的公猪射精后并不跳下而进入睡眠状态。

有些母猪往往由于体内激素分泌失调，而表现性行为亢进或衰弱（不发情和发情不明显）。

公猪由于遗传、近交、营养和运动等原因，常出现性欲低下，或发生自淫行为。群养公猪，常会造成稳固的同性性行为，群内地位较低的个体往往成为受爬跨的对象。公猪的同性性行为往往造成阴茎的损伤。

（三）母性行为

母性行为是指母畜为改善其后代的生存条件所表现的一系列行为，包括产前的做窝、对仔畜的认识、授乳、养育和保护等行为。

母猪在分娩前1~2天，通常衔取干草或树叶等造窝的材料，如果栏内是水泥地面而无垫草，只好用蹄子扒地来表示。分娩前24h，母猪表现神情不安，频繁排尿，摇尾，拱地，时起时卧，不断改变姿势。分娩多选择在安静时间，一般多在16时以后，特别是夜间产仔多见。分娩多采取侧卧，其呼吸加快，皮温上升。仔猪产出后，母猪不去咬断仔猪的脐带，也不舔仔猪，并且在生出最后一个胎儿以前多半不去注意自己产出的仔猪。在分娩中间如果受到干扰，则站在已产出的仔猪中间，张口发出急促的“呼呼”声，表示防护性的威吓。

母猪常常挑选一个地方躺下来授乳，左侧卧或右侧卧的时间大体相同，但一次哺乳中间不转侧。个别母猪站立哺乳。母、仔猪双方皆可主动引起哺乳行为。母猪通过发出类似饥饿时的呼唤声，召集仔猪前来哺乳；仔猪饥饿时则围绕母猪身边要求授乳。同舍母猪的哺乳叫声互有影响，因此，有一窝猪开始哺乳，会引起其他各窝在几分钟之内也相继哺乳。

母、仔猪之间是通过嗅觉、听觉来相互识别和联系的。在实行代哺或寄养时，必须设法混淆母猪的辨别力，最有效的办法是在外来仔猪身上涂抹母猪的尿液或分泌物，或者把它同母猪所生的仔猪混在一起，以改变其体味。仔猪遇有异常情况时通过叫声向母猪发出信号，不同的刺激原因发出不同的叫声。正常的母子关系，一般维持到断奶为止。

母猪非常注意保护自己的仔猪，在行走、躺卧时十分谨慎，不致踩伤、压死仔猪。母性好的母猪躺卧时多选择靠近栏角处并不断用嘴将仔猪拱离卧区后而慢慢躺下，一旦遇到仔猪被压，只要听到仔猪的尖叫声，马上站起，防压动作重复一遍，直到不压住仔猪为止。带仔母猪对外来的侵犯先发出警报的叫声，仔猪闻声逃窜或者伏地不动，母猪会用张合上下颚的动作对侵犯者发出威吓，或以蹲坐姿势负隅抵抗。中国的地方猪种，护仔的表现尤为突出，因此有农谚“带仔母猪胜似狼”，在对分娩母猪的人工接产、初生仔猪的护理时，母猪甚至会表现出强烈的攻击行为。但在高度选择的猪种，这种行为有所减弱。

（四）食物行为

食物行为包括一切获取、处理和摄取固体或液体营养物质的活动，包括采食和饮水行为。

哺乳仔猪的吃奶行为大致分为 3 步：①拱奶——仔猪用鼻端拱揉按摩母猪的乳房，同时夹杂着叫声；②吃奶——仔猪突然安静下来，两耳向后并拢，后腿用力蹬，然后便开始真正地吃奶，仔猪真正吃奶的时间正是母猪"放乳"的时间，这时仔猪保持肃静，发出有节奏的用力吸吮声；③后按摩——仔猪吃奶后也按摩乳房，但其节奏较吃奶前的按摩缓慢。仔猪一昼夜的吃奶次数为 18~28 次。

猪掘土觅食的特性。这是继承其野生祖先从土壤中寻食小动物、昆虫等以补充蛋白质、微量元素的习性。现代养猪多喂以营养物质完善平衡的日粮，减少了猪的挖掘行为，但这种拱掘行为常对圈舍造成破坏。

猪能用嘴咬食青草，吃料时多是叼满一口，然后咀嚼，吃稀料时可把嘴插入水中捞取固体食物。

猪的采食量、采食速度、采食时间和对食物的选择性等受猪的生理需要、年龄、经验、应激、疾病以及外部条件的影响。猪的采食量受体内能量平衡、体温、体重、脂肪贮存等的影响，一定时间内的采食量主要靠采食次数，而不是靠一顿的食量来调节，自由采食时，一顿食量和采食间隔无关，但按顿喂时，间隔会影响一顿的采食量。颗粒料较粉料、湿料较干料能提高猪的适口性，故能提高采食量。群饲的猪比单饲的猪吃得多；经验因素能使猪到了一定时刻便产生食欲，因此生产中常相对固定饲喂时间。

猪的饮水行为往往与采食行为相连，采食干料的猪往往在采食中间去喝水，饮水量相当于干料的 3 倍。环境温度高时，猪会超量饮水。2 月龄前的小猪就能学会用拱、咬或压的办法利用自动饮水器喝水。

（五）排泄行为

排泄是动物对于代谢无用或有害的物质排出体外的行为。一般指粪尿，而不包括由呼吸排出的二氧化碳和通过发汗排出的盐和含氮化合物。

猪不在吃睡的地方排便，除非过分拥挤或外温过低。出生后四五天的小猪就开始在窝外排泄。猪在宽敞的圈里多选定一个角落排泄，并在靠近水源、低湿的地方，或在两圈之间互相能视觉接触的地方排粪排尿。在高温的舍内，猪能躺在尿液等构成的污水里散发体热。在冬季舍内太冷时，猪有尿窝的现象。妊娠猪对排泄比较有控制能力，经过调教，可以定时到舍外排便。因此在建造圈栏时，应设休息区和排泄区，并使排泄区略低于休息区，把饮水器设在排泄区中，诱使猪只在此区排便。

（六）其他行为

1. 活动与睡眠

猪的行为有明显的昼夜节律，活动大部分在白天，但在温暖季节或炎热夏季，夜间也有活动和采食。猪一昼夜内睡眠时间平均 13h，年龄越小，睡眠时间越长，出生后 3

天内的仔猪，除采食和排泄外，其余时间全部睡眠。成猪的睡眠有两种，一为静卧，一为熟睡。静卧姿势多为侧卧，少部分取伏卧姿势，呼吸轻而均匀，虽闭眼但易惊醒；熟睡则全为侧卧，呼吸深长，有时有鼾声，且常有皮毛抖动，不易惊醒。仔猪、生长猪的睡卧多为集堆共眠。

2. 探究行为

动物的探究行为有时是针对具体的事物或环境，如动物在寻求食物、栖息场所等，达到目的时这种探究便停止，但有时探究并不针对某一种目的，而只是动物表现的一种反应，如动物遇到新事物、新环境时所表现出的探究行为。猪在觅食时，先是鼻闻、拱、舐、啃，并只取一小点加以尝试，当饲料适口时，便大量采食。生人接近时猪发出一声警报便逃，如果人伫立不动，猪便返回来逐步接近，用鼻嗅、拱和用嘴轻咬。这种探究有助于它很快学会使用各种形式的自动饮水器。

3. 游戏行为

游戏行为是动物所表现的那些与维持个体及种族生存无直接关系的一类行为活动，如相互扑咬，反复嘶闹，转圈追逐等。游戏多见于幼龄动物，但许多物种成年个体也参加，它似乎能给参加者带来欢乐。仔猪会自己在原地摇摆头，转身或短距离跑动，突然卧倒等；相互游戏多以鼻和鼻梁相互拱和挑，以肩靠肩地对抗，互相爬跨等。仔猪有无游戏或游戏的数量与质量，可作为判断其健康和情绪的尺度。有人主张在幼猪的运动场中设置废轮胎、铁链、树枝等作为玩具，以满足啃咬游戏和发泄过剩能量的需要，可防止咬尾等反常行为。

4. 异常行为

动物在野生情况下，除非疾病几乎没有异常行为，而在家养条件下，异常行为屡见不鲜。异常行为的产生主要是由于动物所处的环境条件的变化超过了动物的反应能力。如长期圈禁的猪会做衔咬圈栏、自动饮水器等一些没有效益的行动；在拥挤的圈养条件下或营养缺乏或无聊的环境中，常发生咬尾行为；神经质的母猪会出现食仔行为等。高度集约化的饲养管理条件更易引起行为异常。异常行为会给生产带来极为不利的影响，对异常行为的矫正和治疗，多数不是药物能奏效的，而需找出导致这一情况的行为学原因，以便采取对策。

第二节　猪的品种及其利用

影响养猪生产水平和经济效益的因素有很多，如猪种性能、饲养管理水平、市场状况等，而猪种自身生产性能的优劣（遗传潜力）是基础和关键。我国是世界上猪种资源最丰富的国家，中国猪种资源概括起来可分为3类：地方猪种、培育猪种和引入猪种。

一、中国地方猪种

（一）中国地方猪种的类型

我国地域宽广，不同地区自然条件、社会经济条件以及人民的生活习惯等有很大差异，猪的选育方法和饲养管理方法也不尽一致，因此，在长期的养猪历史中就形成各具特色的地方猪种，有的猪种具有独特的优良特性，如太湖猪的高繁殖力、民猪的强抗寒能力等。根据体形外貌、生产性能特点，结合产地条件，可将我国的地方猪种分为6个类型。

1. 华北型

华北型猪分布在淮河、秦岭以北的广大地区。这些地区属北温带、中温带和南温带，气候寒冷，空气干燥，植物生长期较短，饲料资源不如华南、华中地区丰足，饲养较粗放，多采用放牧和放牧与舍饲相结合的饲养方式，饲料中农副产品和粗饲料的比例较高。

华北型猪体躯较大，四肢粗壮，背腰窄而较平，后躯不够丰满。头较平直，嘴筒长，耳较大，皮肤多皱褶，毛粗密，鬃毛发达，性成熟较早，繁殖性能较高，产仔数一般12头以上，母性强，泌乳性能好，仔猪育成率较高。耐粗饲和消化能力强。增重速度较慢，肥育后期沉积脂肪能力较强。

东北的民猪、内蒙古自治区（以下简称内蒙古）的河套大耳猪、西北的八眉猪、河北的深县猪、山西的马身猪、山东的莱芜猪、江苏和安徽的淮猪等，均属华北型地方猪种。

2. 华南型

华南型猪分布在云南省的西南和南部边缘、广西壮族自治区（以下简称广西）和广东省偏南的大部分地区以及福建省的东南角和台湾省各地。华南型猪分布地区属亚热带，雨量充沛，气温虽不是最高，但热季较长，作物四季生长，饲料资源丰富，青绿多汁饲料尤为充足。精料多为米糠、碎米、玉米、甘薯等。

华南型猪体躯较短、矮、宽、圆、肥，骨骼细小，背腰宽阔下陷，腹大下垂，臀较丰满，四肢开阔粗短。头较短小，面凹，耳小上竖或向两侧平伸，毛稀多为黑白斑块，也有全黑被毛。性成熟较早，但繁殖力较低，早期生长发育快，肥育时脂化早，因而早熟易肥。

两广小花猪、云南的滇南小耳猪、广西的陆川猪、福建的槐猪、台湾的桃园猪等，均属华南型地方猪种。

3. 华中型

华中型猪分布在长江中下游和珠江之间的广大地区。华中型猪分布地区属亚热带，气候温暖且雨量充沛，农作物以水稻为主，冬作物主要为麦类，青绿多汁饲料也很丰富，但不及华南地区。

华中型猪体躯较华南型猪大，体型与华南型猪相似，体质较疏松，骨骼细致，背较宽而背腰多下凹，腹大下垂，四肢较短，头较小，耳较华南型猪大且下垂，被毛稀疏，大多为黑白花，也有少量黑色的。性成熟早，生产性能一般介于华北型猪和华南型猪之间。生长较快，成熟较早。

浙江的金华猪、广东的大花白猪、湖南的大围子猪和宁乡猪、湖北的监利猪等，均属华中型地方猪种。

4. 江海型

江海型分布于华北型猪和华中型猪两大类型分布区之间，地处汉江和长江中下游平原，这一地区属自然交错地带，处于亚热带和暖温带的过渡地区，气候温和，雨量充沛，土壤肥沃，稻麦一年两熟或三熟，玉米、甘薯、大豆类均有种植，养猪饲料丰富。

江海型猪属过渡类型，外形和生产性能因类别不同而差异较大，价格大小不一，毛黑色或有少量白斑，外形特征也介于南北之间，其共同特点是头大小适中，额较宽，耳大下垂，背腰稍宽，较平直或微凹，腹较大，骨骼粗壮，皮厚而松，且多皱褶。性成熟早，繁殖力高，太湖猪尤为突出，体成熟亦较早。

5. 西南型

西南型猪主要分布在云贵高原和四川盆地。西南区地形中以山地为主，其次是丘陵，海拔一般在 1 000m 以上，四川盆地的底部则是区内平均高度最低的地方，但一般仍在 400~700m。亚热带山地气候特征显著，阴雨多雾，湿度大，日照少，农作物以水稻、小麦、甘薯、玉米为主，青绿饲料也很丰富。

西南型猪的特点为头大，腿较粗短，额部多有旋毛或纵行皱纹，毛色全黑或“六白”（包括不完全“六白”）较多，但也有黑白花和红毛猪，产仔数一般 8~10 头。

四川的内江猪、荣昌猪、乌金猪等，均属西南型地方猪种。

6. 高原型

高原型猪主要分布在青藏高原。青藏高原气候干燥寒冷，冬长夏短，多风少雨，日照时间长，日温差大，植被零星稀疏，饲料较缺乏，故养猪以放牧为主，舍饲为辅。无论放牧或舍饲，都以青粗饲料为主，搭配少量精料，饲养管理粗放。由于所处的自然条件和社会经济条件特殊，因而高原型猪与国内其他类型的猪种有很大差别。

高原型猪体型较小，四肢发达，粗短有力，蹄小结实，被毛大多为全黑色，少数为不全的“六白”特征，还有少数呈棕色的火毛猪。嘴筒直尖，额较窄，耳小，微竖或向两侧平伸，体型紧凑，颈肩窄略长，胸较窄，背腰平直，腹紧凑不下垂，臀较倾斜，欠丰满，体躯前低后高，四肢坚实，皮肤较厚，背毛粗长，绒毛密生，一般 4~5 月龄性成熟，产仔数 5~6 头。

高原型猪的数量和品种较少，以藏猪为典型代表。

（二）中国地方猪种的特性

1. 性成熟早，繁殖力高

我国地方猪种大多具有性熟早、产仔数多、母性强的特点，母猪一般 3~4 月龄开始发情，4~5 月龄就可配种。以繁殖力高而闻名于世的梅山猪，初产母猪平均产仔数可达 14 头，经产母猪平均产仔数可达 16 头以上。多数地方猪种平均产仔数都在 11~13 头，高于或相当于国外培育猪种中繁殖力最高的大白猪和长白猪。母猪母性好，哺育成活率高。

2. 抗逆性强

我国地方猪种抗逆性强，主要表现在抗寒、耐热、耐粗饲和在低营养条件下的良好生产表现。分布于东北地区的民猪可耐受-30~-20℃的寒冷气候，在-15℃的条件下还能产仔和哺乳。高原型猪在气候寒冷、空气干燥、气压低、日温差大、海拔高度 3 000m以上的恶劣环境条件下，仍能放牧采食。华南型猪种在高温季节表现出良好的耐热能力。

我国地方猪种的耐粗饲能力主要表现在能大量利用青粗饲料和农副产品，能适应长期以青粗饲料为主的饲养方式，在饲料低营养条件下仍能获得一定的增重速度，甚至优于国外培育猪种。

3. 生长速度慢，饲料利用率低

我国地方猪种生长速度缓慢，饲料利用率低，即使在全价饲养的条件下，其性能水平仍显著低于国外培育猪种和我国的培育猪种。

4. 胴体瘦肉率低，脂肪率高

我国地方猪种的胴体瘦肉率低，大多在40%左右，大大低于国外培育猪种（60%以上），其眼肌面积和腿臀比也不如国外培育猪种。相应地，我国地方猪种沉积脂肪的能力较强，特别是早期沉积脂肪的能力较强，主要表现在肾周脂肪和肠系脂肪的量较多，皮下脂肪较厚，胴体脂肪率35%左右。

5. 肉质优良

我国地方猪种肉质优良，主要表现在肉色鲜红，pH 值高，系水力强，肌纤维细，肌束内肌纤维数量较多，大理石纹分布适中。肌内脂肪质量分数较高，一般为3%左右，嫩而多汁，适口性好，香味浓郁。无 PSE（Pale，Soft & Exudative。颜色灰白，松软和有汁液渗出）和 DFD（Dark，Firm & Dry。颜色暗黑，质地坚硬和表面干燥）肉。

（三）我国地方猪种的利用

1. 作为经济杂交的母本

现代养猪生产中广泛利用各种杂交系统以生产杂交商品猪。在利用杂种优势时，要求杂交母本应具有良好的繁殖性能以降低商品用仔猪的生产成本，我国地方猪种具有性成熟早、产仔数多、母性强等优良特性，因此可作为经济杂交的母本。但由于我国地方猪种生长速度慢、饲料利用率低、胴体瘦肉率低，因此不宜作为杂交用父本。

2. 作为培育新品种（系）的育种素材

在以往培育新品种时，大多利用我国地方品种对当地环境条件具有良好适应性及繁殖力高的特点，与国外培育品种进行适当地杂交并在此基础上培育新品种，如三江白猪就是用民猪和长白猪杂交，用含75%长白猪血统和25%民猪血统的后代进行自群繁育而成的。在现代猪的生产中，可利用我国地方猪种繁殖力高的特点，与优良的培育品种杂后，选育合成母系。

二、中国培育猪种

培育猪种是指新中国成立以来育成的品种。其培育过程大体可分为3种方式：一是利用原有血统混杂的杂种猪群，经整理选育成，这一类培育品种在选育前已受到外来品种的影响；二是以原有的杂种群为基础，再用一或两个外国品种与之进行杂交后经自群繁育而成；三是在严格育种计划和方案指导下，有计划地进行杂交、横交、培育而成。

这些培育品种由于培育时间、育种素材、杂交方式及选育方法等的不同，因而表现出不同的特点。但总的来说，培育品种既保留了我国地方猪种的优良特性，又吸收了国外优良猪种的优点。与地方品种比，体重、体尺有所增加，背腰宽平，后躯较为丰满，改变了地方品种凹背、垂腹、后躯发育差的缺陷；继承了地方品种繁殖力高的特性，经产母猪产仔数 11~13 头，仔猪初生重 1.0kg 以上，高于地方品种而接近于国外品种；生长肥育猪生长速度较快，20~90kg 体重阶段平均日增重可达 600g 以上，90kg 体重屠宰胴体瘦肉率可达 50%或更高。与国外品种相比，具有发情征候明显，配种受胎率高，繁殖性能优良，内质好等优良特性，但体躯结构尚不及引入品种，后躯欠丰满，生长速度、饲料利用率均不及国外品种，特别是胴体瘦肉率差距较大。

在目前养猪生产中，大多用培育品种与杜洛克、长白、大白猪等引入品种进行杂交配套，生产肥育用仔猪，由于培育品种的性能高于地方品种，所以其杂种后代也优于以地方品种为母本的杂种后代。但在杂交配套方式筛选过程中，应注意不宜再利用培育品种育成过程中使用过的国外品种与之进行杂交，如三江白猪不宜再用长白猪与之进行杂交生产商品猪。

三、中国引入猪种

（一）主要的引入品种

引入猪种是指从国外引入我国的外来品种。其中，对我国猪种改良影响较大的有中约克夏、大约克夏、巴克夏、苏联大白猪、克米洛夫猪和长白猪等。在目前猪的生产中发挥作用较大的引入品种有长白猪、大白猪、杜洛克等。

1. 长白猪

长白猪原产于丹麦，原名兰德瑞斯（Landrace），是目前世界上分布较广的瘦肉型品种之一。因其体躯较长，全身被毛白色，故在我国称其为长白猪。

体型外貌。全身被毛白色，体躯呈流线形，头小而清秀，嘴尖，耳大下垂，背腰长而平直，四肢纤细，后躯丰满，被毛稀疏，乳头 7 对。

性能特点。性成熟较晚，一般 6 月龄开始出现性行为，10 月龄左右体重达 100kg 以上时可配种，初产母猪产仔数 9~10 头，经产母猪产仔数 10~11 头。在良好的饲养条件下，长白猪的平均日增重应在 700g 以上，耗料增重比 3.0 以下，90kg 体重屠宰胴体瘦肉率在 62%以上。新引进的长白猪平均日增重达到 850g 以上，耗料增重比 2.6 以下。

2. 大白猪

大白猪（Large White）原产于英国，由于产于英国的约克郡，故又称大约克夏（Large Yorksh ire）。大白猪分为大、中、小 3 种类型，目前世界各地分布最广的是大约克夏。

体型外貌。大白猪体型较大，耳大直立，颜面微凹，背腰微弓，四肢较高，被毛全白色，少数个体额角有暗斑。乳头 7~8 对。

生产性能。性成熟较晚，母猪 5 月龄左右出现初情期，10 月龄左右体重达 100kg 以上时可配种。繁殖力高是大白猪的突出特点，初产母猪产仔数 10 头，经产母猪产仔数 12 头，在良好的饲养条件下，平均日增重应达 700g 以上，耗料增重比 3.0 以下，90kg 体重屠宰胴体瘦肉率在 61%以上。20 世纪 90 年代以来引入的大白猪，平均日增重可达 900g，耗料增重比 2.6 以下。

3. 杜洛克

杜洛克（Duroc）原产于美国东部，它是目前世界上分布较广的肉用型猪种之一。

体型外貌。杜洛克体躯较长，背腰微弓，头较小而清秀，脸部微凹，耳中等大小，略向前倾，耳尖稍下垂，后躯丰满，四肢粗壮。全身被毛可由金黄色到暗棕色，色泽深浅不一，蹄呈黑色。

生产性能。性成熟较晚，6~7 月龄开始发情，繁殖性能较低，初产母猪产仔数 9 头，经产母猪产仔数 10 头。杜洛克猪前期生长慢，后期生长快。在良好的饲养条件下，平均日增重可达 750g 以上，耗料增重比 2.9 以下，胴体瘦肉率可达 63%以上。新引进的杜洛克猪，平均日增重可达 850g 以上，耗料增重比 2.6 以下，胴体瘦肉率 65%以上。

4. 汉普夏

汉普夏（Hampshire）原产于美国，是世界著名的肉用型品种。

体型外貌。体躯较长，后躯丰满，肌肉发达。嘴较长而直，耳中等大小直立。被毛黑色，但围绕前肢和肩部有一条白带，乳头数 6~7 对。

生产性能。性成熟晚，母猪一般 6~7 月龄开始发情，繁殖性能较低，初产母猪产仔数 7~8 头，经产母猪产仔数 8~9 头。汉普夏增重速度略慢，饲料利用率也不及长白、大白、杜洛克猪，但其背膘薄，瘦肉率很高，可达 65%。

（二）引入猪种的特性

1. 生长速度快，饲料利用率高

在优良的生产条件下，引入猪种的生长速度和饲料利用率明显优于我国地方猪种和培育猪种，尤其是近年来引入的国外猪种，肥育期间平均日增重可达 900g 左右，耗料增重比 2.6 左右。

2. 胴体瘦肉率高

引入猪种背膘较薄，眼肌面积较大，胴体瘦肉率较高，一般均为 60%以上。近年来引入的外国猪种，其胴体瘦肉率可达 65%以上。

3. 肉质较差

引入猪种的肉质较差，主要表现有肉色较浅，系水力差，肌纤维较粗，肌束内肌纤维数量较少，肌间脂肪含量较低，一些品种 PSE 肉的出现率较高。

（三）引入猪种的利用

1. 作为育种素材

在以往培育新品种（系）的过程中，为提高培育品种（系）的生长速度、饲料利用率和胴体瘦肉率，大多将引入品种作为育种素材，与地方品种杂交。

2. 杂交利用

引入品种的杂交利用可分为以下两种情况：一是以地方品种或培育品种为母本与之进行杂交，在这种情况下，如果进行二元杂交，引入品种均可作为父本利用；如果进行三元杂交，一般以长白或大白作为第一父本，杜洛克或汉普夏作为终端父本，当然也可用长白或大白作第一父本，大白或长白作终端父本。但无论进行二元杂交或三元杂交，如果地方品种或培育品种是有色猪种，最好用长白、大白猪与之进行杂交，以求商品仔猪毛色的一致。二是引入品种之间的杂交。在这种情况下，如果进行二元杂交，通常以长白或大白猪作母本，杜洛克或汉普夏作父本；如果进行三元杂交，通常以长白和大白猪正交或反交生产杂种母猪，再与终端父本杜洛克或汉普夏进行杂交。

第三节　提高母猪的受胎率

提高母猪的受胎率和产仔数是实现猪群高产的重要环节，因此，应根据母猪的发情排卵规律，掌握适宜的配种时间，采用正确的配种技术和方法，提高母猪的一次发情受胎率，缩短母猪的生产周期，提高母猪的产仔数。

一、母猪的配种

（一）母猪的适宜配种时间

母猪性成熟后，即会有周期性的发情表现。前一次发情开始至下一次发情开始的时间间隔称为发情周期。母猪的发情周期平均为 21 天，多在 19~24 天，品种间、个体、年龄间差异不大。母猪发情如不配种或配种而未受孕，则会周而复始地反复发情，如果配种受孕，则不再发情。母猪每次发情的持续期一般为 3~5 天，品种间、个体间均有差异，一般地方品种发情持续期长。一般认为，母猪发情后 24~36h 开始排卵，排卵持续时间为 10~15h，排出的卵在 8~12h 内保持有受精能力，而精子在母猪生殖道内 10~20h 内保持有受精能力，交配后精子到达受精部位（母猪输卵管壶腹部）的时间需 2~3h。据此推算，适宜的配种时间应为母猪发情后 20~30h。配种过早、过晚均不能得到好的配种效果，配种过早，当卵子排出时，精子已失去受精能力；交配过晚，当精子进入母猪生殖道内，卵子已失去受精能力，因此应适时配种。一般来说，本地品种猪发情后宜晚配，培育品种猪发情后宜早配；老母猪宜早配，小母猪宜晚配。最好的办法是每天早、晚两次用试情公猪对待配母猪进行试情。

（二）配种方式与配种次数

目前采用的配种方式有本交和人工授精两种。

1. 本交

本交即公母猪直接交配。本交时根据母猪一个发情期内的与配公猪数目及配种次数，可分为单次配种、重复配种、双重配种。单次配种即母猪在一个发期期内，只用一头公猪交配一次。重复配种即母猪在一个发情期内，用同一头公猪先后配种两次，两次间隔时间 8~12h。双重配种即母猪在一个发情期内，用两头公猪间隔 10~15min 各配一次。

本交时配种时间应安排在饲喂前 1h 或饲喂后 2h，应避免饱腹时配种，也不应在配种的同时饲喂附近的猪。应设在专门的配种场所，要求地面平坦、不光滑，并应消除其他可能对配种产生干扰的因素。配种时一般先将母猪赶入配种间，然后赶入公猪。待公猪爬跨母猪后，应将母猪的尾巴拉向一侧，辅助公猪的阴茎插入母猪的阴道，以利加快配种进程，防止公猪阴茎损伤。如公母猪体重差异较大时应设配种架。

2. 人工授精

采用人工授精技术可减少公猪的饲养头数，提高优良种公猪的利用率，克服公母猪体格差异悬殊时造成的本交困难，避免疾病的传播等。为提高人工授精的效果，应注意以下技术操作要点。

（1）避免精液污染。从采精到输精的全过程，都要注意用具和器械的消毒，还必须清洗母猪的外阴（可用0.1%高锰酸钾溶液）。

（2）保证精液品质。用于人工授精的精液，除颜色气味正常外，精子活力不应低于0.5，1ml精液有效精子数不应少于1亿个，畸形精子不高于20%。

（3）适宜的输精量。一般要求每次输精量为15~20ml，有效精子数15亿~20亿个。母猪一个发情期输精两次，间隔12~24h。

（4）正确的输精操作。输精动作要求轻插、适深、慢注、缓出。输精前应将输精管前端涂抹少许润滑剂或用少许精液浸润阴门，将输精管轻轻插入阴道，沿阴道上壁向前滑进，进入子宫外口后，将输精管在子宫颈旋转滑动进入子宫，然后缓慢注入精液。如发现精液倒流应暂停输精，活动输精管，再继续输入精液。对于不安静母猪，可在输精过程中按压母猪腰部，或用手轻按母猪尾根凹陷处，使母猪安静接受输精。为防止输精后精液倒流，可在输精结束时，猛拍一下母猪臀部。如果逆流严重，应重新输精。

（三）制订配种计划

配种计划就是根据育种或生产上的要求，预先确定与配公母猪的关系及预期的配种日期等（表1-1），它是猪场生产计划的重要组成部分。配种计划对于避免配种的盲目性，防止不必要的近交，提高猪群的生产性能具有重要意义，也为统筹全年的配种、分娩工作，制订劳动组织、饲料需求、猪群周转及产品销售计划提供依据。

表1-1　配种计划表

母猪	计划与配公猪	预期配种时间	耳号	品种	胎次	主配	替补	（年．月．日）

（四）配种记录

配种记录是记录与配公母猪号码、品种及配种日期等的一种表格（表1-2）。配种记录的作用如下。

（1）了解母猪的配种受胎情况，对未孕母猪可采取相应的技术措施，提高猪群的繁殖效率。

（2）对已受孕母猪，可按妊娠母猪的饲养管理方案进行饲养管理，并可根据配种日期推算出预产期，以利于做好母猪的转舍和接产准备工作。

（3）了解猪只的种性及其相互间的亲缘关系，是育种场和种猪繁育场重要的技术档案。

表 1-2　配种记录表

母猪耳号	品种	胎次	第一次配种				第二次配种				预产期
			公猪耳号	公猪品种	日期	配种员	公猪耳号	公猪品种	日期	配种员	

二、提高母猪受胎率的技术措施

（一）保证母猪正常发情和排卵

1. 保证适宜的繁殖体况

具有适宜繁殖体况的母猪一般都能正常发情、排卵和受孕。一般认为，适宜的繁殖体况应为 7~8 成膘。母猪过肥（出现“夹裆肉”或“下颌肉”）往往发情不正常，排卵少且不规则，不易受孕，即使受孕，产仔少、弱仔多。当然，如果母猪过瘦（膘在 6 成以下）也难正常发情和受孕。过瘦的母猪往往内分泌失调，卵泡不能正常发育，有的由于抵抗力低而易患病，甚至不得不过早淘汰，缩短了母猪的利用年限。这种情况大多发生在断乳母猪，即由于忽视对哺乳母猪的饲养或对哺乳母猪实行“掠夺式”利用造成的。

2. 短期优饲

短期优饲就是对于青年母猪或膘情较差的母猪，在母猪配种准备期（配种前 20 天以内，即在一个发情周期内）加强饲养。

青年母猪在配种准备期实行短期优饲，能增加排卵数 2 枚左右，从而增加产仔数。具体方法：可在原日粮日喂量的基础上每日增喂精料 1.5~2.0kg，配种后立即降到原来水平，确认妊娠后按妊娠母猪要求进行饲养。

对膘情较差的经产母猪短期优饲可尽快使其达到配种体况和正常发情排卵。成年母猪始终处于紧张的繁殖过程中，通常仔猪断乳后 1 周左右，母猪又会发情，由于哺乳期营养消耗较多，多数母猪断乳时膘情较差，但是断乳后立即进行高水平饲养又往往引起乳房炎，因此关键在于搞好哺乳期母猪的饲养管理，使母猪少掉膘，这样就可在断乳后头两天保持适宜饲养水平，3~4 天后开始短期优饲。

（二）催情促排卵

为使母猪配种相对集中，或促使不发情的母猪发情排卵，可进行诱导发情或催情排卵。具体方法如下。

1. 公猪诱情

母猪对公猪的求偶声、气味、鼻的触弄及追逐爬跨等刺激的反应，以听觉和嗅觉最为敏感。因此，可将试情公猪放入母猪栏使其追逐爬跨母猪，或使公猪与母猪隔栏饲养，使其相互间能闻到气味。这样公猪的异性刺激就能通过神经反射作用，引起母猪脑下垂体前叶分泌促卵泡素，促使母猪发情排卵。

2. 早期断乳

泌乳和发情间有一定的关系。在正常情况下，断乳后 5~7 天母猪即可发情。为使母猪断乳后正常发情，可尽量缩短哺乳期，这样母猪能保持较好的体况以保证在断乳后正常发情，如 5 周左右断乳，90%以上的母猪可在断乳后 1 周内发情。

3. 控制哺乳间隔

在哺乳后期减少仔猪昼夜哺乳次数，可促进母猪发情。如哺乳 4 周以后，每天让仔猪吃奶 2 次，或白天赶走母猪，夜间母仔同居，1 周左右，母猪即可发情。

4. 药物催情

在正常饲养管理情况下，给母猪注射孕马血清，每次 5ml，连续 4~5 天可促使母猪发情。有些中草药方剂也有催情作用。

（三）加强种公猪的饲养管理并合理利用，提高精液品质

1. 种公猪的合理饲养

要使种公猪体质健壮、精液品质优良、性欲旺盛且配种能力强，必须按饲养标准进行饲养。同时应根据公猪的体况、配种任务等适当调整日粮营养水平或日喂量。如在季节分娩制度下，种公猪配种期和非配种期，配种任务轻重不同，但由于调整日粮营养水平较麻烦，配种准备期（季节性配种的配种期前 1~1.5 个月）和配种期间可在非配种期日粮喂量的基础上加喂牛奶、鸡蛋、鱼粉、胡萝卜等；或适当增加日喂量，如在非配种期日喂量控制在 2.0~2.5kg，配种期日喂量增至 2.5~3.0kg。

猪精液中的大部分物质为蛋白质，所以在配制公猪日粮时应特别注意供给优质的蛋白质饲料，保证氨基酸的平衡，通常将鱼粉等动物性蛋白饲料和优质豆饼等植物性蛋白饲料搭配使用。

在日粮配制时注意减小日粮体积，应以精饲料为主配制日粮，严格限制青粗饲料给量，日粮调制时也不要过多地加水，防止公猪腹大下垂，降低配种能力。

种公猪的饲喂应定时定量，一般可日喂 3 次，每餐以喂九成饱为宜。非配种期也可日喂两次。

2. 种公猪的精心管理

（1）单栏饲养。种公猪宜单圈饲养，以避免互相爬跨，减少相互间干扰。若圈舍少，也可合群饲养，但必须从小合群，一般每圈 2 头，并应使同圈公猪体重大小相近、强弱相似，管理中应特别注意不能使不同圈栏内的公猪相遇，以免咬伤。

（2）适当运动。适当的运动可提高新陈代谢强度，促进食欲，强健体质，提高精液品质和配种能力，种公猪可单独运动，合群运动时应从小进行，并应剪（锯）掉獠牙。

（3）刷拭和修蹄。应经常刷拭种公猪的皮肤，热天可以进行淋浴，以保持皮肤清洁卫生，促进血液循环，减少皮肤病或外寄生虫病。注意保护种公猪的肢蹄，对不良的蹄形应及时修剪，以免影响配种。

（4）定期称重。应定期称重以检查种公猪体重的变化，青年种公猪的体重应逐渐增加，但不能过肥；成年种公猪的体重应保持稳定，且保持种用状况。

（5）定期检查精液品质。实行人工授精的种公猪，每次采精都要检查精液品质，本交配种的种公猪，每月也要检查1~2次精液品质，特别是后备公猪开始利用前和成年公猪由非配种期转入配种期前，必须检查精液品质。

（6）防暑降温。高温使种公猪食欲降低，性欲减退，精液品质下降。有试验表明，种公猪在33℃下生活72h，精液品质就受到严重的影响。因此如遇高温时，应采取必要的防暑降温措施。

（7）定期预防注射。根据本地区流行病学情况制定合理的免疫程序，定期对公猪进行预防注射。避免与有病母猪直接配种。

3. 种公猪的合理利用

配种利用是饲养种公猪的唯一目的。种公猪的合理利用可以增强配种能力，提高精液品质和配种效果，延长种公猪的利用年限。

（1）后备公猪的初配年龄和体重。后备种公猪的初配年龄和体重，因品种、饲养管理条件等的不同而有差异。我国地方猪种性成熟早，而引入猪种则性成熟较晚，但到性成熟年龄，并不意味着可以配种利用。如过早配种，不但影响公猪自身的生长发育，缩短利用年限，而且影响后代的质量。根据许多资料及生产经验，在正常饲养管理条件下，小型地方猪种可在7~8月龄、体重达70~80kg时开始配种利用；中型地方猪种和培育猪种可在8~9月龄、体重90~100kg时开始配种利用；大型引入猪种可在10~12月龄、体重110~120kg时开始配种利用。

（2）种公猪的利用强度。种公猪配种强度应以适度为原则，若配种利用过度，会显著降低精液品质，影响母猪的受胎率和产仔数，若长期不参加配种，也会使精液品质变差，性欲降低。具体应根据种公猪的年龄大小、体况进行安排。一般认为，1岁以内青年公猪每日可配种2次，每周最多8次；1岁以上青年公猪和成年公猪可每日配种2~3次，每周最多配种12次。在炎热天气，应适当降低配种利用强度。

种公猪利用年限为3~4年。老龄公猪性机能已经下降，精液品质差，配种能力不强，应及时淘汰更新。

第四节　妊娠母猪的饲养管理

从精子与卵子结合，胚胎着床，胎儿发育直至分娩，这一时期对母体来说，称为妊娠期，对新形成的生命个体来说，称为胚胎期。妊娠母猪既是仔猪的生产者，又是营养物质的最大消费者，妊娠期约占母猪整个繁殖周期的2/3。因此，妊娠母猪饲养管理的主要任务是以最少的饲料保证胎儿在母体内得到正常的生长发育，防止流产，同时保证母猪有较好的体况，为产后初期泌乳及断乳后正常发情打下基础。

一、母猪早期妊娠的判定

妊娠判定的目的在于对未妊娠母猪重新配种或及时淘汰，尽量缩短空怀期，提高母猪的利用效率；对已妊娠的母猪按妊娠母猪要求饲养。

（一）妊娠判定方法

妊娠判定方法较多，比较常用的有：

（1）配种前发情周期正常的母猪，交配后至下一次预定发情日不再发情，且有食欲增加、动作稳健、被毛渐有光泽、贪睡等表现，基本上可判定为妊娠。

（2）配种后 16~18 天给母猪注射 1mg 己烯雌酚，2~3 天后表现发情的，说明未妊娠，无发情表现的表明已妊娠。

（二）妊娠期及预产期

母猪的妊娠期平均为 114 天，一般为 112~116 天，随品种、年龄、胎次等略有不同。为了便于记忆，可用“三、三、三”法，即母猪的妊娠期为 3 个月又 3 个星期加 3 天。

母猪的预产期可根据母猪配种日及妊娠期进行推算，推算出预产期后，可及时做好分娩的准备工作，防止漏产。预计的生产日期可查母猪预产期检索表（表 1–3）。

表 1–3　母猪预产期检索表

（月．日）

月／日	配种月											
配种日	1 月	2 月	3 月	4 月	5 月	6 月	7 月	8 月	9 月	10 月	11 月	12 月
1	4. 25	5. 26	6. 23	7. 24	8. 23	9. 23	10. 23	11. 23	12. 24	1. 23	2. 23	3. 25
2	4. 26	5. 27	6. 24	7. 25	8. 24	9. 24	10. 24	11. 24	12. 25	1. 24	2. 24	3. 26
3	4. 27	5. 28	6. 25	7. 26	8. 25	9. 25	10. 25	11. 25	12. 26	1. 25	2. 25	3. 27
4	4. 28	5. 29	6. 26	7. 27	8. 26	9. 26	10. 26	11. 26	12. 27	1. 26	2. 26	3. 28
5	4. 29	5. 30	6. 27	7. 28	8. 27	9. 27	10. 27	11. 27	12. 28	1. 27	2. 27	3. 29
6	4. 30	5. 31	6. 28	7. 29	8. 28	9. 28	10. 28	11. 28	12. 29	1. 28	2. 28	3. 30
7	5. 1	6. 1	6. 29	7. 30	8. 29	9. 29	10. 29	11. 29	12. 30	1. 29	3. 1	3. 31
8	5. 2	6. 2	6. 30	7. 31	8. 30	9. 30	10. 30	11. 30	12. 31	1. 30	3. 2	4. 1
9	5. 3	6. 3	7. 1	8. 1	8. 31	10. 1	10. 31	12. 1	1. 1	1. 31	3. 3	4. 2
10	5. 4	6. 4	7. 2	8. 2	9. 1	10. 2	11. 1	12. 2	1. 2	2. 1	3. 4	4. 3
11	5. 5	6. 5	7. 3	8. 3	9. 2	10. 3	11. 2	12. 3	1. 3	2. 2	3. 5	4. 4
12	5. 6	6. 6	7. 4	8. 4	9. 3	10. 4	11. 3	12. 4	1. 4	2. 3	3. 6	4. 5
13	5. 7	6. 7	7. 5	8. 5	9. 4	10. 5	11. 4	12. 5	1. 5	2. 4	3. 7	4. 6
14	5. 8	6. 8	7. 6	8. 6	9. 5	10. 6	11. 5	12. 6	1. 6	2. 5	3. 8	4. 7

（续表）

月 日	配种月											
配种日	1月	2月	3月	4月	5月	6月	7月	8月	9月	10月	11月	12月
15	5.9	6.9	7.7	8.7	9.6	10.7	11.6	12.7	1.7	2.6	3.9	4.8
16	5.10	6.10	7.8	8.8	9.7	10.8	11.7	12.8	1.8	2.7	3.10	4.9
17	5.11	6.11	7.9	8.9	9.8	10.9	11.8	12.9	1.9	2.8	3.11	4.10
18	5.12	6.12	7.10	8.10	9.9	10.10	11.9	12.10	1.10	2.9	3.12	4.11
19	5.13	6.13	7.11	8.11	9.10	10.11	11.10	12.11	1.11	2.10	3.13	4.12
20	5.14	6.14	7.12	8.12	9.11	10.12	11.11	12.12	1.12	2.11	3.14	4.13
21	5.15	6.15	7.13	8.13	9.12	10.13	11.12	12.13	1.13	2.12	3.15	4.14
22	5.16	6.16	7.14	8.14	9.13	10.14	11.13	12.14	1.14	2.13	3.16	4.15
23	5.17	6.17	7.15	8.15	9.14	10.15	11.14	12.15	1.15	2.14	3.17	4.16
24	5.18	6.18	7.16	8.16	9.15	10.16	11.15	12.16	1.16	2.15	3.18	4.17
25	5.19	6.19	7.17	8.17	9.16	10.17	11.16	12.17	1.17	2.16	3.19	4.18
26	5.20	6.20	7.18	8.18	9.17	10.18	11.17	12.18	1.18	2.17	3.20	4.19
27	5.21	6.21	7.19	8.19	9.18	10.19	11.18	12.19	1.19	2.18	3.21	4.20
28	5.22	6.22	7.20	8.20	9.19	10.20	11.19	12.20	1.20	2.19	3.22	4.21
29	5.23	—	7.21	8.21	9.20	10.21	11.20	12.21	1.21	2.20	3.23	4.22
30	5.24	—	7.22	8.22	9.21	10.22	11.21	12.22	1.22	2.21	3.24	4.23
31	5.25	—	7.23	—	9.22	—	11.22	12.23	—	2.22	—	4.24

二、胚胎的生长发育规律

（一）胚胎重量的变化

猪的受精卵只有0.4mg，初生仔猪重1.2kg左右，整个胚胎期的重量增加200多万倍，而出生后的增加只有几百倍，可见胚胎期的生长强度远远大于出生后。

进一步分析胚胎的生长发育情况可以发现，胚胎期的前1/3时期中，胚胎重量的增加很缓慢，而胚胎期的后2/3时期，胚胎重量的增加很迅速。以民猪为例，妊娠60天时，胚胎重仅占初生重的8.73%，其个体重的60%以上是在妊娠的最后一个月增长的（表1-4）。所以加强母猪妊娠前后两期的饲养管理是保证胚胎正常生长发育的关键。

表 1-4　民猪胚胎重量的变化

胎龄（日）	胚胎重（g）	占初生重比例（%）
20	0.101	0.01
25	0.552	0.05
30	1.632	0.16
60	87.73	8.73
90	375.03	37.30
出生	1005.50	100.00

（源自：许振英．中国地方猪种种质特性，1989）

（二）胚胎的死亡及其原因

母猪一般一次排卵 20~25 枚，卵子的受精率高达 95%以上，但产仔数只有 11 头左右，这说明 30%~40%的受精卵在胚胎期死亡。胚胎死亡一般有 3 个高峰期。

（1）妊娠前 30 天内的死亡。卵子在输卵管的壶腹部受精形成合子，合子在输卵管中呈游离状态，并不断向子宫游动，24~48h 后到达子宫系膜的对侧上，并在它周围形成胎盘，这个过程需 12~24 天。在第 9 天至第 13 天的附植初期及 20 天左右的器官分化期，受精卵易受各种因素的影响而死亡，这一时期的死亡率约占受精卵总数的 30%。

（2）妊娠中期的死亡。妊娠 60~70 天后胚胎生长发育加快，由于胚胎在争夺胎盘分泌的某种有利于其发育的类蛋白质物质而造成供应不均，致使一部分胚胎死亡或发育不良。此外，粗暴地对待母猪，如鞭打、追赶等以及母猪间互相拥挤、咬架等，都能通过神经刺激而干扰子宫血液循环，减少对胚胎的营养供应，增加死亡。这一时期死亡比例约为 10%。

（3）妊娠后期和临产前的死亡。此期胎盘停止生长，而胎儿迅速生长，或由于胎盘机能不健全，胎盘循环失常，影响营养物质通过胎盘，不足以供给胎儿发育所需营养或营养不全，致使胚胎死亡。同时母猪临产前受不良刺激，如挤压或剧烈活动等，也可导致脐带异常而致胚胎死亡。其死亡率约为 5%。

胚胎存活率高低，表现为窝产仔数。影响胚胎存活率高低的因素很多，也很复杂。

（1）遗传因素。不同种类猪的胚胎存活率有一定的差异。据报道，梅山猪在妊娠 30 日龄时胚胎存活率（85%~90%）高于大白猪（66%~70%）。其原因与其子宫内环境有很大关系。

（2）近交与杂交。繁殖性状是近交反应最敏感的性状之一，近交往往造成胚胎存活率降低，畸形胚胎比例增加。因此在商品生产群中要尽量避免近亲繁殖。

杂交与近交的效应相反，繁殖性状是杂种优势表现最明显的性状，窝产仔数的杂种优势率在 15%以上。因此在商品生产中应尽量利用杂种母猪。

（3）母猪年龄。在影响胚胎存活率的诸因素中，母猪的年龄是一个影响较大、最稳定、最可预见的因素。一般规律是，第三胎至第六胎保持较高的产仔数水平，以后开始下降。因此要注意淘汰繁殖力低的老龄母猪，由壮龄母猪构成生产群。

（4）公猪的精液品质。在公猪精液中，精子占2%~5%，1ml精液中约有1.5亿个精子，正常精子占大多数。公猪精液中精子密度过低、死精子或畸形精子过多、pH值过高或过低、颜色发红或发绿等，均属异常精液，用产生异常精液的公猪进行配种或进行人工授精，会降低受精率，使胚胎死亡率增高。

（5）母猪体况及营养水平。母猪的体况及日粮营养水平对母猪的繁殖性能有直接的影响。母体过肥、过瘦都会使排卵数减少，胚胎存活率降低。妊娠母猪过肥会导致卵巢、子宫周围过度沉积脂肪，使卵子和胚胎的发育失去正常的生理环境，造成产仔少，弱小仔猪比例上升。在通常情况下，妊娠前、中期容易造成母猪过肥，尤其是在日粮缺少青绿饲料的情况下，危害更为严重。母猪过瘦，也会使卵子、受精卵的活力降低，进而使胚胎的存活率降低。中上等体况的母猪，胚胎成活率最高。

（6）温度。高温或低温都会降低胚胎存活率，尤以高温的影响较大。在32℃左右的温度下饲养妊娠25天的母猪，其活胚胎数要比在15.5℃饲养的母猪约少3个。因此，猪舍应保持适宜的温度，在16~22℃为宜，相对湿度以70%~80%为宜。

（7）其他。母猪配种前的短期优饲、配种时采用复配法、建立良好的卫生条件以减少子宫的感染机会、严禁鞭打、合理分群以防止母猪互相拥挤、咬架等，均可提高母猪的产仔数。

三、妊娠母猪的日常饲养

（一）妊娠母猪的日粮配合

（1）日粮营养水平。从日粮的营养构成来看，一般来说，在一定限度内妊娠期能量水平对产仔数无影响，但高能量水平，特别是妊娠初期高能量水平会导致胚胎死亡率增加，妊娠初期降低能量水平还有利于胚胎成活。如果能量水平足够，蛋白质水平对产仔数影响较小，但可降低仔猪的初生重，并降低母猪产后的泌乳力。而产仔数的减少，死胎、木乃伊、畸形仔猪、弱仔猪增加的主要原因（除遗传、近交、疾病外）是妊娠期日粮中维生素和矿物质缺乏，因此应严格按照妊娠母猪的饲养标准配制日粮。

（2）供给青粗饲料。实践证明，在满足日粮能量、蛋白质的前提下，供给适当的青粗饲料，可获得良好的繁殖成绩，单纯利用精料的饲养方法并不优越。青粗饲料可补充精饲料中维生素、矿物质的不足，并可降低饲料成本。欲以青粗饲料代替部分精料时，可按每日营养需要量及日采食量来确定青粗饲料比例，一般在妊娠母猪的日粮中，精料和青粗料的比例可按1：（3~4）投给。

（3）适当的日粮体积。适当的日粮体积可使母猪有饱腹感，青饲料含水多，体积大，与妊娠母猪需大量营养物质而胃肠容积有限是一个矛盾，粗饲料含纤维多，适口性差，这与妊娠母猪的生理特点和营养需要又是一个矛盾。因此，要注意青粗饲料的加工调制（如打浆、切碎、青贮等）和增加饲喂次数。

（二）妊娠母猪的饲养方式

应根据母猪及母体内胚胎的生理特点来饲养妊娠母猪。整个妊娠期有两个关键时期，即妊娠初期和妊娠后期。妊娠初期是受精卵着床期，营养需要量虽不是很大，但需要很完善，尤其是对维生素、矿物质要求很严格。后期胚胎生长发育较快，对营养物质的需要量很大。因此妊娠母猪的饲养方式有以下几种。

（1）高—低—高的饲养方式。这种饲养方式适用于断乳后体况较差的母猪。母猪经过分娩和一个哺乳期后，营养消耗很大，为使其担负下一阶段的繁殖任务，必须在妊娠初期加强营养，使它迅速恢复繁殖状况，这个时期连同配种前7~10天共计一个月左右，应加喂精料，特别是富含维生素的饲料，待体况恢复后加喂青粗饲料或减少精料，并按饲养标准饲喂，直至妊娠90天后，再加喂精料，以增加营养供给。这种饲养方式，形成了“高—低—高”的营养水平，后期的营养水平应高于妊娠前期。

（2）步步高的饲养方式。这种方式适用于青年母猪和哺乳期配种的母猪，前者本身还处于生长发育阶段，后者还需负担哺乳，营养需要量较大。因此，在整个妊娠期间的营养水平，是根据母猪自身的生长发育需要及胚胎体重的增长而逐步提高的，至分娩前一个月左右达到最高峰。这种饲喂方法是随着妊娠期的延长，逐渐增加精料比例，并增加蛋白质和矿物质饲料，到产前3~5天逐渐减少饲料日喂量。

（3）前低后高的饲养方式。对配种前体况较好的经产母猪可采用此方式。因为妊娠初期胚胎体重增加很小，加之母猪膘情良好，这时按照配种前期营养需要的饲粮中多喂青粗饲料或控制精料给量，使营养水平基本上能满足胚胎生长发育的需要。到妊娠后期，由于胎儿生长发育加快，营养需要量加大，故应加喂精料，以满足胎儿生长发育的营养需要。

无论采用哪种方式，都应防止母猪过瘦或过肥，使妊娠期增重控制在30~45kg为宜。最近一二十年来在总结猪营养需要研究的基础上确定了母猪应采取“低妊娠、高泌乳”的营养方式。母猪在妊娠期的增重，青年母猪以40~45kg、成年母猪以30~35kg为宜，且增重的妊娠前、后期几乎各占一半，后期略高。前期以母体自身增重占绝大部分，子宫内容物的增加极少，后期母体增重相对较少，子宫内容物增加相对较多，因胎儿重量的2/3是在妊娠的后1/4时间增长的。有人认为，母猪在妊娠期应有足够的供泌乳的营养储备，故应使妊娠母猪较肥。现在来看，这样做没有必要，与其妊娠期在体内储备营养供泌乳所用，还不如增加泌乳期营养更加经济，因为妊娠期营养储备造成营养物质的二次转化（吸收的营养物质沉积于体组织，再从体组织转化供泌乳），必然降低效率，造成饲料浪费。再者，母猪泌乳期采食量与妊娠期采食量呈反比，因母猪妊娠期采食量大，母猪较肥而食欲下降。泌乳期采食量以妊娠期体增重适当的母猪为高，且体重损失较小。

妊娠母猪食欲旺盛，精料应定量饲喂，同时应保证供给充足的饮水，特别是在用生干料饲喂的情况下更应如此。保证饲料卫生，防止死胎和流产，严禁饲喂发霉、腐败、变质、冰冻及带有毒性和刺激性的饲料，菜籽饼、棉籽饼等不脱毒不能喂，白酒糟内有酒精残留，会对妊娠母猪产生一定的危害。注意食槽的清洁卫生，一定要在清除变质的剩料后，才能投新料。

四、妊娠母猪的管理

妊娠母猪管理的中心任务是做好保胎工作，促进胎儿的正常发育，防止机械性流产。

（一）合理分群

传统饲养方式中，妊娠母猪多合群饲养，以便提高圈舍的利用率。分群时应按母猪大小、强弱、体况、配种时间等进行，以免大欺小、强欺弱。妊娠前期，每个圈栏可养3~4头，妊娠中期每圈2~3头，妊娠后期宜单圈饲养，临产前5~7天转入分娩舍。

（二）适当运动

在妊娠的第一个月，关键是恢复母猪体力，此期重点是安排好营养供给，保证充分休息，少运动。一个月后，应使妊娠母猪每天自由运动2~3h，以增强其体质，并接受充足的阳光，但大量的运动是没有必要的。妊娠后期应适当减少运动，临产前5~7天停止运动。

（三）减少和防止各种有害刺激

对妊娠母猪粗暴驱赶、鞭打，妊娠母猪跨跳障碍物或壕沟、相互咬架以及挤撞等刺激容易造成母猪的机械性流产。

（四）防暑降温及防寒保温

在气候炎热的夏季，应做好防暑降温工作，减少母猪的运动。高温不仅易引起部分母猪不孕，还易引起胚胎死亡和流产。母猪妊娠初期，尤其是第一周遭遇高温（32~39℃），即使只有24h也可增加胚胎死亡。第三周以后母猪的耐热性增加。在盛夏酷热季节应采取防暑降温措施，如洒水、搭凉棚、运动场边植树等，以防止热应激造成胚胎死亡，提高产仔数。冬季则应加强防寒保温工作，防止母猪感冒发烧引起胚胎死亡或流产。

（五）预防疾病性流产和死产

猪流行性乙型脑炎、细小病毒病、流行性感冒等疾病均可引起流产或死产，应按合理的免疫程序进行免疫注射，预防疾病发生。

（六）注意保持猪体卫生

防止猪虱和皮肤病的发生。猪虱和皮肤病不仅影响妊娠母猪的健康，而且在分娩后也会传染给仔猪。

第五节　母猪分娩前后的护理

分娩是母猪整个繁殖周期中最繁忙的一个环节，分娩前后母猪饲养管理的主要任务是，保证母猪安全分娩，产下的仔猪多活全壮。

一、母猪分娩前的准备

分娩条件对母猪、仔猪的影响均较大，应做好相应的准备工作。

（一）分娩舍要求

根据母猪预产期，应在母猪分娩前 1 周准备好分娩舍（产房）。分娩舍要求：①温暖。舍内温度最好控制在 15～18℃。同时应配备仔猪的保温装置（护仔箱等）。如用垫草，应提前将垫草放入舍内，使其温度与舍温相同。要求垫草干燥、柔软、清洁，长短适中（10～15cm）。炎热季节应注意防暑降温和通风，若温度过高，通风不好，对母猪、仔猪均不利。②干燥。舍内相对湿度最好控制在 65%～75%。③卫生。母猪进入分娩舍前，要进行彻底的清扫、冲洗、消毒工作，清除过道、猪栏、运动场等的粪便、污物，地面、圈栏、用具等用消毒液刷洗消毒，墙壁、天棚等用石灰乳粉刷消毒，对于发生过仔猪下痢等疾病的猪栏更应彻底消毒。

此外，要求产房安静，阳光充足，空气新鲜，产栏舒适，否则易使分娩推迟，分娩时间延长，仔猪死亡率增加。

（二）母猪进入分娩舍

为使母猪适应新的环境，应在产前 3～5 天将母猪转入分娩舍，进分娩栏过晚，母猪精神紧张，影响正常分娩。在母猪进入分娩舍前，要清除猪体尤其是腹部、乳房、阴户周围的污物，有条件的可进行母猪的淋浴，效果更佳。进栏宜在早饲前空腹时进行，将母猪赶入产栏后立即进行饲喂，使其尽快适应新的环境。母猪进栏后，饲养员应训练母猪，使之养成在指定地点趴卧、排泄的习惯。

（三）准备分娩用具

应准备如下接产用具和药物：洁净的毛巾或擦拭布两条（一为接产人员擦手用，另一为擦拭仔猪用），剪刀一把，碘酊、高锰酸钾溶液（消毒剪断的脐带），凡士林油（难产助产时用），称仔猪的秤及耳号钳，分娩记录卡等。

二、产前母猪的饲养管理

（一）合理饲养

视母猪体况投料，体况较好的母猪，产前 3～5 天应减少精料的 10%～20%，以后逐渐减料，到产前 1～2 天减至正常喂料量的 30%，避免产后最初几天泌乳量过多、乳脂过高引起仔猪下痢或母猪发生乳房炎。但对体况较差的母猪不但不能减料，而且应增加一些营养丰富的饲料以利泌乳。

在饲料的配合调制上，应停用干粗不易消化的饲料，而且一些易消化的饲料，在配合日粮的基础上，可应用一些青绿饲料，调制成稀食饲喂。产前可饲麸皮粥等轻泻性饲料，防止母猪便秘、乳房炎、仔猪下痢。

（二）悉心管理

产前一周应停止驱赶运动和大群放牧、饲喂，以免由于母猪间互相挤撞造成死胎或流产。

饲养员应有意多接触母猪，并按摩母猪乳房，以利于母猪产后泌乳、接产和对仔猪的护理。

对受伤乳头或其他可能影响泌乳的疾病应及时治疗，不能利用的乳头或受伤乳头应在产前封好或治好，以防母猪产后因疼痛而拒绝哺乳。

产前一周左右，应随时观察母猪产前征兆，尤其是加强夜间看护工作，以便及时做好接产准备。

三、母猪的分娩与接产

（一）母猪的产前征兆与分娩过程

1. 产前征兆

母猪临产前在生理上和行为上都发生一系列变化（产前征兆），掌握这些变化规律既可防止漏产，又可合理安排时间。因此，饲养员应注意掌握母猪的一些产前征兆。

（1）腹部膨大下垂，乳房膨胀有光泽，两侧乳头外张，从后面看，最后一对乳头呈“八”字形，用手挤压有乳汁排出（一般初乳在分娩前数小时或一昼夜就开始分泌，个别产后才分泌）但应注意营养较差的母猪，乳房的变化不十分明显，要依靠综合征兆做出判断。

（2）母猪阴户松弛红肿，尾根两侧开始凹陷，母猪表现站卧不安，时起时卧，闹圈（如咬地板、猪栏和衔草做窝等）。一般出现这种现象后6~12h产仔。

（3）母猪频频排尿，阴部流出稀薄黏液，母猪侧卧，四肢伸直，阵缩时间逐渐缩短，呼吸急促，表明即将分娩。

2. 分娩过程

分娩是借子宫和腹肌的收缩，把胎儿及其附属膜（胎衣）排出来。分娩开始时，子宫纵肌和环肌向子宫颈方向产生节律性收缩运动，迫使胎液和胎膜推向子宫颈，子宫颈开张与阴道成为一个连续通道，使胎儿和尿囊绒毛膜被迫进入骨盆入口，尿囊绒毛膜在此破裂，尿囊液流出阴道。当胎儿和羊膜进入骨盆时，引起腹肌的反射性及随意性收缩，使羊膜内的胎儿通过阴门。

猪的胎儿均匀分布在两侧子宫角中，胎儿排出是由近子宫颈处的胎儿开始，有顺序地进行。从产式上看，无论头位和臀位均属正常产式。

一般正常的分娩间歇时间为5~25min，分娩持续时间依母猪、胎儿多少而有所不同，一般为1~4h。在仔猪全部产出后10~30min胎盘便排出。

（二）母猪的接产

母猪一般多在夜间分娩，安静的环境对临产母猪非常重要，对分娩中的母猪更为重要。因此，在整个接产过程中，要求安静，禁止喧哗和大声说笑，动作迅速准确，以免刺激母猪引起母猪不安，影响正常分娩。

1. 助产

胎儿娩出后，立即用洁净的毛巾、拭布或软草迅速擦去仔猪鼻端和口腔内的黏液，防止仔猪憋死或吸进液体呛死，然后用拭布或软草彻底擦干仔猪全身的黏液。尤其在冬季，擦得越快、越干越好，以促进血液循环和防止体热散失，然后将连于胎盘的脐带在距离仔猪腹部3~4cm处用手指掐断或用剪刀剪断（一般为防止仔猪流血过多，不用剪刀），在断处涂抹碘酒消毒。断脐出血多时，可用手指掐住断头，直到不出血为止，或用线结扎（留在腹部的脐带3天左右即可自行脱落）。最后将仔猪移至安全、保温的地方，如护仔箱内。

2. 救助假死仔猪

生产中常常遇到娩出的仔猪全身松软，不呼吸，但心脏及脐带基部仍在跳动，这样的仔猪称为假死仔猪。一般来说，心脏、脐带跳动有力的假死仔猪经过救助大多可救活。

（1）假死原因。脐带早断，在产道内即拉断；胎位不正，分娩时胎儿脐带受到压迫或扭转；仔猪在产道内停留时间过长（过肥母猪、产道狭窄的初产母猪发生较多）；仔猪被胎衣包裹；黏液堵塞气管等。

（2）救助方法。用毛巾、拭布或软草迅速将仔猪鼻端、口腔处的黏液擦去，对准仔猪鼻孔吹气，或往口中灌点水。如仍不能救活假死仔猪，则应进行人工呼吸，用力按摩仔猪两侧肋部，或倒提仔猪后腿，用手连续轻拍其胸部，促使呼吸道畅通，也可用手托住仔猪的头颈和臀部，使腹部向上，进行屈伸。如能将仔猪放入37~39℃的温水中进行人工呼吸，效果更好，但仔猪的头部要露出水面，待仔猪呼吸恢复后立即擦干其皮肤。

救助过来的假死仔猪一般较弱，需进行人工辅助哺乳和特殊护理，直至仔猪恢复正常。

3. 难产处理及其预防

母猪分娩过程中，胎儿不能顺利产出的称为难产。母猪分娩一般都很顺利，但有时也发生难产，发生难产时，若不及时采取措施，可能造成母仔双亡，即使母猪幸免而生存下来，也常易发生生殖器官疾病而导致不育。

（1）难产原因。母猪骨盆发育不全，产道狭窄（初产母猪多见）；死胎多或分娩缺乏持久力，宫缩迟缓（老龄母猪、过肥母猪、营养不良母猪和近亲交配母猪多见）；胎位异常，胎儿过大（寡产母猪多见）。

（2）救助方法。对于已经发育完善待产的胎儿来说，其生命的保障在于及时离开母体，分娩时间延长易造成胎儿窒息死亡。因此，发现分娩异常的母猪应尽早处理，具体救助方法取决于难产的原因及母猪本身的特点。难产处理方法常见于以下几种。

①对老龄体弱、娩力不足的母猪，可进行肌内注射催产素，促进子宫收缩，必要时可注射强心剂。

②人工助产。注射催产素后，如半小时左右胎儿仍未产出，应进行人工助产。人工助产时，助产人员应将指甲剪短、磨光（以防损伤产道）；手及手臂先用肥皂水洗净，用2%来苏尔液（或1%高锰酸钾液）消毒，再用75%医用酒精消毒，然后在已消毒的手及手臂上涂抹清洁的润滑剂；同时将母猪外阴部用上述消毒液消毒；将手指尖合拢呈圆锥状，手心向上，在母猪努责间歇时将手及手臂慢慢伸入产道，握住胎儿的适当部位（眼窝、下颌、腿）后，随着母猪每次努责，缓慢将胎儿拉出，拉出1头仔猪后，如转为正常分娩，则不再用手取出。助产后应给母猪注射抗生素类药物，防止感染。

4. 清理胎衣及被污染的垫草

母猪在产后半小时左右排出胎衣，母猪排出胎衣，表明分娩已结束，此时应立即清除胎衣。若不及时清除胎衣，被母猪吃掉，可能会引起母猪食仔的恶癖。污染的垫草也应清除，换上新垫草，同时将母猪阴部、后躯等处血污清洗干净、擦干。胎衣也可利用，将其切碎煮汤，分数次喂给母猪，有利于母猪恢复和泌乳。

5. 剪牙、编号、称重并登记分娩卡片

仔猪的犬齿（上、下颌的左右各两颗）容易咬伤母猪乳头，应在仔猪生后剪掉。剪牙的操作很方便，有专用的剪牙钳，也可用指甲刀，但要注意剪平。编号便于记载和辨认，对种猪具有更大意义，可以搞清猪只来源、发育情况和生产性能。编号方法很多，目前多用剪耳法，即利用剪耳号钳子在猪耳朵上打缺，每剪一个缺口，代表一定的数字，几个数字共同构成猪个体号。编号后应及时称重并按要求填写分娩卡片（表1-5）。

表1-5　分娩哺育记录表

<table>
<tr><td>母猪号</td><td colspan="2">公猪号</td><td colspan="2">母猪产次</td><td colspan="2">分娩日期</td><td colspan="3">仔猪窝号</td><td colspan="2">总产仔数</td><td colspan="2">健活仔数</td><td colspan="2">死胎数</td><td colspan="3">木乃伊数</td></tr>
<tr><td></td><td colspan="2"></td><td colspan="2"></td><td colspan="2"></td><td colspan="3"></td><td colspan="2"></td><td colspan="2"></td><td colspan="2"></td><td colspan="3"></td></tr>
<tr><td>仔猪个体号</td><td>1</td><td>2</td><td>3</td><td>4</td><td>5</td><td>6</td><td>7</td><td>8</td><td>9</td><td>10</td><td>11</td><td>12</td><td>13</td><td>14</td><td>15</td><td>16</td><td>总重</td><td>平均重</td></tr>
<tr><td>初生重</td><td></td><td></td><td></td><td></td><td></td><td></td><td></td><td></td><td></td><td></td><td></td><td></td><td></td><td></td><td></td><td></td><td></td><td></td></tr>
<tr><td>21日龄重</td><td></td><td></td><td></td><td></td><td></td><td></td><td></td><td></td><td></td><td></td><td></td><td></td><td></td><td></td><td></td><td></td><td></td><td></td></tr>
<tr><td>断乳重</td><td></td><td></td><td></td><td></td><td></td><td></td><td></td><td></td><td></td><td></td><td></td><td></td><td></td><td></td><td></td><td></td><td></td><td></td></tr>
<tr><td>备注</td><td colspan="18"></td></tr>
</table>

记录人：

第六节　哺乳母猪的饲养管理

母乳是仔猪生后20天内的主要营养物质来源，母猪的泌乳力决定哺乳仔猪的育成率和生长速度。因此，哺乳母猪饲养管理的基本任务是保证母猪能够分泌充足的乳汁，同时使母猪保持适当的体况，保证母猪在仔猪断乳后能正常发情与排卵，进入下一个繁殖周期。

一般母猪泌乳期产奶量在400kg以上，产后20~30天是泌乳高峰（表1-6）。

表1-6　母猪泌乳期的乳量、泌乳次数与营养

产后天数（d）	10	20	30	40	50	60
产奶量（L）	7.81	9.7	10.23	8.00	6.21	4.12
泌乳次数	23.8	21.3	23.0	19.5	19.3	16.5
母乳营养比率（%）	100	97	84	50	37	27

一、母猪的泌乳规律

（一）母猪的泌乳量

1. 母猪乳腺结构

猪有十几个乳房，每个乳房有2~3个乳腺团，各乳头间互相没有联系。母猪的乳房没有乳池，不能随时排乳，因此仔猪也就不能随时都能吃到母乳。在分娩时，由于催产素的作用，使乳腺中围绕腺泡的肌纤维收缩，将乳排出，因此，分娩时乳头中可随时挤出乳汁。以后，母猪的排乳反射逐渐建立，当仔猪用鼻拱揉乳房时，这种刺激通过中枢神经系统传到腺泡，使腺泡开始泌乳。

2. 母猪的泌乳量

母猪1次泌乳量一般为250~400g，整个泌乳期可产乳250~500kg，平均每天泌乳5~9kg。整个泌乳期泌乳量呈曲线变化，一般约在分娩后5天开始上升，至15~25天达到高峰，之后逐渐下降。

母猪不同乳房的泌乳量不同，前面几对乳房的乳腺及乳管数量比后面几对多，排出的乳量也多，尤以第3~5对乳房的泌乳量高。仔猪有固定乳头吸吮的习性，因此，可通过人工辅助将弱小仔猪放在前面泌乳量高的几对乳头上，从而使同窝仔猪发育均匀。

3. 泌乳次数和泌乳间隔时间

母猪泌乳次数随着产后天数的增加而逐渐减少，一般在产后10天左右泌乳次数最多。在同一品种中，日泌乳次数多的，泌乳量也高，但在不同品种中，日泌乳次数和泌乳量没有必然的联系，往往泌乳次数较少，但每次泌乳量较高，如太湖猪、民猪，60天哺乳期内，平均日泌乳25.4次，日均6.2kg，而大白和长白猪平均日泌乳20.5次，日均9.8kg。

4. 乳的成分

母猪的乳汁可分为初乳和常乳。初乳通常指产后3天内的乳，以后的乳为常乳。初乳中干物质、蛋白质含量较高，而脂肪含量较低（表1-7）。初乳中含镁盐，具有轻泻作用，可促使仔猪排出胎粪和促进消化道蠕动，因而有助于消化活动。初乳中含有免疫球蛋白，能增强仔猪的抗病能力。因此，使仔猪生后及时吃到初乳非常重要。

表 1-7　母猪初乳和常乳的组成质量分数　（%）

成分	初乳	常乳
干物质	25.76	19.89
蛋白质	17.77	5.79
脂肪	4.43	8.25
乳糖	3.46	4.81
灰分	0.63	0.94
钙	0.05	0.25
磷	0.08	0.17

（源自：张龙志等．养猪学，1982）

（二）影响母猪泌乳量的因素

影响母猪泌乳量的因素包括遗传和环境两大类。诸如品种（系）、年龄（胎次）、窝带仔数、体况及哺乳期营养水平等。

1. 品种（系）

品种（系）不同，泌乳力也不同，一般规律是大型肉用型或兼用型猪种的泌乳力较高，小型脂肪猪种的泌乳力较低。如民猪平均日泌乳量为 5.65kg，哈白猪为 5.74kg，大白猪为 9.20kg，长白猪为 10.31kg。

同一品种内不同品种系间的泌乳力也有差异，如同属太湖猪的枫泾系日泌乳量为 7.44kg，梅山系为 6.43kg，沙乌头为 7.60kg，二花脸系为 6.20kg。此外，不同品种（系）间杂交，其后代的泌乳力也有变化。

2. 胎次（年龄）

在一般情况下，初产母猪的泌乳量低于经产母猪，原因是初产母猪乳腺发育不完全，又缺乏哺育仔猪的经验，对于仔猪哺乳的刺激，经常处于兴奋或紧张状态，加之自身的发育还未完善，泌乳量必然受到影响，同时排乳速度慢。据测定，民猪、哈白猪 60 天哺乳期内，初产母猪平均日泌乳量比经产母猪分别低 1.20kg 和 1.45kg。

一般来说，母猪的泌乳从第二胎开始上升，以后保持一定水平，6~7 胎后有下降趋势。我国繁殖力高的地方猪种，泌乳量下降较晚。

3. 带仔猪数目

母猪一窝带仔数多少与其泌乳量关系密切，窝带仔数多的母猪，泌乳量也大（表 1-8），但每头仔猪每日吃到的乳量相对减少。

表 1-8　窝内仔猪数对母猪泌乳量的影响

窝内仔猪数（头）	母猪的泌乳量（kg/日）	仔猪的吸乳量［kg/（日·头）］
6	5~6	1.0

（续表）

窝内仔猪数（头）	母猪的泌乳量（kg/日）	仔猪的吸乳量［kg/（日·头）］
8	6~7	0.9
10	7~8	0.8
12	8~9	0.7

（源自：纪孙瑞等．母猪饲养新技术，1988）

带仔数增加，母猪的泌乳总量增加。如前所述，母猪的放乳必须经过仔猪的拱乳刺激引起脑垂体后叶分泌催产素，然后才放乳，而未被吃乳的乳头分娩后不久即萎缩，因而带仔数多，泌乳总量也多。

4. 分娩季节

春秋两季，天气温和凉爽，母猪食欲旺盛，所以在这两季分娩的母猪，其泌乳量一般较高。夏季天气炎热，影响母猪的体热散发，冬季严寒，母猪体热消耗过多。因此，冬夏分娩的母猪泌乳受到一定程度的影响。

5. 营养与饲养

母乳中的营养物质来源于饲料，若不能满足母猪需要的营养物质，母猪的泌乳潜力就无从发挥，因此日粮营养水平是决定泌乳量的主要因素。在配制哺乳母猪日粮时，必须按饲养标准进行，一是保证适宜的能量和蛋白质水平，最好要有少量动物性饲料，如鱼粉等。二是要保证矿物质和维生素含量，否则不但影响母猪泌乳量，还易造成母猪瘫痪。

泌乳期饲养水平过低，除影响母猪的泌乳力和仔猪发育，还会造成母猪泌乳期失重过多，影响断乳后的正常发情配种。

6. 管理

清洁干燥、舒适而安静的环境对泌乳有利。因此，哺乳舍内应保持清洁、干燥、安静，禁止喧哗和粗暴地对待母猪，不得随意更改工作日程，以免干扰母猪的正常泌乳。若哺乳期管理不善，不但降低母猪的泌乳量，还可能导致母猪发病，大幅度降低泌乳量，甚至无乳。

二、哺乳母猪的饲养

（一）哺乳母猪的喂料量

1. 营养需要与日粮配合

哺乳母猪代谢旺盛，对营养物质需求量大。哺乳母猪的营养需要量包括维持需要量和泌乳需要量。据测定，母猪泌乳期间的维持需要量比妊娠母猪和空怀母猪高 5%~10%，泌乳需要量约为 1kg 乳 8MJ 代谢能，据此可按母猪体重、泌乳量计算哺乳母猪的饲料量（表 1-9）。一个简单方法是，在维持需要的基础上，每哺育 1 头猪增加 0.5kg 饲料。

表 1-9　泌乳母猪的饲料需要量（1kg 饲料含 12.6MJ 代谢能）

产仔时体重（kg）	145.0	165.0	185.0
产乳量（kg/d）	5.0	6.25	7.5
维持饲料（kg/d）	1.44	1.66	1.86
泌乳饲料（kg/d）	3.20	4.15	5.04

（源自：Verstegen 等 . Pig News and Information，1989）

2. 哺乳母猪的喂料量

哺乳母猪的泌乳变化规律是哺乳母猪合理用料的依据，泌乳量升高时应多喂精料，下降时应减料，否则不是泌乳量下降，就是饲料利用不经济。体况较好的母猪，一般产前减料，产后逐渐加料。分娩当天可以停料，但要保证饮水，分娩后 6~8h 喂以麸皮粥（0.5kg 麸皮加 5kg 水）或稀粥料，产后 3~5 天中料，至一周左右加至原量，以后逐渐增加，至第 20 天左右到达最大量（不限量，能吃多少投多少），维持 7~10 天，以后逐渐减少投料量，至断乳时减至妊娠后期的日喂量。

哺乳母猪的合理饲养，可以防止泌乳期过度减重而影响下次繁殖性能。但当母猪带仔较多时，由于母猪的采食量有限，往往在充分饲喂情况下也会过度减重，补救的办法是调整带仔或早期断奶。对成母猪来说，一般要求断乳时体重应和上次配种时体重相近。通常认为，母猪在断乳后 7~10 天能够正常发情配种的就不算营养缺乏。对于青年哺乳母猪，除泌乳和维持需要外，还有自身生长发育的需要，青年母猪到第四胎才达到成年体重。因此对青年哺乳母猪来说，哺乳后期饲料应缓慢减少，青年哺乳母猪的减重也应少于成年母猪。

3. 饲喂次数

哺乳母猪以日喂 4 次为好，各次时间要定时而又不能过于集中，时间以 6—7 时、10—11 时、15—16 时、22—23 时为宜。如果晚餐过早，不仅影响母猪的泌乳力，而且后半夜母猪无饱腹感，常起来觅食，母仔不安静，从而增加压死、踩死仔猪的机会。如果日粮中有青绿饲料，应增加饲喂次数。

4. 保证充足的饮水

母猪在非哺乳期每天饮水量通常为采食量（按风干重计）的 5 倍，为个体重的 25%左右。而在哺乳期，由于泌乳的需要，需水量增加。夏季，高泌乳量以及采食生干料的母猪，需水量更大，保证充足饮水更为重要。

（二）哺乳母猪的管理

猪舍内应保持温暖、干燥、卫生，圈栏内的排泄物应及时清除，猪舍内圈栏、工作道及用具等应定期进行消毒。尽量降低噪声，避免大声喧哗，严禁鞭打或暴力驱赶母猪，创造有利于母猪泌乳的舒适环境。在有条件的情况下，可让母猪带仔猪到舍外自由活动，以利于提高母猪泌乳量，改善乳质，促进仔猪发育。

要注意保护母猪乳头并保持乳头的清洁。对于初产母猪，因产仔数较少，在固定乳头时，应安排部分仔猪吸吮两个乳头，从而使每个乳头都有仔猪哺乳，避免有乳头因无仔猪哺乳而成为不泌乳的“瞎乳头”，影响以后的泌乳和仔猪哺育。

第七节　仔猪的培育

仔猪的培育是母猪生产中的关键环节，母猪生产水平高低的集中反映就是每头母猪一年提供的断乳仔猪数，即母猪年生产力水平。仔猪培育的任务是获得最高的成活率、最大的断乳个体重。在生产中根据仔猪不同时期生长发育的特点及对饲养管理的要求，通常将仔猪的培育分为两个阶段，即哺乳仔猪培育阶段和断乳（保育）仔猪培育阶段。

一、哺乳仔猪的培育

（一）哺乳仔猪的生长发育及生理特点

1. 生长发育快，物质代谢旺盛

与其他家畜相比，初生仔猪体重相对最小，还不到成年体重的1%。为弥补胚胎期生长发育的不足，出生后生长发育迅速，10日龄时体重可达初生重的2倍以上（表1-10），30日龄时可达5~6倍，60日龄时达10~15倍或更多。如按月龄的生长强度计算，第一个月比初生时增加5~6倍，第二个月比第一个月增长2~3倍，以第一个月为最快。因此，仔猪第一个月的饲养管理尤为重要。

表1-10　仔猪体重增长情况

日龄（d）	初生	10	20	30	40	50
平均体重（kg）	1.5	3.3	5.7	7.3	10.6	14.5
增长倍数	1.00	2.2	3.8	4.8	7.0	9.7

仔猪生后的迅速生长，是以旺盛的物质代谢为基础的，一般生后20日龄的仔猪，1kg体重需沉积蛋白质9~14g，相当于成年猪的30~35倍，1kg体重需代谢净能302.1kJ，为成年母猪（95.5kJ）的3倍，矿物质代谢也比成年猪高，1kg增重中约含钙7~9g，磷4~5g。由此可见，仔猪对营养物质的需要，不论在数量上还是质量上相对都很高，对营养缺乏的反应十分敏感。仔猪的饲料转化率高，在使用全价配合日粮时，耗料增重比可达1∶1。因此，养好仔猪必须供给营养全面平衡的日粮。

2. 消化器官不发达，消化腺机能不完善

（1）消化器官相对重量和容积小。猪的消化器官在胚胎期内虽已形成，但生后初期其相对重量和容积较小，如出生时胃重仅4~8g，约为体重的0.5%，仅可容乳汁25~50g，以后随日龄增长而增长，至21日龄胃重可达35g左右，容积也增加3~4倍，60日龄时胃重达150g，容积增大到19~20倍，小肠在哺乳期内也强烈生长，长度约增长5倍，容积扩大50~60倍。消化器官的强烈生长保持到6~8月龄，以后开始降低。

（2）消化液分泌及消化机能不完善。消化器官的晚熟，导致消化机能不完善。初生仔猪胃内仅有凝乳酶，而唾液和胃蛋白酶很少，同时由于胃底腺不发达，不能分泌盐酸，因此胃蛋白酶原无法激活，以无活性状态存在，不能消化蛋白质，尤其是植物性蛋白质，仔猪从生后1周开始，胃黏膜分泌较多的凝乳酶，对消化乳蛋白具有重要意义。新生仔猪肠腺和胰腺的发育比较完全，胰蛋白酶、胰淀粉酶和乳糖酶活性较高。食物主要在小肠内消化，乳蛋白的吸收率可达90%~95%，脂肪达80%。

在胃液的分泌上，由于仔猪胃和神经系统之间的联系还没有完全建立，缺乏条件反射性的胃液分泌，随着年龄增长和食物对胃壁的刺激，盐酸的分泌不断增加，至35~40日龄，仔猪胃蛋白酶原在酸性条件下（pH值<5.4）被激活，方表现出消化能力，仔猪才可以利用乳汁以外的饲料，进入“旺食阶段”，此时仔猪对乳蛋白和大豆蛋白消化利用的临界日龄，但仔猪消化道内没有纤维分解酶，故仔猪不能消化植物性饲料中的粗纤维。

哺乳仔猪消化机能不完善的又一表现是食物通过消化道的速度较快。食物进入胃内后，完全排空（胃内食物通过幽门进入十二指肠的过程）的速度，15日龄时约为1.5h，30日龄为3~5h，60日龄为16~19h。当然，饲料的形态也影响食物通过的速度。

哺乳仔猪消化器官机能的不完善，构成了它对饲料的质量、形态和饲喂方法、饲喂次数等饲养要求的特殊性。因此，在哺乳期内，早期训料非常必要，这样尽早刺激胃壁分泌盐酸，激活胃蛋白酶，从而有效地利用植物蛋白饲料或其他动物蛋白饲料。在早期断乳仔猪日粮中常加入脱脂乳、乳清粉等，不能使用过多的植物性饲料，以满足仔猪对营养物质的特殊需要而发挥其最大的生长发育潜力。

3. 体温调节机能发育不全，抗寒能力差

（1）神经调节机能不健全。对寒冷的刺激，动物体在神经系统调节下，发生一系列反应的能力。初生的仔猪，下丘脑、垂体前叶和肾上腺皮质等系统的机能虽已相当完善，但大脑皮层发育不全，垂体和下丘脑的反应能力以及为下丘脑所必需的传导结构的机能较低。因此，神经性调节体温适应环境的能力差。

（2）物理调节能力有限。猪对体温的调节主要是靠被毛、肌肉颤抖、竖毛运动和挤堆共暖等物理作用来实现，但仔猪的被毛稀疏、皮下脂肪又很少，保温隔热能力很差。

（3）化学调节功能不全。体内能源贮备少，当环境温度低于临界温度下限时，靠物理调节已不能维持正常体温，就靠甲状腺及肾上腺分泌等促进物质代谢，增进脂肪、糖原氧化，增加产热量。若化学调节也不能维持正常体温时，才出现体温下降乃至冻僵。仔猪由于大脑皮层调节体温的机制发育不全，不能协调化学调节功能。

同时，初生仔猪体内的能源贮备也非常有限，脂肪仅占体重的1%左右，每100ml血液中，血糖的含量仅70~100mg，如吃不到初乳，两天血糖即降至10mg以下，即使吃到初乳，得到脂肪和糖的补充，血糖含量可以上升，但这时脂肪还不能作为能源被直接利用，要到24h以后氧化脂肪的能力才开始加强，到6日龄时化学调节能力仍然很差，到20日龄才接近完善。

初生仔猪的体温比成年猪要高1~2℃，其临界温度为35℃，为保证其体温的恒定，必须保持较高的局部环境温度（29~35℃），温度过低会引起仔猪体温下降，如仔猪裸露在1℃环境中2h可冻昏、冻僵乃至冻死。

4. 缺乏先天免疫力，容易患病

猪属上皮绒毛膜胎盘，构造复杂，在母体血管与胎儿脐带血管之间有6~7层组织，而抗体是一种大分子γ-球蛋白。因此，母猪抗体不能通过血液进入胎儿体内，仔猪出生时没有先天免疫力。新生仔猪主要是通过吸食初乳获得母源抗体来获得免疫力。

据测定，母猪分娩时每100ml初乳中含有4~8g γ-球蛋白，1天后下降到50%左右，2天后降低到20%左右。仔猪出生后24h内，由于肠道上皮处于原始状态，对蛋白质可直接通过渗透吸收，36~72h后，肠壁的吸收能力随肠道的发育而迅速下降。考虑到乳汁中γ-球蛋白消长规律以及仔猪的消化吸收特点，应让出生的仔猪尽快吃到初乳，获得免疫能力。

初乳中免疫球蛋白含量虽高，但降低很快，仔猪10日龄后才开始具有产生抗体的能力，30~35日龄前含量还很低，直到5~6月龄才达到成年猪水平。因此，2~3周龄是免疫球蛋白的“青黄不接”阶段，易患下痢，同时仔猪5~7天已开始训料开食，胃液中又缺乏游离盐酸，对随饲料、饮水进入胃内的病原微生物没有抑制作用，从而成为仔猪下痢的又一原因。因此，应加强仔猪生后初期的饲养管理，并创造良好的环境卫生条件，以弥补仔猪免疫力低的缺陷。

（二）哺乳仔猪培育的主要技术措施

1. 吃足初乳，固定乳头

（1）吃足初乳。吃足初乳是仔猪早期（仔猪自身能有效产生抗体之前，4~5周）获得抗病力最重要的途径，而且初乳中含有镁盐，具有轻泻性，且初乳的酸度高，有利于消化道活动，可促使排出胎粪。

仔猪刚出生时，四肢无力，行动不便，特别是弱小仔猪，往往不能及时找到乳头，尤其是在寒冷季节，仔猪可能被冻僵，失去哺乳能力。因此，要求仔猪出生后，在擦干仔猪全身和断脐时，立即放入保温箱内，待全部仔猪产出后，立即人工辅助哺乳。也可随产随哺，这样做可以使仔猪尽快吃到初乳，尽早获取营养，母猪分娩结束后，全部仔猪都吃到足够的初乳，若母猪无乳，应尽早辅助仔猪吃到寄养母猪的初乳。

（2）固定乳头。仔猪有固定乳头吸乳的习惯，开始几次吸食哪个乳头，一经认定即到断乳不变。但在初生仔猪开始吸乳时，往往互相争夺乳头，强壮的仔猪争先占领最前边的乳头，而弱小仔猪则迟迟找不到乳头，错过放乳时间，吃乳不足或根本吃不到乳。还可能由于仔猪争抢乳头而咬伤母猪乳头，导致母猪拒绝哺乳。为使同窝仔猪发育均匀，必须在仔猪出生后2~3天内，采用人工辅助方法，促使仔猪尽快形成固定吸食某个乳头的习惯。

①固定乳头的原则。应将弱小的仔猪固定在前边的几对乳头，将初生重较大、健壮的仔猪固定在后边的几对乳头，这样就能利用母猪不同乳头泌乳量不同的规律，使弱小仔猪能获得较大量的乳汁以弥补先天不足，虽然后边的几对乳头泌乳量不足，但因仔猪健壮，拱揉乳房和吸乳的动作较有力，仍可弥补后边几对乳头乳汁不足的缺点，从而达到窝内仔猪生长发育快且均匀的目的。

②固定乳头的方法。当窝内仔猪差异不大，有效乳头足够时，出生后2~3天内绝

大多数能自行固定乳头，不必过多干涉。但如果个体间竞争激烈，应加以管理。

若窝内仔猪间的差异较大，则应重点控制体大和体小的仔猪，中等大小的可自由选择。每次辅助体小的个体到前边的乳头吸乳，而把体大的个体固定在后边的乳头。对个别争抢严重、乱窜乱拱的个体需进行人工控制，可先不让其拱乳，只是在放乳前的一刹那放到其固定的位置，或干脆停止其吸乳一二次，以纠正其抢乳行为。如此，经过两天基本上可使全窝仔猪哺乳时固定乳头。如果同窝内仔猪数较多，可利用一块隔板，放在母猪中部，将仔猪分开，从而使仔猪数和活动范围相对缩小，防止仔猪哺乳时因找乳头位置前后乱窜。

固定好乳头的标志是：母猪哺乳时，仔猪能固定在某个乳头上拱揉乳房，无强欺弱、大欺小、争夺乳头的现象，母猪放乳时，仔猪全部安静地吸乳。

2. 保温防压

（1）保温。由于初生仔猪调节体温适应环境的能力差，同时其保温性能差（皮薄毛稀），需热多（体温较成年猪高1℃）、产热少（体内能贮少），故仔猪对环境温度的要求较高，有“小猪畏寒”之说。仔猪最适宜的环境温度：0~3日龄为30~35℃，3~7日龄为28~30℃，7~14日龄为25~28℃，14~35日龄为22~25℃。低温对仔猪的直接危害是冻死，同时又是压死、饿死及下痢、感冒等的诱因。

保温的措施是单独为仔猪创造温暖的小气候环境，因“小猪畏寒”，而“大猪怕热”，母猪的最适温度为18℃，如果把整个产房升温，一则母猪不适应，影响母猪的泌乳，二则多耗能源，不经济。因此生产中常控制产房温度在15~18℃，而采用特殊保温措施来提高仔猪周围局部温度。

①厚垫草保温。在没有其他取暖设施或有取暖又欲加强取暖效果时，可垫厚草在水泥地面上，厚度应达5~10cm或更厚，在不靠墙的几边设挡草板，以防垫草四散，垫草要清洁、干燥、柔软，长短适宜（10~15cm），并注意更换，同时应注意训练仔猪养成定时定点排泄的习惯，使垫草保持干燥而不必经常更换。

②红外线灯保温。是目前普遍采用的保温措施。将250W的红外线灯悬挂在仔猪栏上方或特制的保温箱内，仔猪生后稍加训练，就会习惯地自动出入红外线灯保温仔猪栏或保温箱。不同日龄的仔猪可通过调节灯的高度来调节床面的温度，如在舍温6℃时，距地面40~50cm，可使床温保持在30℃。此种设备简单，保温效果好，且有防治皮肤病之效。如用木板或铁栏为隔墙时，相邻两窝仔猪还可共用一个灯泡，应防止母猪进入仔猪栏，撞碎灯泡发生触电。在有垫草的情况下，应注意防火。

③电热板取暖。电热板是供仔猪取暖用的“电褥子”，是将电阻丝包在一块绝缘的橡胶皮内，可根据不同仔猪对温度的要求调节温度，也可自动控制，其特点是保温效果好，清洁卫生，使用方便。

（2）防压。在生产实践中，压死仔猪一般占死亡总数的10%~30%，甚至高达50%左右，且多数发生在生后一周之内。压死仔猪的原因：一是母猪体弱或肥胖，反应迟钝；性情急躁的母猪易压死仔猪；初产母猪由于护仔经验差也常压死仔猪。二是仔猪体质较弱，或因患病虚弱无力，或因寒冷活力不强，行动迟缓，叫声低哑，不足以引起母猪警觉。三是管理上的原因，抽打或急赶母猪，引起母猪受惊；褥草过长，仔猪钻入草堆，致使母猪不易识别或仔猪不易逃避；产圈过小，仔猪无回旋和逃避空间。生产中，应针对上述情况采取防压措施。

①加强产后护理。母猪多在采食和排便后回圈躺卧时压死仔猪。因此，仔猪生后1~3日龄内应加强看护，可在吃乳后将仔猪捉回保温箱，再吃乳时放出，至仔猪行动灵活稳健后，再让其自由出入护仔栏。若听到仔猪异常叫声，应及时救护，一旦发现母猪压住仔猪，应立即拍打其耳根，令其站起，救出仔猪。

②设护仔栏。在产圈的一角或一侧设护仔栏（后期可用作补料栏），用红外线灯、电热板等训练仔猪，养成吃乳后迅速回护仔栏内休息的习惯。从而实现母仔分居，防止母猪踩死、压死仔猪。

3. 补充铁、硒等矿物质

（1）补铁。初生仔猪普遍存在缺铁性贫血的问题，仔猪初生时体内铁的贮量约为40~50mg，大部分存在于血液的血红素和贮存在肝脏中，正常生长的仔猪，每日约需铁7mg，到3周龄开始吃料前共需200mg，而仔猪每天从母乳中只能获得1mg，即使给母猪补饲铁也不能提高乳中铁的含量。显然，如果没有铁的补充，仔猪体内的铁贮量仅够维持6~7天，一般10日龄左右会出现因缺铁而导致的食欲减退、被毛粗乱、皮肤苍白、生长停滞等现象，因此要求仔猪生后必须及时补铁。仔猪补铁的方法很多，目前普遍采用的是在仔猪生后的2~3天，肌内和皮下注射右旋糖苷铁或葡聚糖铁1~2ml（1ml含铁量为50~150mg，视浓度而定），即可保证哺乳期仔猪不患贫血症。为加强效果，2周龄后可再注射1次。目前用于补铁的针剂也较多，如牲血素等。

（2）补硒。仔猪对硒的日需要量，根据体重不同为0. 03~0. 23mg。缺硒易引起硒缺乏症，严重时会导致仔猪突然死亡。我国大部分地区饲料中硒含量低于0. 5mg/kg，黑龙江、青海全省及新疆、四川、江苏、浙江的部分地区则低于0. 02mg/kg，因此补硒尤为重要。目前多在仔猪生后3~5天肌内注射0. 1%亚硒酸钠维生素E合剂0. 5ml，2~3周龄时再注射1ml。对已吃料的仔猪，按1kg饲料添加0. 1mg的硒补给。硒是剧毒元素，过量极易引起中毒，用时应谨慎。加入饲料中饲喂，应充分拌匀，否则会因个别仔猪过量食入而引起中毒。

4. 寄养、并窝

在生产中，有些母猪产仔数较多，超过母猪的乳头数，或由于母猪体质差不能哺育较多的仔猪；也有些母猪产仔数过少（寡产），若让母猪哺育少数几头仔猪，经济上不合算；有些母猪因产后无乳或产后死亡，其新生仔猪若不妥善处理就会死亡。解决这些问题的方法就是寄养与并窝。

所谓寄养，就是将仔猪由另一头母猪哺育；并窝则是指把两窝或几窝仔猪，合并起来由一头母猪哺育。寄养和并窝以及调窝是生产中常用的方法，为使其获得成功，应注意以下问题。

（1）寄养的仔猪与原窝仔猪的日龄要尽量接近，最好不要超过3天，超过3天以上，往往会出现以大欺小、以强凌弱的现象，使体小仔猪的生长发育受到影响。

（2）寄养的仔猪，寄出前必须吃到足够的初乳，或寄入后能吃到足够的初乳，否则不易成活。

（3）承担寄养任务的母猪，性情要温顺，泌乳量高，且有空闲乳头。

（4）母猪主要通过嗅觉来辨认自己的仔猪，为避免母猪因寄养仔猪气味不同而拒绝哺乳或咬伤寄养仔猪，以及仔猪寄养过晚而不吸吮寄母的乳汁，应分别采用干扰母猪嗅觉和饥饿仔猪法来解决。

5. 开食补料

母猪泌乳高峰期是在产后20~30天，35天以后明显减少，而仔猪的生长速度却越来越快，存在着仔猪营养需要量大与母乳供给不足的矛盾。母乳对仔猪营养需要的满足程度是，3周龄为92%，4周龄为84%，5周龄为65%，到8周龄时降至20%。可见3周龄以前母乳可基本满足仔猪，仔猪无需采食饲料，但为了保证3周龄后仔猪能迅速大量采食饲料，必须在3周龄以前提早训练仔猪开食，对早期断乳仔猪更应该提前开食补料。

（1）开食。训练仔猪从吃母乳过渡到吃饲料，称为开食、引食或诱饲。它是仔猪补料中的首要工作，其意义有两个方面：一是锻炼消化道，提高消化能力，为大量采食饲料做准备。仔猪胃内胃蛋白酶以无活性的酶原形式存在，到20日龄以后，由于盐酸分泌的积累，胃内pH值降至5.4以下，从而激活酶原，表现出消化能力。不提早开食的仔猪，到35日龄左右才能利用植物性蛋白质。提早引食，使仔猪较早地采食饲料，可促进胃肠道的发育，同时刺激胃壁，使之分泌盐酸，使酶原提前激活具有消化功能，从而使仔猪在3周龄左右当母乳量下降时，即可大量采食和消化饲料，保证仔猪正常生长发育和提高仔猪成活率。二是减少白痢病的发生。由于饲料的刺激，胃壁提前分泌盐酸，从而形成一种酸性环境，能有效地抑制各种微生物的生长繁殖，预防下痢。目前，一般要求在仔猪生后5~7日龄开食。在诱导开食时，应根据仔猪的生理习性进行，具体应注意以下几个方面。

①利用仔猪的探究行为。6~7日龄的仔猪，开始长出臼齿，牙床发痒，仔猪常对地面上的东西用闻、拱、咬等方式进行探究，并特别喜欢啃咬垫草、木屑、母猪粪便中的谷粒等硬物。利用仔猪这种探究行为，可在仔猪自由活动时，于补饲间的墙边地上撒一些开食料（多为硬粒料）供仔猪拱、咬，也可将开食料放入周身打洞、两端封死的圆筒内，供仔猪玩耍时拣食从筒中落在地上的粒料。10日龄后，当仔猪已能采食部分粒料时，可给予稠稀料、干粉料、颗粒料或幼嫩的青草、青菜、红薯、南瓜等碎屑，放于小槽内诱导，并随食量增加调整给量。一般到20日龄仔猪即能正常采食，30日龄食量大增。

②利用仔猪喜香、甜食的习性。仔猪喜食香、甜、脆的饲料，利用这一习性，可以选择具有香味的饲料，如炒得焦黄酥脆的玉米、高粱、大麦和大豆粒等，以及具有甜味的饲料，如在仔猪的开食料中加入香味剂、食糖等。

③利用仔猪的模仿行为。仔猪具有模仿母猪和体重较大仔猪行为的特性。在没有补饲间时，可放入母猪的食槽，让仔猪在母猪采食时，随母猪拣食饲料。为此，母猪食槽内沿高度不能超过10cm。

（2）补料。仔猪经开食训练后，在25日龄左右可大量采食饲料，进入“旺食”阶段。旺食阶段是补饲的主要阶段，应根据不同体重阶段的营养需要配制标准日粮，要求日粮高能量、高蛋白、营养全面、适口性好而又易于消化，另可根据需要科学添加抗生素或益生素等。进行仔猪补料时应注意以下几个方面。

①饲料调制。仔猪料型以颗粒料、潮拌料（1 份混合料加 0.5 份水拌匀）或干粉料为好，有利于仔猪多采食干物质，细嚼慢咽消化好，增重快。而稀料和熟粥减少仔猪采食干物质量，冲淡消化液影响消化，容易污染圈舍，下痢病多，影响增重。

②饲喂次数要多，适应肠胃的消化能力。补饲阶段的仔猪生长发育快，对营养物质的需要量大，但胃的容积小且排空快，最好采取自由采食的饲养方式。若采用顿喂，一般日喂次数最少 5~6 次，其中一次应放在夜间。

③保证清洁充足的饮水。仔猪生长迅速，代谢旺盛，需水量较多，应保证水的供应。若饮水供应不足，将致使仔猪生长缓慢或仔猪喝脏水引起下痢。

6. 预防下痢

下痢是哺乳仔猪最常发的疾病之一，临床上常见黄痢和白痢，严重威胁仔猪的生长和成活。引起发病的原因很多，一般多由受凉、消化不良和细菌感染 3 个因素引起，日常管理工作中应把好这三关。在确定和控制发病原因的基础上，有针对性地采取综合措施，才能取得较好的效果。主要的预防措施有：

（1）母猪妊娠期要实行全价营养饲养，特别是宜多喂青饲料，保证正常的繁殖体况；母猪产前 10~20 天接种 K88、K99 大肠杆菌腹泻基因工程菌苗。

（2）产仔前彻底消毒产房，整个哺乳期保持产房干燥、温暖、空气清新并进行定期消毒，尤其是要注意仔猪保温。

（3）泌乳母猪的饲粮应是全价饲粮，饲粮相对保持稳定，饲料骤变常引起母猪乳汁改变而引起仔猪下痢。

（4）按饲料标准为仔猪配制饲粮，要求饲粮营养全面，适口性好，易消化。目前常在仔猪补料中添加酸化剂、抗生素、益生素等来预防仔猪下痢。

一旦发生仔猪下痢，应同时改进母猪饲养，搞好圈舍卫生，消毒并及时治疗仔猪，不能单纯给仔猪治疗，更重要的是消除病源。

7. 适时去势

公母猪是否去势和去势时间取决于仔猪的用途和猪场的生产水平及仔猪的种性。我国地方种性成熟早，肥育用猪如不去势，公母猪在性成熟后所表现出的性活动就会影响食欲和生长速度。公猪若不去势，其肉具有较浓厚的臭味而几乎不能直接食用。因此地方品种仔猪必须去势后进行肥育。若饲养培育品种或地方品种的二元或三元杂种，而且饲养管理水平较高，猪在 6 月龄左右即可出栏，母猪可不去势直接进行肥育，但公猪仍需去势。

仔猪出生后 3 个月内去势，一般对仔猪的生长速度和饲料利用率影响较小，需要考虑的因素是手术难易，以及仔猪伤口愈合的快慢。仔猪日龄越大或体重越大，去势时操作越费力，而且创口愈合缓慢。目前国内外一些猪场趋向采用两周龄进行公仔猪的去势，4~5 周龄对母仔猪进行去势。

仔猪去势后，应给予特殊护理，防止仔猪互相拱咬创口，引起失血过多而影响仔猪的活力，并应保持圈舍卫生，防止创口感染。

8. 预防接种

仔猪应在20日龄进行猪瘟疫苗接种，50~60日龄进行猪瘟疫苗的再次接种，同时，进行猪丹毒、猪肺疫和仔猪副伤寒疫苗的预防接种，受到猪瘟威胁时可进行猪瘟的超前免疫。是否进行其他疾病的预防接种，视本地区的疫情和本场的猪群健康状况而定。

仔猪的去势和免疫注射必须避免在断乳前后一周内进行，以免加重刺激，影响仔猪增重和成活。

二、断乳（保育）仔猪的培育

断乳标志着哺乳期的结束，目前生产上一般将断乳至70（或75）日龄定为断乳（保育）仔猪培育阶段。断乳是仔猪一生中生活条件的第二次大转变，仔猪需经受心理、营养和环境应激的影响，如饲养管理不当，很容易造成生长发育缓慢，甚至患病和死亡。因此，断乳仔猪培育的任务是，饲喂营养全价的配合饲粮，保证仔猪正常的生长发育，防止出现生长抑制，减少和消除疾病的侵袭，获取最大的日增重，为肥育或后备猪培育打下基础。

（一）仔猪的断乳

对仔猪来说断乳是一次强烈的应激，它使仔猪的食物结构发生了根本性改变，也使仔猪失去了母仔共居的温暖环境。为减少仔猪应激，必须确定适宜的断乳时间和断乳方法。

1. 仔猪断乳时间

仔猪的断乳时间应根据母猪的生理特点、仔猪的生理特点以及养猪场（户）的饲养管理条件和养猪者的管理水平而定。从母猪的生理特点及提高母猪利用强度角度考虑，仔猪的断乳年龄越小，母猪的利用强度越大，但一般母猪产后子宫复原需20天左右，在子宫未完全复原时配种，受胎率低，胚胎发育受阻，胚胎死亡率增加。从仔猪的生理特点考虑，当体重达6~7kg或4~5周龄时，仔猪已利用了母猪泌乳量的60%以上，自身的免疫能力也逐步增强，仔猪已能通过饲料获得满足自身需要的营养。从饲养管理角度考虑，仔猪的断乳日龄越早或断乳体重越小，要求的饲养管理条件越高，但仔猪在4~5周龄时所需的饲养管理条件和饲养技术已和8周龄仔猪相近，一般在养猪场（户）能实行8周龄断乳，只要在饲养管理技术上尤其是饲料条件上稍加完善，即可实行早期断乳。因此，根据我国目前养猪科技水平，可以实行4~5周龄断乳，最迟不宜超过6周龄，但饲养管理措施一定要跟上，否则，盲目追求早期断乳，往往得不偿失。

早期断乳已成为提高母猪年生产力的一个重要途径。早期断乳具有以下优点。

（1）缩短母猪的产仔间隔，增加母猪年产胎次和年产仔数，实现母猪年产2.3~2.4胎，每年可多提供断乳仔猪3~5头。

（2）母猪断乳时膘情较好，易发情，缩短了断乳至再配种的间隔，同时延长了母猪的利用年限。

（3）节省饲料，提高饲料利用率。仔猪早期断乳后可直接利用饲料，比通过母猪吃料仔猪吃乳的效率高1倍左右。据测定，饲料中能量每转化1次，就要损失20%，仔猪吃料的利用率为50%~60%；而母猪吃料、仔猪吃乳的利用率只有20%，同时由于母猪年生产力提高，可少饲养母猪，能节省大量饲料。

（4）仔猪发育并不低于自然断乳，且均匀、整齐。虽然早期断乳仔猪断乳后2周左右因应激影响发育较差。但60日龄后可以得到补偿，且发育均匀、整齐。

（5）减少了消化道疾病的发生。仔猪断乳后，消除了母猪粪尿污染猪栏的现象，因而减少了大肠杆菌和猪栏潮湿引发的消化道疾病，特别是在猪栏和补料栏面积较小的情况下，更是如此。

（6）降低了仔猪培育成本。由于提高了母猪产仔数，因而使仔猪生产成本降低。

2. 仔猪的断乳方法

仔猪断乳方法有多种，不同方法各有优缺点，宜根据具体情况，灵活运用。

（1）一次断乳法。又称果断断乳法。具体是当仔猪达到预定断乳日龄时，断然将母猪与仔猪分开。由于断乳突然，仔猪易因食物及环境的突然改变而引起消化不良、起居不安等，生长会受到一定程度的影响（绝大多数有失重表现）。同时又易使泌乳较充足的母猪乳房胀痛，不安，甚至引发乳房炎。因此，这种方法于母仔均有不利影响，但方法简单，工作量小，规模化猪场较为常用。

（2）逐渐断乳法。又称安全断乳法。一般在仔猪预定断乳日期前4~6天，把母猪赶到另外的圈舍或运动场隔开，然后定时放回原圈，其哺乳次数逐日递减。如第1天哺乳4~5次，第2天3~4次，第3天2~3次，第4天1~2次，第5天完全隔开。这种方法可避免仔猪和母猪遭受突然断乳的刺激，适于泌乳较旺的母猪，尽管工作量大，但对母仔均有益，故被一般养猪场（户）所用。

（二）断乳仔猪培育的技术要点

为了养好断乳仔猪，过好断乳关，应重点做好以下技术环节。

（1）营养与饲养。断乳后2周内，日粮的营养水平、日粮的配合以及饲喂方法上都应与哺乳期相同，防止突然改变降低仔猪的食欲，引起胃肠不适和消化机能紊乱。2~3周后逐渐过渡到断乳仔猪日粮，并尽力做到日粮组成与哺乳期日粮相同，只是改变日粮的营养水平。此外，针对断乳仔猪消化机能较弱的特点，以及断乳仔猪由吸吮母乳为主转向完全采食植物性饲料所造成的营养应激，可在日粮中加入外源消化酶等，以促进仔猪对日粮的消化，减少腹泻的发生，保证仔猪正常的生长发育。

（2）饲喂方法。断乳后第1周适当控制仔猪的采食量。如果哺乳期是自由采食，则断乳后第一周可把饲料撒在地面上，因为断乳仔猪喜欢把饲料立即吃光，直接进行自由采食往往造成仔猪采食过量而引起消化不良。撒料时应保证每头仔猪都能吃到足够的饲料，1周以后采用自由采食方式。

（3）环境条件。断乳仔猪对环境的适应性和对疾病的抵抗力都较差，因此，为仔猪创造一个适宜的生活环境是养好断乳仔猪的重要环节。要求断乳（保育）仔猪舍温度适宜，干燥，清洁。在没有保育仔猪舍的猪场，最好将母猪调出哺乳舍，使仔猪留在原圈饲养，2 周后再调圈以减少环境应激。如果断乳仔猪需要并窝，亦应在断乳 2 周后进行。

第八节　肉猪的肥育技术

肉猪通常也称肥育猪。肉猪生产的目的不仅在于把猪养活养大，还在于肥育期内获得最快的增重速度、最高的饲料利用率和最优的胴体品质，即以最少的投入，生产量多质优的猪肉，并获取最高的利润。肉猪数量大约占养猪总头数的 80%，因此必须根据肉猪的生长发育规律，采用科学的饲养管理技术，达到提高增重速度、降低养猪成本、提高养猪生产经济效益的目的。

一、肉猪的生长发育规律

猪与其他动物一样，无论是其整体还是其各种组织器官的生长发育都有其自身的规律性，因此应充分利用这些规律来指导生产。

（一）体重增长速度的变化

在生长不受限制的情况下，猪的体重随年龄的增长而表现为“S”形曲线。即在生命的早期，有一加速生长期，到达某一点（为成年体重的 30%~40%）生长速度开始下降，人们称这一点为生长拐点。生长拐点在实践中具有重要的意义，因为在生长拐点左右，猪的生长成分开始从瘦肉组织占优势转变为脂肪组织占优势，且饲料利用率也开始降低。在生长拐点左右，猪的绝对生长速度（一般用平均日增重表示）达到最高峰，短暂稳定后开始下降。因此在生产上，应抓好肥育前期的饲养管理，充分发挥瘦肉的生长优势，从而提高增重速度和饲料利用率。

（二）体躯各组织生长发育速度的变化

与整体生长一样，随着年龄的增长，体躯各组织的生长也呈规律性的变化，一般的顺序为骨骼、皮肤、肌肉、脂肪，即骨骼、皮肤发育较早，肌肉次之，而脂肪在较晚时才大量沉积。虽然因猪的品种、饲养管理条件等的不同，各组织生长强度会有些差异，但基本表现上述规律。现代优良肉用型品种的肌肉组织成熟期延后，可以在体重 30~110kg 阶段保持强烈生长。

根据这一规律，肥育前期应喂给较高蛋白质水平的饲料，且应保证氨基酸的平衡，以保证肌肉组织的生长发育，肥育后期应适当限饲，以减少脂肪的沉积，从而降低生产成本，提高胴体品质。

（三）猪体化学成分的变化

随年龄和体重的增加，水分、蛋白质和矿物质含量逐渐下降，脂肪含量则逐渐增加（表 1-11）。

表 1-11　猪体化学成分质量的分数　（%）

体重	水分	蛋白质	灰分	脂肪
初生	79.95	16.25	4.06	2.45
6kg	70.67	16.56	3.06	9.74
45kg	66.76	14.94	3.12	16.16
68kg	56.07	14.03	2.85	29.08
90kg	53.99	14.48	2.66	28.54
114kg	51.28	13.37	2.75	32.14
136kg	42.48	11.63	2.06	42.64

（源自：张龙志等．养猪学，1982）

二、肉猪肥育的综合技术

（一）肥育用仔猪的选择与处理

1. 选择性能优良的杂种猪

仔猪质量对肥育效果具有很大的影响，在我国的肉猪生产中，大多利用二元和三元杂种仔猪进行肥育以充分利用杂种优势。所用的二元杂种，大多是以我国地方猪种或培育猪种为母本，与引进的国外肉用品种猪为父本杂交而产生；三元杂种猪大多是以我国地方猪种或培育猪种为母本，与引进的国外肉用品种猪作父本的杂种一代母猪作母本，再与引进的国外肉用型品种作终端父本杂交而产生。我国各地区通过多年来的试验筛选和生产应用，已筛选出很多适应各地条件的优良二元和三元杂交组合，生产中应根据条件选用。

选择合适的杂交组合，对于自繁自养的养猪生产者来说比较容易办到，在进行商品仔猪生产时只要选择好杂交用亲本品种（系），然后按相应的杂交配套体系进行杂交就可以获得相应的杂种仔猪。对于已经建立起完整繁育体系地区的养猪生产者来说，也比较容易办到，因为该地区已经选定了适合当地条件的杂交组合，肉猪生产者只要同时与相应的生产场或养母猪户签订购销合同，就可获得合格的仔猪。但对于交易市场购买仔猪的生产者来说，选择性能优良杂交仔猪的难度就大一些，风险也较大。

2. 提高肥育用仔猪的体重并提高仔猪的均匀度

肥育起始体重与肥育期的增重呈一定程度的正相关，且起始体重越小，要求的饲养管理条件越高，但起始体重过大也没有必要，如系外购仔猪，还会增大购猪成本。从目前的饲养管理水平出发，肥育用仔猪的肥育起始体重以 20~30kg 为宜。

肉猪是群饲，肥育开始时群内均匀度越好，越有利于饲养管理，肥育效果越好。

3. 去势

公、母猪去势后肥育，其性情安静、食欲增强，增重速度快，肉的品质好。国外的猪种性成熟较晚，肥育时一般只去势公猪而不去势母猪。同时，小母猪较去势公猪的饲料利用率高，并可获得较瘦的胴体。我国传统的做法是公、母猪都去势后肥育，原因是我国地方猪种的性成熟早、肉猪增重速度慢而肥育期长。但由于近年来猪种性能的改良及饲料科学的发展和饲养技术的改进，已使肥育期大为缩短。因此，可以改变传统的做法，肥育时只去势公猪，而不去势母猪。如果仔猪未在哺乳期去势，应适时去势。

4. 预防接种

对猪瘟、猪丹毒、猪肺疫和仔猪副伤寒等传染病要进行预防接种。自繁自养的养猪场（户）应按相应的免疫程序进行。为安全起见，外购仔猪进场后一般全部进行 1 次预防接种。

5. 驱虫

猪体内的寄生虫以蛔虫感染最为普遍，主要危害 3~6 月龄仔猪，病猪多无明显的临床症状，但表现生长发育慢、消瘦、被毛无光泽，严重时增重速度降低 30%以上，有时甚至可成为僵猪。驱虫一般在仔猪 90 日龄左右进行，常用药物有阿维菌素、左旋咪唑、四咪唑等，具体使用时按说明进行。当群体口服驱虫药时，应注意使每头猪能均匀食入相应的药量，防止个别猪只食入量过大，造成中毒。服用驱虫药后，应注意观察，若出现副作用，应及时解救。驱虫后排出的虫卵和粪便，应及时清除、发酵，以防再度感染。

猪疥癣是最常见的猪体表寄生虫病，对猪的危害也较大。病猪的生长缓慢，甚至成为僵猪，病部痒感剧烈，因而常以患部摩擦墙壁或圈栏，或以肢蹄搔擦患部，甚至摩擦出血，以至患部脱毛、结痂，皮肤增厚形成皱褶或龟裂。其治疗办法很多，常用 1%~2%敌百虫溶液或 0.005%溴氰菊酯溶液喷洒猪只体表或洗擦患部，几天以后即可痊愈。

（二）提供适宜的环境条件

1. 圈舍的消毒

为保证猪只的健康，避免发生疾病，在进猪之前有必要对猪舍、圈栏、用具等进行彻底的消毒。要彻底清扫猪舍走道、猪栏内的粪便、垫草等污物，用水洗刷干净后再进行消毒。猪栏、走道、墙壁等可用 2%~3%的火碱水溶液喷洒消毒，停半天或 1 天后再用清水冲洗晾干。墙壁也可用 20%石灰乳粉刷。应提前消毒饲槽、饲喂用具、车辆等，消毒后洗刷干净备用。日常可定期用对猪只安全的消毒液进行带猪消毒。

2. 合理组群

肉猪一般都是群养，合理分群是十分必要的。不同杂交组合的仔猪有不同的营养需要和生产潜力，有不同的生活习性和行为表现，合在一起饲养既会使其互相干扰影响生长，又因不能兼顾各杂交组合的不同营养需要和生产潜力而使各种生产性能难以得到充分的发挥。而按杂交组合分群，可避免因生活习性不同而造成相互干扰采食和休息，并且因营养需要、生产潜力相同而使得同一群的猪只发育整齐，同期出栏。

还要注意按性别、体重大小和强弱进行组群，因为性别不同而行为表现不同，肥育性能也不同，如去势公猪具有较高的采食量和增重速度，而小母猪则生长略慢，但饲料利用率高，胴体瘦肉率高。一般要求小猪阶段体重差异不宜超过 4~5kg，中猪阶段不超过 7~10kg。

组群后要相对固定，因为每一次重新组群后，往往会发生频繁的个体间争斗，需一周左右的时间，才能建立起新的比较稳定的群居秩序，所以，猪群每重组1次，猪只一周内很少增重，确定需要进行调群时，要按照“留弱不留强”（即把处于不利争斗地位或较弱小的猪只留在原圈，把较强的并进去），“拆多不拆少”（即把较少的猪留在原圈，把较多的猪并进去），“夜并昼不并”（即要把两群猪合并一群时，在夜间并群）的原则进行，并加强调群后2~3天内的管理，尽量减少发生争斗。

3. 饲养密度与群的大小

群体密度过大时，个体间冲突增加，炎热季节还会使圈内局部气温过高而降低猪的食欲，这些都会影响猪只的正常休息、健康和采食，进而影响猪的增重和饲料利用率，群体密度过小时，会降低猪舍的建筑利用率。兼顾提高圈舍利用率和肥育猪的饲养效果两个方面，随着猪体重的增大，应使圈舍面积逐渐增大（表1-12）。

表1-12　生长肥育猪适宜的圈舍面积

体重阶段（kg）	每栏头数每头猪最小占地面积（m^2）	实体地面	部分漏缝地板	全漏缝地板
8~15	20~30	0.74	0.37	0.37
45~68	10~15	0.92	0.55	0.55
68~95	10~15	1.10	0.74	0.74

（源自：Pond W G. Swine Production and Nutrition，1984）

饲养密度满足需要时，如果群体大小不能满足需求，同样不会达到理想的肥育效果。当群体过大时，猪与猪个体之间的位次关系容易削弱或混乱，使个体之间争斗频繁，互相干扰，影响采食和休息。肥育猪的最有利群体大小为4~5头，但这样会相应地降低圈舍及设备利用率。实际生产中，在温度适宜、通风良好的情况下，每圈以10~15头为宜，最大不宜超过20头。

4. 调教

调教就是根据猪的生物学习性和行为学特点进行引导与训练，使猪只养成在固定地点排泄、躺卧、进食的习惯。猪一般多在门口、低洼处、潮湿处、圈角等处排泄，排泄时间多在喂饲前或是在睡觉刚起来时。因此，如果在调群转入新圈以前，事先把圈舍打扫干净，并在指定的排泄区堆放少量的粪便或泼点水，然后再把猪调入，可使猪养成定点排便的习惯。如果这样仍有个别猪只不按指定地点排泄，应将其粪便铲到指定地点并守候看管，经过三五天猪只就会养成觅食、卧睡、排泄三点定位的习惯。

5. 温度和湿度

在诸多环境因素中，温度对肉猪的肥育性能影响最大。在适宜温度（15~27℃）下，猪的增重快，饲料利用率高。当环境温度低于下限临界温度时，猪的采食量增加，生长速度减慢，饲料利用率降低。如舍内温度在4℃以下时，会使猪增重下降50%，而单位增重的耗料量是最适宜温度时的2倍。温度过高时，为增强散热，猪只的呼吸频率增高，食欲降低，采食量下降，增重速度减慢，如果再加之通风不良，饮水不足，还会引起中暑死亡。

温度对胴体的组成也有影响，温度过高或过低均明显地影响脂肪的沉积。但如果有意识地利用这种环境来生产较瘦的胴体则不合算，因其所得不足以补偿增重慢和耗料多以及由于延长出栏时间而造成的圈舍设备利用率低等的损失。

湿度的影响远远小于温度，如果温度适宜，则空气湿度的高低对猪的增重和饲料利用率影响很小。实践证明，当温度适宜时，相对湿度从45%上升到90%都不会影响猪的采食量、增重和饲料利用率。空气相对湿度以40%~75%为宜。对猪影响较大的是低温高湿有风和高温高湿无风。前一种环境会加剧体热的散失，加重低温对猪只的不利影响；后一种环境会影响猪只的体表蒸发散热，阻碍猪的体热平衡调节，加剧高温所造成的危害。同时，空气湿度过大时，还会促进微生物的繁殖，容易引起饲料、垫草的霉变。但空气相对湿度低于40%也不利，容易引起皮肤和外露黏膜干裂，降低其防卫能力，会增加呼吸道和皮肤疾患。

6. 空气新鲜度

如果猪舍设计不合理或管理不善，通风换气不良，饲养密度过大，卫生状况不好，就会造成舍内空气潮湿、污浊，充满大量氨气、硫化氢和二氧化碳等有害气体，从而降低猪的食欲、影响猪的增重和饲料利用率，并可引起猪的眼病、呼吸系统疾病和消化系统疾病。因此，除在猪舍建筑时要考虑猪舍通风换气的需要，设置必要的换气通道，安装必要的通风换气设备外，还要在管理上注意经常打扫猪栏，保持圈舍清洁，减少污浊气体及水汽的产生，以保证舍内空气的清新和适宜的温度、湿度。

7. 光照

有许多试验表明光照对肉猪增重、饲料利用率和胴体品质及健康状况的影响不大。从猪的生物学特性看，猪对光也是不敏感的。因此肉猪舍的光照只要不影响饲养管理人员的操作和猪的采食就可以了，强烈的光照反而会影响肉猪的休息和睡眠，从而影响其生长发育。

（三）选择适宜的肥育方式

肉猪的肥育方式对猪的增重速度、饲料利用率及胴体的肥瘦度和养猪效益有重要影响，适于农家副业养猪的“吊架子肥育”方式，已不能适应商品肉猪生产的要求，而应采用“直线肥育”和“前敞后限”的肥育方式。

1. 直线肥育

直线肥育就是根据肉猪生长发育的需要，在整个肥育期充分满足猪只各种营养物质的需要，并提供适宜的环境条件，充分发挥其生产潜力，以获得较高的增重速度和饲料利用率及优良的胴体品质。这种肥育方式克服了“吊架子肥育”的缺点。因此，在目前的商品肉猪生产中被广泛采用。

2. 前敞后限的饲养方式

合理限饲既可保证肉猪具有较高的增重速度和饲料利用率，又有较好的胴体品质。要使肉猪既有较快的增重速度，又有较高的瘦肉率，可以采取前敞后限（前高后低）的饲养方式，即在肉猪生长前期采用高能量、高蛋白质日粮，任猪自由采食或不限量按顿饲喂，以保证肌肉的充分生长，后期适当降低日粮能量和蛋白质水平、限制猪只每日进食的能量总量。

后期限饲的方法，一是限制饲料的给量，减少自由采食量的15%~20%；另一种方法是降低日粮能量浓度，仍让猪只自由采食或不限量顿喂。日粮能量浓度降低，虽不限量饲喂，但由于猪的胃肠容积有限，每天采食的能量总量必然减少，因而同样可以达到限饲的目的，且简便易行。具体多为在日粮中搭配糟渣，加大糠麸比例。但应注意不能添加劣质粗饲料，饲粮能量浓度不能低于11MJ/kg，否则虽可提高瘦肉率，却会严重影响增重，降低经济效益。

（四）科学地配制日粮并进行合理饲养

1. 日粮的营养水平

（1）能量水平。在不限量饲养的条件下，肉猪有自动调节采食而保持进食能量守恒的能力，因而日粮能量浓度在一定范围内变化对肉猪的生长速度、饲料利用率和胴体肥瘦度并没有显著影响。但当日粮能量浓度降至10.8MJ/kg消化能时，对肉猪增重、饲料利用率和胴体品质已有较显著的影响，生长速度和饲料利用率降低，胴体瘦肉率提高；而提高饲粮能量浓度，能提高增重速度和饲料利用率，但胴体较肥（表1-13）。针对我国目前养猪实际，兼顾猪的增重速度、饲料利用率和胴体肥瘦度，饲料能量浓度以11.9~11.3MJ/kg消化能为宜，前期取高限，后期取低限。

表1-13　能量浓度与肉猪的生产表现

能量浓度（MJ/kg）	日采食量（kg）	饲料/增重	日增重（g）	背膘厚（cm）
11.00	2.50	2.91	860	2.48
12.30	2.40	2.67	900	2.65
13.68	2.35	2.48	949	2.98
15.02	2.24	2.37	944	3.02

（源自：许振英．养猪，1991）

（2）蛋白质和必需氨基酸水平。不同蛋白质水平饲喂生长肥育猪，猪的增重速度及胴体组成会有很大差异（表1-14）。

表1-14　粗蛋白水平与生产表现

粗蛋白质量分数（%）	15.0	17.4	20.2	22.3	25.3	27.3
日增重（g）	651	721	723	733	699	689
饲料/增重	2.48	2.26	2.24	2.19	2.26	2.35
瘦肉率（%）	44.7	46.6	46.8	47.7	49.0	50.0
背膘厚（cm）	2.16	2.05	1.97	1.81	1.72	1.50

（源自：许振英．养猪，1991）

从表1-14中可以看出，日粮粗蛋白水平在17.4%时已获得较高的日增重，至

22.3%，仍保持这一水平，再高则日增重反而下降，但有利于胴体瘦肉率的提高，而用提高蛋白质水平来改善胴体品质并不经济。在生产实际中，应根据不同类型猪瘦肉生长的规律和对胴体肥瘦要求不同来制订相应的蛋白质水平。对于高瘦肉生长潜力的生长肥育猪，前期（60kg体重以前）蛋白质水平16%~18%，后期13%~15%；而中等瘦肉生长潜力的生长肥育猪前期15%~17%，后期12%~14%。

除蛋白质水平外，蛋白质品质也是一个重要的影响因素，各种氨基酸的水平以及它们之间的比例，特别是几种限制性氨基酸的水平及其相互间的比例会对肥育性能产生很大的影响（表1-15）。在生产实际中，为使日粮中的氨基酸平衡而使用氨基酸添加剂时，首先应保证第一限制性氨基酸的添加，其次再添加第二限制性氨基酸，如果不添加第一限制性氨基酸而单一添加第二限制性氨基酸，不仅无效，还会因日粮氨基酸平衡进一步失调而降低生产性能。

表1-15　生长猪理想的可消化氨基酸模式

理想氨基酸模式（为赖氨酸100%）	20~50kg猪	50~100kg猪
赖氨酸	100	100
精氨酸	36	30
组氨酸	32	32
色氨酸	19	20
异亮氨酸	60	60
亮氨酸	100	100
缬氨酸	68	68
苯丙氨酸+酪氨酸	95	95
蛋氨酸+胱氨酸	65	70
苏氨酸	67	70

（源自：Baker D H. Efficiency of amino acid utilization，1993）

（3）矿物质和维生素水平。生长肥育猪日粮一般主要计算钙、磷及食盐（钠）的含量。生长猪每沉积体蛋白100g（相当于增长瘦肉450g），同时要沉积钙6~8g、磷2.5~4.0g、钠0.5~1.0g。根据上述生长猪矿物质的需要量及饲料矿物质的利用率，生长猪日粮在20~50kg体重阶段钙0.60%，总磷0.50%（有效磷0.23%）；50~100kg体重阶段钙0.50%，总磷0.40%（有效磷0.15%）。食盐质量分数通常占风干饲粮的0.30%。

生长猪对维生素的吸收和利用率还难准确测定，目前饲养标准中规定的需要量实质上是供给量。而在配制日粮时一般不计算原料中各种维生素的含量，靠添加维生素添加剂满足需要。

（4）粗纤维水平。猪是单胃杂食动物，利用粗纤维的能力较差。粗纤维的含量是影响日粮适口性和消化率的主要因素，日粮粗纤维含量过低，肉猪会出现拉稀或便秘。日粮粗纤维含量过高，则适口性差，并严重降低日粮养分的消化率，同时由于采食的能量减少，降低猪的增重速度，也降低了猪的膘厚，所以纤维水平也可用于调节肥瘦度。为保证日粮有较好的适口性和较高的消化率，生长肥育猪日粮的粗纤维水平应控制在

6%~8%，若将肥育分为前后两期，则前期不宜超过5%，后期不宜超过8%。在决定粗纤维水平时，还要考虑粗纤维来源，稻壳粉、玉米秸粉、稻草粉、稻壳酒糟等高纤维粗料，不宜喂肉猪。

2. 日粮类型

（1）饲料的粉碎细度。玉米、高粱、大麦、小麦、稻谷等谷实饲料，都有坚硬的种皮或软壳，喂前粉碎或压片则有利于采食和消化。玉米等谷实的粉碎细度以微粒直径1.2~1.8mm为宜。此种粒度的饲料，肉猪采食爽口，采食量大，增重快，饲料利用率也高。如粉碎过细，会影响适口性，进而降低猪的采食量，影响增重和饲料利用率，同时使胃溃疡风险增加。粉碎细度也不能绝对不变，当含有部分青饲料时，粉碎粒度稍细既不致影响适口性，也不致造成胃溃疡。

（2）生喂与熟喂。玉米、高粱、大麦、小麦、稻谷等谷实饲料及其加工副产品糠麸类，可加工后直接生喂，煮熟并不能提高其利用率。相反，饲料经加热，蛋白质变性，生物学效价降低，不仅破坏饲料中的维生素，还浪费能源和人工。因此，谷实类饲料及其加工副产物应生喂。

青绿多汁饲料，只需打浆或切碎饲喂，煮熟会破坏维生素，处理不当还会造成亚硝酸盐中毒。

（3）干喂与湿喂。配制好的干粉料，可直接用于饲喂（干喂），只要保证充足饮水就可以获得较好的饲喂效果，而且省工省时，便于应用自动饲槽进行饲喂。

饲料和水按一定比例混合饲喂（湿喂），既可提高饲料的适口性，又可避免产生饲料粉尘，但加水不宜过多，一般按料水比例为1：（0.5~1.0），调制成潮拌料和湿拌料，在加水后手握成团，松手散开即可。如将料水比例加大到1：（1.5~2.0），即成浓粥料，虽不影响饲养效果，但需用食槽喂，费工费时。在夏季饲喂潮拌料或湿拌料时，注意不要使饲料腐败变质。

饲料中加水量过多，会使饲料过稀，降低猪的干物质采食量，冲淡胃液不利于消化，多余的水分需排出，造成生理负担。因此，喂稀料降低增重和饲料利用率，应改变农家养猪喂稀料的习惯。

（4）颗粒料。多数试验表明，颗粒料喂肉猪优于干粉料，约可提高日增重和饲料利用率8%~10%。但加工颗粒的成本高于粉状料。

3. 饲喂方法

（1）日喂次数。肉猪每天的饲喂次数应根据猪只的体重和日粮组成做适当调整。猪只体重35kg以下时，胃肠容积小，消化能力差，而相对饲料需要多，每天宜喂3~4次。35~60kg猪只，胃肠容积扩大，消化能力增加，每天应喂2~3次。猪只体重60kg以后，每天可饲喂2次。饲喂次数过多并无益处，反而影响猪只的休息，增加了用工量。

每次饲喂的时间间隔，应尽量保持均衡，饲喂时间应选在猪只食欲旺盛时为宜，如夏季选在早晚天气凉爽时进行饲喂。

（2）给料方法。通常采用饲槽饲喂和硬地撒喂两种方式饲喂肉猪。饲槽饲喂又有普通饲槽和自动饲槽。用普通饲槽时，要保证有充足的采食槽位，每头猪至少占30cm，以防强夺弱食。夏季尤其要防止剩余残料的发霉变质。地面撒喂时，饲料损失较大，饲料易受污染，但操作简便，大群地面撒喂时要注意保证猪只有充足的采食空间。

4. 供给充足洁净的饮水

肉猪的饮水量随体重、环境温度、日粮性质和采食量等有所不同。一般在冬季时，其饮水量应为采食饲料风干量的2~3倍或体重的10%左右，春、秋两季为采食饲料风干重的4倍或体重的16%，夏季约为5倍或体重的23%。因此，必须供给充足洁净的饮水，饮水不足或限制饮水，会引起食欲减退、采食量减少、日增重降低和饲料利用率降低、膘厚增加，严重缺水时将引起疾病。

饮水设备以自动饮水器为好，也可以在圈栏内单设水槽，但应经常保持充足而洁净的饮水，让猪自由饮用。

（五）选择适宜的出栏体重

1. 影响出栏体重的因素

猪的类型及饲养方式、消费者对胴体的要求、生产者的最佳经济效益、猪肉的供求状况等是影响出栏体重的主要因素。

不同类型的猪肌肉生长和脂肪沉积能力不同，如高瘦肉生长潜力的猪肌肉生长能力较强且保持高强度生长的持续期较长，因而可适当加大出栏体重。后期限制饲养也可适当加大出栏体重。

消费者对猪肉的要求集中表现在胴体肥瘦度和肉脂品质上，20世纪70年代猪油作为食用油已有显著减少，80年代转入到担心动物脂肪对人类健康的不良作用。为满足消费者的需求，需确定一个瘦肉率高、品质好的肉猪屠宰体重。

生产者的经济效益与肉猪的出栏重有密切关系，因为出栏体重直接影响肥育期平均日增重、饲料利用率，生产者还必须考虑不同品质肉的市场售价，全面权衡经济效益而确定适宜的出栏体重。

市场猪肉供求状况也影响出栏体重，供不应求时，提高出栏体重，增加产肉量（也提高经济效益）是常用的措施。供过于求时，消费者的要求必然提高，导致出栏体重降低。

2. 选择适宜的出栏体重

确定适宜出栏体重需根据肥育期平均日增重、耗料增重比、屠宰率、不同质量胴体（活猪）的售价等指标综合考虑。随着肉猪体重的增加，日增重先逐渐增加，到一定阶段后，则逐渐下降。但随着体重的增加，维持需要所占比例相对增多，胴体中脂肪比例也逐渐增多，而瘦肉率下降，且饲料转化为脂肪的效率远远低于转化为瘦肉的效率，故使饲料利用率逐渐下降。

由于不同地区肉猪生产中所用的杂交组合和饲养条件不同，肉猪的适宜出栏体重也不同。我国早熟易肥猪种适宜出栏体重为70kg，其他地方猪种为75~80kg。我国培育猪种和地方猪种为母本，引入肉用型猪种为父本的二元杂种猪，适宜出栏体重为90~100kg，两个引入的国外肉用型猪种为父本的三元杂种猪，适宜出栏体重为100~110kg。全部用引入肉用型猪种生产的杂种猪出栏体重可到110~120kg。

第二章　猪场生产基本参数

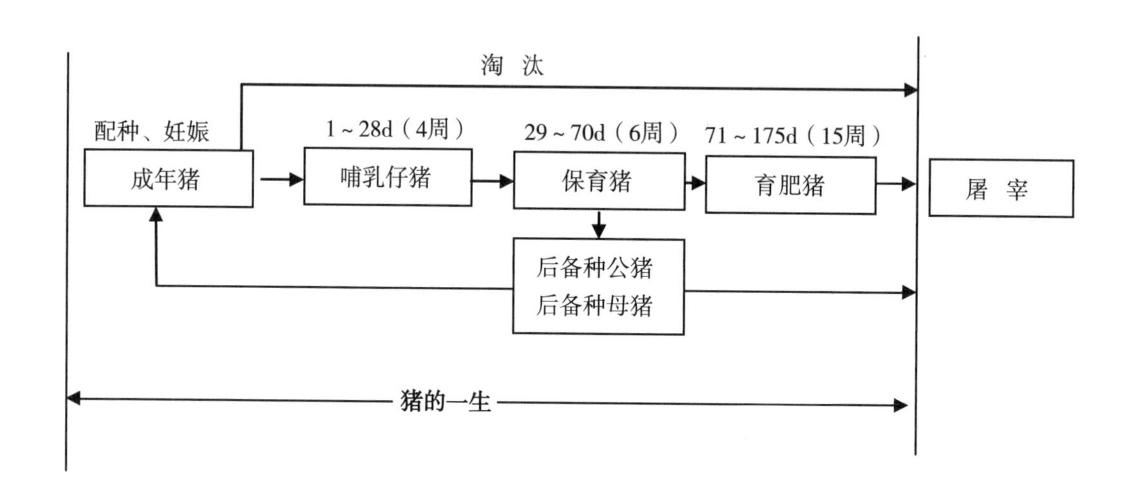

第一节　猪场基本生产技术指标

猪场的一些通用指标见表2-1、表2-2。

表2-1　猪场一般通用指标

猪场类型	原种猪场	繁殖猪场	商品猪场
妊娠天数（天）	114		
配种率（%）	85以上		
分娩率（%）	90以上		
哺乳期（天）	21～35		
断奶至下次发情天数（天）	3～7		
母猪年产胎次（胎）	2～2.3		
胎均总产仔数	10.5		
初生个体重（kg）	1.3～1.6		

（续表）

猪场类型	原种猪场	繁殖猪场	商品猪场
28 日龄个体重（kg）	7.5		
哺乳仔猪成活率（%）	90		
保育期成活率（%）	95		
70 日龄个体重（kg）	30		
168 日龄个体重（kg）	100		
30~100kg 日增重（g）	400~900		
育成期成活率（%）	98		

表 2-2　按照生产水平划分的一般猪场指标

项目指标	先进水平	较高水平	较低水平
哺乳天数（天）	小于 21	21~28	大于 35
母猪发情间隔（天）	3~7	5~10	大于 10
母猪年产胎次（胎）	2.2	2.1	小于 2.0
窝产仔数（头）	13 及以上	11~13	小于 10
哺乳仔猪成活率（%）	95 以上	90~95	90 以下
保育猪成活率（%）	97 以上	97~95	95 以下
生长育肥猪成活率（%）	100	98 以上	98 以下
仔猪出生重（kg）	1.5 以上	1.2~1.6	1.2 以下
28 日龄体重（kg）	8 以上	6.5~8	6.5 以下
0~100kg 日龄（天）	150~160	160~170	175 以上
料肉比（全程）	2.2∶1 以下	（2.2~2.8）∶1	2.8∶1 以上
配种分娩率（%）	85 以上	80~85	80 以下
公母比例	1∶200	1∶100	1∶25

第二节　猪场存栏结构标准

猪存栏结构见表 2-3、表 2-4。

表 2-3　猪场存栏结构的一般算法

猪别	数　量
妊娠母猪	周配种母猪数×16 周×95%（配准率）

（续表）

猪别	数　量
临产母猪数	周分娩计划数
哺乳母猪	周分娩母猪数×3.5 周
后备母猪	（基础母猪数×年更新率÷12 个月）×4 个月÷90%（合格率）
种公猪	按公母比例 1：100 配置
空怀母猪	周断奶母猪数+超期未配及妊检空怀母猪数
仔猪	周分娩胎数×7 周×10 头/胎×95%

注：表中以通用的“周”（7 天）为生产节律进行计算。

表 2-4　均衡生产条件下猪群正常存栏结构大致占比情况

<table>
<tr><td rowspan="4">母猪</td><td rowspan="2">母猪结构</td><td>胎次</td><td colspan="2">后备母猪</td><td>1~2 胎</td><td>3~4 胎</td><td>5~6 胎</td><td>7~8 胎</td><td>9 胎</td><td></td></tr>
<tr><td>比例（%）</td><td colspan="2">8~11</td><td>22.5</td><td>24.5</td><td>24.5</td><td>22.5</td><td>6</td><td></td></tr>
<tr><td rowspan="2">生产阶段</td><td>阶段</td><td>待配</td><td>0~3 周</td><td>4~6 周</td><td>7~9 周</td><td>10~12 周</td><td>13~15 周</td><td>待产</td><td>哺乳</td></tr>
<tr><td>比例（%）</td><td>5</td><td>15.6</td><td>14.5</td><td>14.2</td><td>13.8</td><td>13.8</td><td>4.6</td><td>18.5</td></tr>
<tr><td rowspan="2">商品猪</td><td colspan="2">生长阶段</td><td>哺乳</td><td>保育</td><td colspan="2">小猪</td><td colspan="2">中猪</td><td colspan="2">大猪</td></tr>
<tr><td colspan="2">比例（%）</td><td>18</td><td>23</td><td colspan="2">27</td><td colspan="2">15</td><td colspan="2">17</td></tr>
<tr><td rowspan="2">万头猪场</td><td colspan="2">种类</td><td>公猪</td><td>后备母猪</td><td>空怀母猪</td><td>怀孕母猪</td><td>哺乳母猪</td><td>哺乳仔猪</td><td>保育猪</td><td>中大猪</td></tr>
<tr><td colspan="2">存栏数量（头）</td><td>7</td><td>30</td><td>20</td><td>385</td><td>65</td><td>930</td><td>1 060</td><td>2 960</td></tr>
</table>

备注：①母猪使用年限为 3.5 年；②哺乳仔猪断奶 28 天，保育猪饲养 42 天，生长育肥猪饲养 105 天；③本表仅供商品猪场参考；④占比数量仅做参考，实际情况需结合猪场和市场情况进行调整。

第三节　饲养密度

不同类别猪的饲养密度见表 2-5。

表 2-5　可供参考的养殖密度

阶段	密度（m^2/头）	数量（头/栏圈）	备注
保育猪 30kg 以下	0.3~0.35	16~20	
保育猪 30~60kg	0.5~0.8	10~15	
保育猪 60~80kg	0.8~1	15~17	
保育猪 80~100kg	1~1.5	15~17	

（续表）

阶段	密度（m^2/头）	数量（头/栏圈）	备注
公猪	10	1	配有运动场
怀孕母猪	1.5~2	1	
空怀母猪	1.5~2	1	配有运动场
哺乳母猪	3.5~4	1	

第四节　猪饮水量参考数值

不同类别猪的饮水数据见表2-6。

表2-6　猪日常饮水量及装置安装选择参考

项目/阶段	每天饮水时间（min）	饮水器流速（ml/min）	日耗水量（kg）	饮水器安装高度（cm）	饮水器选择
哺乳仔猪	—	—	—	—	—
断奶仔猪	—	—	1.5~2.5	20~30	乳头式、碗式
保育猪	30~40	250	2.5~4	30~45	乳头式、碗式
生长育肥猪	30~35	1 000	4~8	50~60	乳头式、碗式
经产、后备母猪	20	2 000	15~20	60~70	鸭嘴式、碗式
哺乳母猪	20~30	2 500	45	60~70	鸭嘴式、碗式
公猪	20	2 000	15~20	80	鸭嘴式、碗式

第五节　温湿度基础

猪舍温湿度见表2-7。

表2-7　猪舍日常温湿度参考数据

<table>
<tr><th>生长阶段</th><th>日龄（天）</th><th>适宜温度（℃）</th><th>适宜湿度（%）</th></tr>
<tr><td rowspan="5">哺乳仔猪</td><td>出生当天</td><td>32~35</td><td rowspan="5">60~70</td></tr>
<tr><td>1~3</td><td>30~32</td></tr>
<tr><td>4~7</td><td>28~30</td></tr>
<tr><td>8~13</td><td>25~28</td></tr>
<tr><td>14~28</td><td>23~25</td></tr>
</table>

（续表）

生长阶段	日龄（天）	适宜温度（℃）	适宜湿度（%）
保育仔猪	28~70	23~25	60~80
生长猪	10~16 周	18~20	
育肥猪	17 周至出栏	17~18	
妊娠空怀母猪		15~18	

备注：通风空气流速，舍内春秋冬为 0.2~0.4m/s，夏季为 0.4~1m/s。空气有害气体浓度：氨气不高于 10mg/kg，硫化氢不高于 7mg/kg，二氧化碳不高于 1 500mg/kg。

第六节　不同年龄与类型猪的体温、呼吸、心率正常范围参考数值

不同类别猪的生理参数见表 2-8。

表 2-8　不同年龄与类型猪的体温、呼吸、心率正常范围参考数值

猪的年龄与类型	直肠温度	呼吸频率（次/min）	心率（次/min）
新生仔猪	39℃	50~60	200~250
哺乳仔猪	39.2℃	—	—
保育猪	39.3℃	25~40	90~100
生长育肥猪	38.5~39℃	35~40	80~90
妊娠母猪	38.7℃	13~18	70~80
公猪	38.4℃	—	—

第七节　免疫参考程序

不同类别猪的免疫程序可参考表 2-9。

表 2-9　免疫参考程序

猪别	周（日）龄	疫苗种类	注射剂量	使用说明
外购猪	第一周	猪瘟	2ml/头	待猪群稳定后开始接种疫苗
	第二周	口蹄疫苗	3ml/头	肌内注射
	第三周	伪狂犬病苗	2ml/头	30 天后加强
	配种前第五周	猪细小病毒、乙脑苗	1 头份/头	15~20 天后，加强 1 次，肌内注射
自繁留种	配种前 10 天	蓝耳病苗	4ml/头	15~20 天后加强

（续表）

猪别	周（日）龄	疫苗种类	注射剂量	使用说明
自繁留种	配种前5周	猪瘟苗	2ml/头	
	配种前4周	细小、乙脑苗	1头份/头	15~20天后加强1次
	配种前3周	伪狂犬苗	2ml/头	30天后加强1次
	配种前10天	蓝耳病苗	4ml/头	15~30天后加强1次
公猪	春、秋各1次	猪瘟苗/蓝耳病	2ml/头、4ml/头	肌内注射
	3月、9月、12月各1次（每年）	口蹄疫苗	3ml/头	
	4月、8月、12月各1次（每年）	伪狂犬苗	2ml/头	
	每年3月1次	乙脑苗	1头份/头	
母猪	产前第五周	口蹄疫苗	3ml/头	
	产前第三周	猪瘟苗	1头/2ml/头	
	断奶前三天	蓝耳病苗	4ml/头	
	4月、8月、12月各1次	伪狂犬苗	1头份2ml/头	
	每年3月1次	乙脑疫苗	1头份/头	
商品猪	7日龄	喘气病	1头份/头	皮下注射
	21日龄	喘气病	1头份/头	
	21日龄	猪瘟苗	1头份2ml/头	
	4周龄	蓝耳病苗	2ml/头	
	6周龄	口蹄疫苗	1.5ml/头	
	7周龄	猪瘟苗	1头份2ml/头	
	10周龄	口蹄疫苗	2ml/头	
	11周龄	伪狂犬苗	2ml/头	
	出栏前1个月	口蹄疫苗	2ml/头	

说明：分娩前两周可注射传染性胃肠炎、流行性腹泻和轮状病毒疫苗。

第八节　猪场常见药物使用方法参考

猪场常用药物及其使用方法见表2-10。

表 2-10　猪场常见药物使用方法参考

药物名称	给药方式	给药剂量
红霉素	内服	20~40mg/kg，1 日 2 次
	肌注或静注	1~3mg/kg，1 日 2 次
泰乐菌素	肌注	2~10mg/kg，1 日 2 次
	内服	100~110mg/kg，1 日 2 次
	饲料添加	100~500mg/kg
硫酸链霉素	肌注	10mg/kg，1 日 2 次
	内服	0.5~1mg/kg，1 日 2 次
硫酸卡那霉素	肌注	10~15mg/kg，1 日 2 次
	内服	3~6mg/kg，1 日 2 次
硫酸多黏菌素 B	肌注	1 日量，1 万国际单位/kg，1 日 2 次
	内服	仔猪 2 000~4 000 国际单位/kg，1 日 2 次
硫酸多黏菌素 E	肌注	1 日量，1 万国际单位/kg，分 2 次
	内服	1.5 万~5 万国际单位/kg
	乳腺炎乳管内注入	5 万~10 万国际单位
金霉素	内服	10~20mg/kg，1 日 3 次
	饲料添加	200~500mg/kg
制霉菌素	内服	50 万~100 万国际单位，1 日 3 次
克霉唑	内服	1~1.5 克，1 日 2 次
盐酸左旋咪唑	内服	7.5mg/kg
	肌注或皮下注射	7.5mg/kg
通灭	肌注	1ml/33kg
百虫净	内服	1~2kg/T 饲料
伊维菌素	内服	0.3~0.5mg/kg
	皮下注射	0.3mg/kg
磺胺嘧啶	内服	70~100mg/kg，1 日 2 次
磺二甲嘧啶	内服	70~100mg/kg，1 日 2 次
磺胺甲基异噁唑	内服	25~250mg/kg，1 日 2 次
磺胺对甲氧嘧啶	内服	25~50mg/kg，1 日 1~2 次
磺胺间甲氧嘧啶	内服	25~50mg/kg，1 日 1~2 次
磺胺脒	内服	70~100mg/kg，1 日 2~3 次
三甲氧苄氨嘧啶	内服	10mg/kg，1 日 1~2 次

（续表）

药物名称	给药方式	给药剂量
复方磺胺嘧啶钠注射液	肌注或静注	20~25mg/kg，1 日 1~2 次
复方磺胺对甲氧嘧啶钠	注射液肌注或静注	20~25mg/kg，1 日 1~2 次
复方磺胺间甲氧嘧啶钠	注射液肌注或静注	20~25mg/kg，1 日 1~2 次
卡巴氧	饲料预混剂添加	50mg/kg，连续不超过 3 天
痢菌净	饲料预混剂添加	200mg/kg，可连续喂服 3 天
	肌注	2. 5~5mg/kg，1 日 2 次
环丙沙星	肌注	2. 5~5mg/kg，1 日 2 次
	静注	2mg/kg，1 日 2 次
乙基环丙沙星	内服	5~10mg/kg，1 日 2 次
	肌注	2. 5mg/kg，1 日 2 次
二甲硝咪唑	饲料添加	200~500mg/kg
注射青霉素 G 钠（钾）	肌注	1 万~1. 5 万 IU/kg，1 日 2 次
氨苄青霉素	内服	4~14mg/kg，1 日 2 次
	肌注	2~7mg/kg，1 日 2 次
羧苄青霉素	肌注	2~7mg/kg，1 日 2 次
头孢噻吩钠	肌注	10~20mg/kg，1 日 2 次
头孢噻啶	肌注	10~20mg/kg，1 日 2 次

注：药物使用应符合国家的有关规定。

第三章　猪场生产标准

第一节　猪场组织管理与职责

一、组织架构、人员定编及岗位职责

猪场组织架构与岗位定编是依据温氏管理的模式、现代化猪场管理的要求和本场生产规模而定的。各猪场必须根据具体情况合理地配置各岗位人员，明确其工作职责和管理权限。

（一）猪场组织架构（图 3-1）

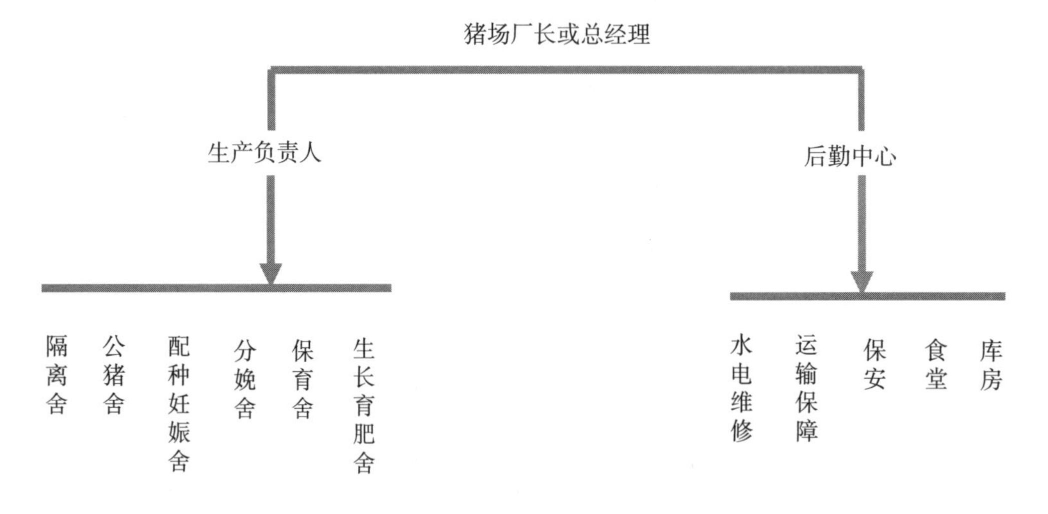

图 3-1　猪场组织架构

（二）猪场人员分工安排

猪场场长 1 人，猪场助理 1 人（负责数据分析和报告及文字项目等）或生产主管 1 人（如果有需要）。

每个生产舍都需要安排人员（或几个舍设立 1 人）：配种妊娠舍 1 人，分娩舍 1 人，保育舍 1 人，根据生产规模适当增设数量。

以商品猪场为例，每条万头生产线员工定编为 10~12 人。后勤人员按实际需要设

置人数：如仓管、出纳、司机、维修、保安、炊事员、勤杂工等。

（三）岗位职责

猪场以层层管理、分工明确、场长负责制为原则。具体工作专人负责；既有分工，又有合作。

下级服从上级，重要事情必须通过场内集体研究解决。

1. 场长

（1）负责猪场的全面工作。

（2）负责制定和完善本场的各项管理制度。

（3）负责后勤保障工作的管理，及时协调各部门间的工作关系，主抓场内财务、购销等工作。

（4）负责制定具体的实施措施，落实和完成公司下达的各项任务。

（5）负责监控本场的生产情况，员工工作情况和卫生防疫，及时解决出现的问题。

（6）负责编排全场的经营计划、物资需求计划。

（7）负责检查全场的生产报表，并督促做好月结工作、周上报工作。

（8）做好全场员工的思想工作，及时了解员工的思想动态，出现问题及时解决，及时向上反映员工的意见和建议。

（9）负责落实和完成公司下达的全场经济指标，负责全场各项成本费用的监控与管理。

（10）直接管辖生产主管，通过生产主管管理生产线员工；直接管理后勤保障、财务、购销等工作。

（11）负责协调猪场周边的公共关系。

2. 生产主管（负责人）

（1）负责全场的生产工作，协助场长做好其他工作。

（2）负责落实饲养管理作业指导书、卫生防疫制度和有关生产线的管理制度并组织实施。

（3）直接管辖场内的生产技术，具体编排全场的生产计划、防疫计划、猪群周转计划、种猪淘汰更新计划并组织人员实施，对实施结果及时检查，及时向场长汇报。

（4）负责全场生产报表工作，随时做好统计分析，以便及时发现问题并解决问题。

（5）负责全场生产线员工的技术培训工作，每周或每月主持召开生产例会。

（6）负责全场饲料、药物等直接成本费用的监控与管理。

（7）负责落实和完成公司下达的全场生产技术指标。

3. 岗位分工

根据各岗位职能的差异，其职能分工如下。

（1）配种妊娠舍。

①负责本组配种工作，做好均衡生产。

②负责本组种猪转群、调整工作。

③负责本组各类种猪的免疫注射工作和卫生防疫工作。

(2) 分娩舍。

①负责安排本组空栏猪舍的冲洗消毒工作。

②负责本组母猪、仔猪转群、调整工作。

③负责本组哺乳母猪、仔猪预防注射工作。

(3) 保育舍。

①负责安排本组空栏猪舍的冲洗消毒工作。

②负责本组仔猪转群、调整工作。

③负责本组仔猪预防注射工作。

(4) 夜班人员。

①两名夜班人员轮流值班。

②负责猪场猪群防寒保温、防暑降温、通风工作。

③负责猪场防火、防盗等安全工作。

④重点负责分娩舍接产、仔猪护理工作。

⑤负责哺乳仔猪夜间补料工作。

⑥做好值班记录。

第二节　种猪淘汰与更新推荐标准

一、种公猪的淘汰

1. 关于疾病问题

——先天性生殖器官疾病的后备公猪;

——因肢蹄病而影响配种或采精的公猪;

——种公猪定期抽血送检,发现严重传染病;

——发生普通疾病治疗两个疗程未康复,因病长期不能配种或采精的公猪;

——性情暴躁、攻击工作人员的公猪。

2. 关于配种的问题

——超过10月龄以上不能使用的后备公猪;

——性欲低、配种或采精能力差的公猪;

——精液品质长期不合格(多次精检法)。

3. 关于种用的问题

——生长性能差、综合指数排名靠后的公猪;

——不符品种特征、外形偏离育种目标的公猪,体型评定为不合格的公猪;

——核心群配种超过80胎的公猪或使用超过1.5年的成年公猪;

——后代出现性状分离或畸形率高的公猪;

——体况差的公猪,例如过肥或过瘦;

——因其他原因而失去种用价值的公猪。

二、种母猪的淘汰

1. 关于疾病的问题

——先天性生殖器官疾病的后备母猪；

——因肢蹄病久治未愈影响正常生产的母猪；

——发生严重传染病的母猪；

——发生普通病连续治疗两个疗程而未康复的母猪；

——先天性骨盆狭窄、经常难产的母猪；

——连续两次或累计三次妊娠期习惯性流产的母猪。

2. 关于配种的问题

——超过 8 月龄不发情的后备母猪；

——超过 270 日龄还没配上种的后备母猪；

——断奶后 40 天都不发情的母猪；

——配种后连续两次返情、屡配不孕的母猪。

3. 关于种用的问题

——连续两胎活产仔数窝均 8 头以下的经产母猪；

——连续两胎或累计三次产活仔数窝均 7 头以下的经产母猪；

——有效乳头数少于 12 个、哺乳能力差、母性不良的母猪；

——连续两次、累计三次哺乳仔猪成活率低于 75%的经产母猪；

——核心群超过 5 胎的种母猪，繁殖群超过 7 胎的种母猪，商品群超过 9 胎的种母猪；

——体况极差且长期难以恢复的母猪。

第三节　猪场各阶段猪饲喂推荐标准

各阶段猪饲喂的企业标准见表 3-1。

表 3-1　各阶段猪饲喂标准

生理阶段	饲喂方式	日投料次数	饲喂量
出生至 8kg	自由采食	不限（少量多次）	全期 2~3kg
8~15kg	自由采食	不限（少量多次）	0. 5kg/天
后备猪进场至 90kg	自由采食	3 次	2. 0~2. 5kg
90kg 至配种前两周	限制饲喂	2 次	2. 0~2. 2kg
配种前两周至配种	短期优饲	2 次	2. 8~3. 2kg
妊娠 1~7 天	限制饲喂	2 次	1. 6~1. 8kg
妊娠 8~21 天	限制饲喂	2 次	1. 8~2. 0kg

（续表）

生理阶段	饲喂方式	日投料次数	饲喂量
妊娠 22~85 天	限制饲喂	2 次	2.1~2.4kg
妊娠 86~107 天	限制饲喂	2 次	2.8~3.5kg
妊娠 107 天至分娩前	不限料	2 次	3.0kg 以上
分娩前后 3 天	限制饲喂	2 次	2kg
哺乳 4~23 天	自由采食	3~4 次	4.5~6.5kg
断奶前 1 天	限制饲喂	2 次	2kg
断奶当天	不喂料，自由饮水		
断奶后第 2 天至配种	短期优饲	2 次	3.0kg 以上
种公猪（配种期）	限制饲喂	2 次	2.8~3.0kg
种公猪（后备期）	限制饲喂	2 次	2.0~2.5kg

第四节　公猪精液等级推荐标准

本标准为企业标准，适用于一般猪场种公猪的精液品质等级评定（表 3-2）。

表 3-2　公猪精液等级标准

等级	条件标准
优	采精量 250ml 以上，精子活力 0.8 以上，精子密度 3.0 亿/ml 以上，精子畸形率 5%以下，颜色、气味正常
良	采精量 150ml 以上，精子活力 0.7 以上，精子密度 2.0 亿/ml 以上，精子畸形率 10%以下，颜色、气味正常
合格	采精量 100ml 以上，精子活力 0.6 以上，精子密度 0.8 亿/ml 以上，精子畸形率 18%以下，颜色、气味正常
不合格	采精量 100ml 以下，精子活力 0.6 以下；精子密度 0.8 亿/ml 以下，精子畸形率 18%以上，颜色、气味不正常
	以上条件只要有一个条件符合即评为不合格

成品精液的使用标准：

活力 0.65 以上，畸形率夏天 18%以下，冬天 16%以下。由于育种的特殊要求可以适当调整。

第五节　商品猪猪苗推荐标准

本标准适用所有猪场仔猪销售给养户的过程（表 3-3）。

表 3-3　商品猪猪苗标准

项目	特征
外形	体型、外貌、毛色等符合特定杂交品种（如白色、杂色）的标准要求。
健康状况	1. 无明显肢蹄病，如软骨症、跛行、关节肿，轻微关节肿但不影响行走的为合格猪苗，两处及以上关节肿但不影响行走，可酌情减重出售。 2. 无明显呼吸道病和无明显消化道病的仔猪。 3. 无神经性症状（轻微拱背但皮毛、颜色、精神状态正常为正品苗）。 4. 无明显皮肤病，如渗出性皮炎、明显疥癣。
生长情况	无僵猪，出栏日龄、出栏体重范围按照猪场相关规定执行；僵猪特征：体型瘦弱，明显露骨，头尖臀尖、反应迟钝、松毛（卷毛猪除外）等。

第六节　种猪挑选推荐标准

一、纯种公猪

（1）档案清楚无误；
（2）育种值高的优秀个体；
（3）肢蹄结实、体型好，符合品种特征；
（4）睾丸发育正常、左右对称；
（5）无明显的包皮积尿；
（6）无皮肤病，皮肤红润、皮毛光滑；
（7）无传染性疾病，无明显的肢蹄疾病，肢蹄结实；
（8）无应激综合征；
（9）同窝无遗传疾患。

二、纯种母猪

（1）档案清楚无误；
（2）育种值较高的优良个体；
（3）体型毛色符合品种特征，被毛光泽、皮肤红润；
（4）外阴大小及形状正常，不上翘；
（5）无内翻乳头和瞎乳头，有效乳头数在 6 对以上（含 6 对），排列均匀整齐；
（6）无脐疝，无传染性疾病；
（7）无明显的肢蹄疾患，无“O”形、“X”形腿，不跛行，无明显关节肿胀；
（8）无应激综合征，经驱赶不震颤、不打抖；
（9）同窝无遗传疾患。

三、杂交猪

（1）档案清楚无误；

（2）猪只生长发育良好，调拨日龄在105~115天，体重在50kg以上；
（3）被毛光泽、皮肤红润；
（4）外阴大小及形状正常，不上翘；
（5）无内翻乳头和瞎乳头，有效乳头数在6对以上（含6对），排列均匀整齐；
（6）无脐疝，无传染性疾病；
（7）无明显的肢蹄疾患，无“O”形、“X”形腿，不跛行，无明显关节肿胀；
（8）无应激综合征，经驱赶不震颤、不打抖。

第七节　种猪选留推荐标准

本标准适用于所有原种猪场和种猪繁殖场的种猪选留。

1. 初生仔猪

符合表3-4条件的初生仔猪可以编打耳号，初步留作种用。

表3-4　初生仔猪留作种用标准

类型		公（仔猪）	母（仔猪）
纯种	长白和大白猪	符合以下条件的仔猪，每窝选最好的1~3头编打耳号，初步留作种用： 1. 同窝健仔数在6头（含6头）以上； 2. 仔猪活力好； 3. 初生重1.2kg以上； 4. 同窝无单睾、隐睾等遗传缺陷。 符合以上条件的优秀血缘后代全留	符合以下条件的仔猪全部编打耳号，初步留作种用： 1. 同窝健仔数在6头（含6头）以上； 2. 有效乳头数7对（含7对）以上，排列整齐； 3. 仔猪活力好； 4. 本身无遗传缺陷。
	杜洛克或皮特兰猪	符合以下条件的仔猪，每窝选最好的1~3头编打耳号，初步留作种用： 1. 同窝健仔数在5头（含5头）以上 2. 仔猪活力好； 3. 初生重1.2kg以上； 4. 同窝无单睾、隐睾等遗传缺陷。 符合以上条件的优秀血缘后代全留	符合以下条件的仔猪全部编打耳号，初步留作种用： 1. 同窝健仔数在5头（含5头）以上； 2. 有效乳头数5对（含5对）以上，排列整齐； 3. 仔猪活力好； 4. 同窝无单睾、隐睾等遗传缺陷。
杂交品种	杜长大或大长皮猪	符合以下条件的初生仔猪全部编打耳号，初步留作种用： 1. 仔猪活力好； 2. 初生重在1.0kg（含1.0kg）以上 本身无遗传缺陷。	符合以下条件的初生仔猪全部编打耳号，初步留作种用： 1. 仔猪活力好； 2. 有效乳头数6对（含6对）以上，排列整齐； 3. 本身无遗传缺陷。

2. 保育仔猪

符合表3-5条件的保育仔猪可以进入测定站或生长舍继续选择。

表3-5　保育仔猪留作种用标准

类型		公	母
纯种	长白和大白猪	肢蹄结实、健康状况良好，优秀血缘后代尽量多留，平均每窝选1.5~2头。	肢蹄结实、健康状况良好的全部选留，发育明显不良，肢蹄差的不选留。
	杜洛克或皮特兰猪	肢蹄结实、健康状况良好，优秀血缘后代尽量多留，平均每窝选1.5~2头。	肢蹄结实、健康状况良好，每窝选择最好的1~4头，平均每窝选择3头。肢蹄结实、健康状况良好的全部选留，发育明显不良，肢蹄差的不选留。
杂交品种	杜长大或大长皮猪	肢蹄结实、健康状况良好的全部选留，发育明显不良，肢蹄差的不选留。	

3. 育成猪（测定站或生长舍）

后备种猪要求符合各自品种特征，体长过短、过肥、后躯欠发达的种猪严禁留作种用。综合育种值低的个体严禁进入核心群。公猪优中选优，公母种猪要反复选择，至少经过两次以上现场评估确认，同时符合表3-6条件的后备猪可以考虑选留。

表3-6　育成猪留作种用标准

核心群种公猪	核心群种母猪
1. 档案清楚 2. 育种值高的优秀个体 3. 肢蹄结实、无明显的肢蹄疾病 4. 体长达到品种均数，收腹好，体型好 5. 睾丸发育正常、左右对称 6. 对于母系同窝母猪乳头、外阴等正常 7. 无明显的包皮积尿 8. 无皮肤病，皮肤红润、皮毛光滑 9. 无传染性疾病 10. 无应激综合征 11. 同窝无遗传疾患	1. 档案清楚 2. 育种值高的优秀个体 3. 种猪健康，被毛光泽、皮肤红润，无传染性疾病 4. 体长、收腹等体型达到品种要求 5. 外阴大小及形状正常，不上翘 6. 无内翻乳头和瞎乳头，有效乳头数在6对以上（含6对），排列均匀整齐 7. 无明显的肢蹄疾患，无“O”形、“X”形腿，不跛行，无明显关节肿胀 8. 无应激综合征，经驱赶不震颤、不打抖，同窝无遗传疾患

杂繁群纯种公猪——母系父本	杂繁群纯种母猪——母系母本
1. 档案清楚 2. 育种值高的优秀个体（优秀血缘多选）丹系：公猪 0~100kg 日增重在 650g 以上，背膘在 15.5mm 以下，繁殖指数在 80 以上，综合指数在 100 以上 法系：公猪 0~100kg 日增重在 670g 以上，背膘在 16mm 以下，繁殖指数在 80 以上，综合指数在 95 以上 3. 肢蹄结实、无明显的肢蹄疾病 4. 体长大白 115cm 以上、长白 117cm 以上 5. 体型好，收腹良好，后躯发达 6. 睾丸发育正常、左右对称 7. 同窝母猪乳头、外阴等正常 8. 无明显的包皮积尿 9. 种猪健康，无皮肤病，皮肤红润、皮毛光滑，无传染性疾病，无应激综合征	1. 档案清楚 2. 育种值较高的优良个体 3. 种猪健康，被毛光泽、皮肤红润，无传染性疾病 4. 外阴大小及形状正常，不上翘 5. 无内翻乳头和瞎乳头，有效乳头数在 6 对以上（含 6 对），排列均匀整齐 6. 无明显的肢蹄疾患，无“O”形、“X”形腿，不跛行，无明显关节肿胀 7. 无应激综合征，经驱赶不震颤、不打抖，无遗传疾患如脐疝
杂交公猪——终端父本	杂交母猪——终端母本
1. 档案清楚 2. 生长发育正常：115 天龄达 60kg 以上，背膘 13mm 以下 3. 肢蹄结实、无明显的肢蹄疾病 4. 体型好：收腹好，肌肉发达，体躯长 5. 睾丸发育正常、左右对称 6. 无明显的包皮积尿 7. 无传染性疾病：皮肤红润、皮毛光滑无应激综合征 8. 无遗传疾患如脐疝、阴囊疝	1. 档案清楚 2. 生长发育正常：达 55kg 日龄小于 115 天 3. 种猪健康：被毛光泽、皮肤红润，外阴大小及形状正常，不上翘 4. 无内翻乳头和瞎乳头，有效乳头数在 6 对以上（含 6 对），排列均匀整齐 5. 无明显的肢蹄疾患，无“O”形、“X”形腿，不跛行，无明显关节肿胀 6. 无应激综合征，经驱赶不震颤、不打抖，无遗传疾患如脐疝

第八节　猪的推荐饲养密度

猪的饲养密度见表 3-7。

表 3-7　猪的推荐饲养密度

猪别	体重（kg）	非漏缝地板每头猪所占的面积（m^2）	漏缝地板每头猪所占的面积（m^2）
断奶	4~11	0.37	0.26
仔猪	11~18	0.56	0.28
保育猪	18~25	0.74	0.37
	25~55	0.9	0.5
生长猪	56~105	1.2	0.8
后备母猪	113~136	1.39	1.11

第四章　生猪饲养管理操作指导书

第一节　不同类型猪场的生产流程

一、原种猪场生产流程（图 4–1）

原种猪场主要任务是建立纯种选育核心群，进行各品种、各品系猪种的选育、提高和保种，并向扩繁种猪场提供优良的纯种公母猪，以及向商品猪场提供优良的终端父本种猪。

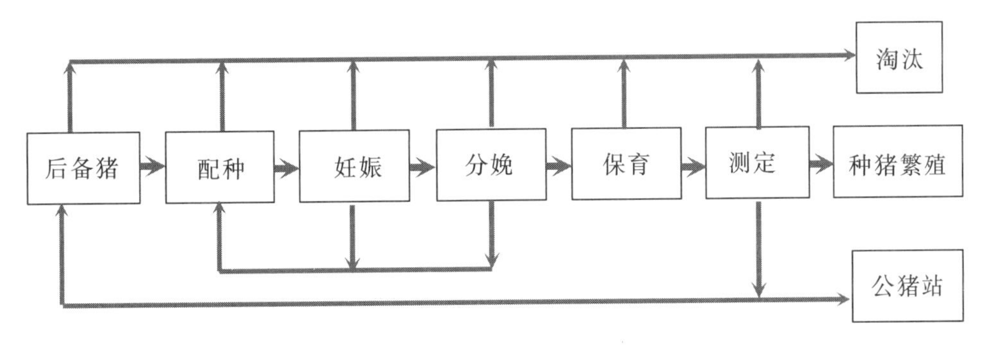

图 4–1　原种猪场生产流程

二、种猪繁殖场生产流程（图 4–2）

种猪繁殖场主要任务是进行二元杂交生产，向商品场提供优良的父母代二元杂交母猪，同时向养户殖或生长育肥场提供二元杂交商品猪苗。

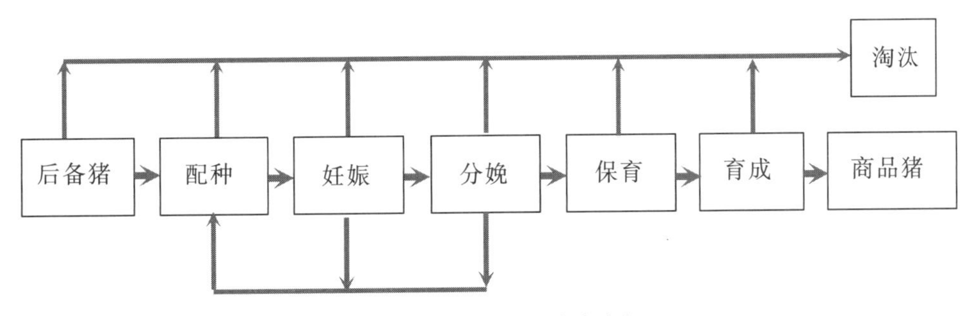

图 4–2　种猪繁殖场生产流程

三、商品猪生产流程（图 4-3）

商品猪生产的主要任务是进行三元杂交生产，向市场提供优质商品肉猪。

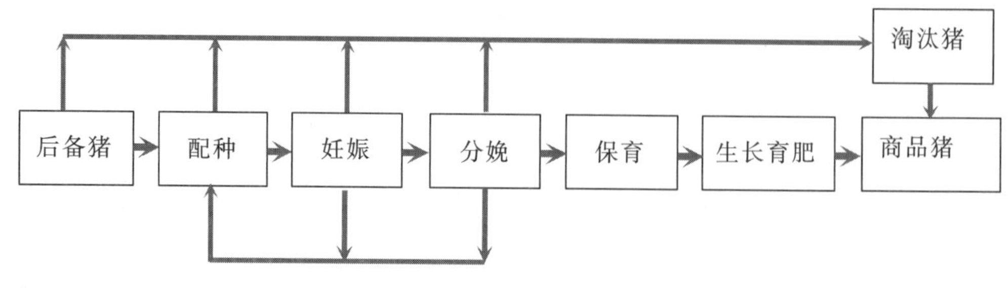

图 4-3　商品猪生产流程

四、公猪站生产流程（图 4-4）

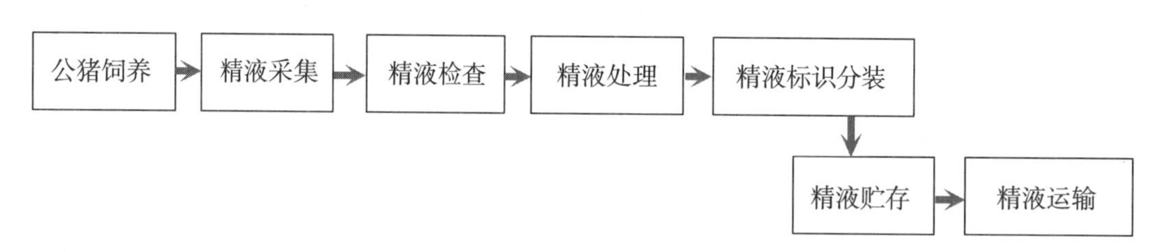

图 4-4　公猪站生产流程

第二节　后备母猪饲养管理操作指导书

规模化猪场生产的目标是获得持续的最大经济效益，每年都要根据生产计划及时淘汰更新生产率低下的母猪。引进生产性能优良和健康的后备母猪是保证规模化猪场生产成绩的关键环节，因此加强后备母猪的生产管理至关重要，后备舍饲养的后备猪是指经过隔离混养 32 周以上的待使用的年轻母猪，保证后备母猪使用前合格率在 90%以上。

一、饲养目标

（1）后备母猪体况较好，膘情适中，使之达到可以正常发情、正常排卵。
（2）保证后备母猪使用前合格率达到 95%。

二、职责

隔离舍饲养员负责隔离舍后备母猪的饲养，配种区人员负责配种区后备母猪的饲养。

三、工作内容

包括常规观察猪群、喂饲、防病治疗、清理卫生、其他工作、冲洗猪栏、清理卫生等。

具体包括：更换消毒池盆药液；放猪运动、驱虫、免疫注射、清洁、消毒、调整猪群、设备检查维修、存栏盘点、周报表及其他临时性安排。

四、工作程序

（一）引种管理

（1）进猪前空栏冲洗消毒，空栏消毒的时间至少要达到 7 天，消毒水选用烧碱、过氧乙酸、消毒威等。尽量做到整栋猪舍全进全出，空栏消毒时注意空气消毒。

（2）进猪时要在出（卸）猪台对猪车进行全面严格消毒，并对猪群进行带猪消毒。

（3）进猪后不能马上冲水，当餐不喂料，保证充足饮水，水中加入抗应激药物；第二餐喂正常料量的 1/3 料，第三餐喂正常料量的 2/3 料，第四餐可自由采食。

（4）冬季要对刚引入猪进行特殊护理，做好防寒保温工作，进猪头 3 天不允许冲栏与冲洗猪身。冬季日常冲栏程序，将猪转移到其他栏再冲洗，然后用干拖把将地面拖干再进猪。

（5）刚引进的后备母猪要在饲料中添加一些抗应激药物，如维生素 C、多维、开食补盐等，同时根据引入猪的健康状况，进行西药保健（保健后添加 3 天营养药调理）、中药保健以提高后备母猪的抗病力。

（6）视引入猪的生长情况有针对性地进行营养调节，生长缓慢、皮毛粗乱的可在料中加入适当的一些营养性添加剂，如鱼肝油、复合维生素 B、鱼粉等。

（7）后备母猪转入生产线前防止血痢。

（二）后备母猪饲养管理

（1）按进猪日龄和疾病情况，分批次做好免疫计划、驱虫健胃计划和药物净化计划。

（2）6 月龄前自由采食，6~7 月龄适当限饲，控制在 1. 8~2. 2kg/（头・天）［法系猪 2. 0~2. 3kg/（头・天）］。

（3）在大栏饲养的后备母猪要经常性地进行大小、强弱分群，最好每周 1 次，以免残弱猪的发生。

（4）5 月龄之后要建立发情记录，6 月龄之后要划分发情区和非发情区，以便于达 7 月龄时对非发情区的后备母猪进行系统处理。

（5）6~7 月龄的发情猪，以周为单位，进行分批，按发情日期归类管理，并根据膘情做好合理的限饲、优饲计划，配种前 10~14 天要安排喂催情料，比正常料量多 1/3，3. 5~3. 75kg/天，到发情期发情即配，但应适当根据环境条件进行变化。

（6）发情母猪饲养管理应注意湿度控制，粪便以铲、扫为主，减少不必要的冲栏与冲猪身，必要时使用干燥粉等涂布外阴防炎症。

（7）后备母猪配种的月龄须达到 7. 5 月龄，体重要达到 110kg 以上，在第 2 或第 3 次发情时及时配种（表 4-1）。

表 4-1　推荐的后备母猪初次配种体况

项目/内容	最少保证	目标实现
混养适应期（周）	6	8
配种周龄（周）	32	36
体重（kg）	120	135~145
背膘厚（mm）	12	16~18
发情次数（次）	1	3
催情补饲天数（天）	10	14

（三）促进母猪发情的措施要到位

（1）5 月龄后，每天放公猪诱情两次，上下午各一次，注意母猪与公猪有足够的接触时间。公猪必须性欲良好，并且多头轮换使用，确保诱导发情，提高后备猪利用率。诱情公猪平时单独饲养，不与母猪接近或见面，提供合理的营养确保性欲。

（2）适当运动，最好保证每周 2 次或 2 次以上，每次运动 1~2h，6 月龄以上的母猪在有人监护的情况下可以放公猪进行追逐。

（3）搞好夏天的防暑降温，夏天通风不良，气温过高对后备母猪的发情影响较大，会造成延迟发情甚至不发情。

（4）合理喂料，保证后备猪有合理的膘情，不肥也不瘦，从而确保正常发情。

（5）诱导发情。后备母猪发情可通过日常管理，如同成熟公猪的接触来刺激，这种方法可使发情日龄提前。通常后备母猪初情期一般在 165 日龄左右，有效刺激发情的方法是定期与成熟公猪接触，看、听、闻、触公猪就会产生静立反射。按体型年龄分群饲喂，在 156 日龄时开始刺激；每天让母猪在栏中接触 10 月龄以上的公猪 20min，但要注意监视，以避免计划外配种；使用配种公猪要经常替换，以保持兴趣；记录初次发情；避免习惯性适应：如果后备母猪发情后没被发现，并继续与邻近的公猪接触，就会因熟悉公猪而失去对公猪的兴趣，在以后的发情中，发情征兆就不明显。最好的办法是公猪单独饲喂，而将公猪赶到母猪栏内诱情；激素刺激发情不是十分可靠，尽量不使用。

（6）查情。

①后备母猪 6 月龄后，每天上午、下午各一次将公猪赶到后备母猪栏催情 5~10min，公猪催情同时员工应按压母猪后背，摩擦母猪乳房刺激后备母猪发情，催情持续至后备母猪发情，查到发情登记母猪耳号、发情日期，填入每栏报表，做好后备猪发情记录，并将该记录移交配种舍人员。母猪发情记录从 6 月龄时开始，仔细观察初次发情期，以便在第二或第三次发情时及时配种。

发情鉴定：发情前期阴门呈樱桃红、肿大，呼噜，尖叫，咬栏，烦躁不安，爬跨，黏液从阴门流出，被同栏母猪爬跨，但无静立反射。发情期阴门红肿减退，黏液黏稠表明将要排卵，静立反射，弓背、震颤、发抖、目光呆滞，耳朵竖起，公猪在场时静立反射明显，爬跨其他母猪或被其他母猪爬跨时站立不动，对公猪有兴趣，食欲减少，愿接近饲养人员，能接受交配。

②32 周龄体重 135kg 以上时开始配种，最好控制在 36 周龄才开始配种。

③40 周龄后不发情的母猪应做人工催情和药物催情，催情后 43 周还不发情的猪只应作淘汰处理。

（四）疾病防治与保健工作

（1）控制后备母猪生殖道炎症的发生率，炎症是导致后备猪利用率低的重要原因，需引起高度重视。应对发情母猪分区加强管理，强调卫生干燥，粪便以铲、扫为主，减少不必要的冲栏与冲猪身。必要时可在发情后使用利高霉素，4g/（头·天），连用 4~7 天；有炎症的母猪配种前再加药一次。

（2）勤观察猪群。喂料时看采食情况，清粪时看猪粪色泽，休息时看呼吸情况，运动时看肢蹄情况等。有病要及时治疗，无治疗价值的要及时淘汰。

（3）后备猪饲养阶段多使用中药进行保健。

（4）接种疫苗前适当限料，并于接种前一天加维生素 C，以减轻免疫应激。

（5）针对呼吸道疾病的控制，除全群投药预防外，还要注重个体标记进行连续注射治疗。

（6）确实保证各种疫苗的接种质量。

（五）不发情的母猪要及时处理

对于达到 6 月龄以上应该及时处理，以下方法可以刺激母猪发情：①适当运动；②公猪追逐；③发情母猪刺激；④调圈；⑤饥饿；⑥车辆运输；⑦输死精处理；⑧当上述方法综合使用后仍不发情的母猪用激素处理 1~2 次。

（六）后备母猪的淘汰与更新

（1）达 270 日龄从没配种的后备母猪一律淘汰。

（2）不符合种用要求的后备猪及时淘汰。

（3）对患有肢蹄病的后备母猪，应隔离单独饲养；观察治疗 2 个疗程仍未见好转的，应及时淘汰。

（4）患病后表现渐进性消瘦的后备猪，经过 2 个疗程治疗仍不见好转应及时淘汰。

（5）生长速度慢，骨骼发育差应予淘汰。

（6）患慢性疾病猪只应予以淘汰（冷水刺激时，猪只潜在疾病、慢性疾病一般都可以暴露出来，如用冷水冲洗时，病猪将表现苍白、竖毛、黄疸。据此即可将其挑出）。

（7）注射油剂疫苗过敏母猪应予以淘汰。

（8）后备母猪有萎鼻症状应予以淘汰。

（9）43 周龄仍不发情的应予以淘汰。

（七）舍内环境控制

（1）温度。配种怀孕舍温度应控制在18～22℃。

（2）湿度。配种舍相对湿度应控制在60%～68%。夏季有水帘工作，湿度较大，春秋冬季应做好猪舍的冲洗工作，保证湿度。

（3）有害气体的含量。二氧化碳小于0.3%，一氧化碳小于5mg/kg，氨气小于10mg/kg，硫化氢小于10mg/kg。如果一进到猪舍闻到有较浓的气味，则要加强通风。

第三节　种公猪饲养管理操作指导书

饲养公猪的目的是使公猪具有良好品质的精液和配种能力，完成采精配种任务。公猪对猪群质量影响很大，把公猪养好，猪群的质量和数量就有了保证。

饲养要领：配种是目的；营养是基础；运动是调节；精液检查是保障。

日常工作主要内容：

（1）记录温度，检查舍内设备的运行状况。

（2）打扫舍内卫生，并进行猪群健康检查。

（3）人工或自动上料、擦洗料筒、夏季通风等。

上下午各进行一次相同的工作。

一、公猪舍环境控制

1. 温度控制

公猪生活的最适温度区为18～20℃，舍温到达30℃以上就会对公猪产生热应激，公猪遭受热应激后精液品质会降低，并在4～6周后降低繁殖配种性能，主要表现为配种母猪返情率高和产仔数少，因此，在夏天对公猪进行有效的防暑降温，将栏舍温度控制在30℃以下是十分重要的。

2. 湿度控制

公猪舍内适宜湿度为60%～70%，夏秋季节通过风扇、水帘；冬春季节通过风扇、暖气调节舍内湿度。

3. 通风控制

通风换气是猪舍内环境控制的一个重要手段。其目的是在气温高的情况下，通过空气流动使猪感到舒适，以缓和高温对猪的不良影响；在气温低、猪舍密闭情况下，引入舍外新鲜空气，排出舍内污浊空气，以改善舍内空气环境质量。

一般控制标准：二氧化碳<0.3%，氨气<10mg/kg，硫化氢<10mg/kg。

4. 光照控制

在公猪管理中，光照最容易被忽视，光照时间太长和太短都会降低公猪的繁殖配种性能，适宜的光照时间为每天10h左右，将公猪饲喂于采光良好的栏舍即可满足其对光照的基本需要。

二、公猪舍环境卫生管理

1. 猪体卫生

保持猪体清洁、卫生，经常给公猪刷拭和洗澡，可使公猪性情温驯、活泼健壮、性欲旺盛。

2. 舍内卫生

（1）饲喂设备卫生。保持料车料勺干燥、卫生，料勺最好为不锈钢材料，防止饲料黏附产生霉变，料槽每次加料前清理干净。

（2）给水和饮水设备卫生。每天检查饮水器运行是否正常出水，杜绝漏水、滴水或水流量或水压不足（2L/min 流量为好），防止因供水管及饮水器漏水造成猪栏潮湿和舍内湿度加大的情况发生。

（3）圈养设备卫生。猪栏、地面每天打扫保证栏内无粪污；顶棚每周扫拭一次，清除灰尘及防止出现蜘蛛网；粪沟每周冲水一次减轻舍内氨气浓度，保持室内空气清新。

（4）温控设备卫生。风扇百叶窗、进风口每周扫拭一次，避免灰尘聚集影响通风效果；温度探头、高低温度计、湿度计每天擦拭保证其灵敏性；降温水帘水池每周清理一次防止堵塞水泵。

（5）配电设备卫生。每周使用干抹布或软刷对箱体进行刷拭一次，擦拭时应注意安全；线路、灯具每周清理一次避免积尘和结蜘蛛网。

三、公猪的饲喂管理

体重与年龄是决定公猪繁殖性能的重要因素，公猪性成熟要晚于母猪，公猪饲养管理可分为 4 个阶段（表 4-2）。

表 4-2　公猪饲喂管理

项目/阶段	生长阶段	调教阶段	早期配种阶段	成熟阶段
体重/月龄	选种至 130kg（7 月龄）	130~145kg（8 月龄）	145~180kg（9~12 月龄）	180~250kg（12~36 月龄）
饲喂量（kg/天）	2. 5~3. 0	2. 5~3. 0	2. 5~3. 0	2. 5~3. 0
膘情评分（分）	2. 5~3. 0	2. 5~3. 0	2. 5~3. 0	2. 5~3. 0
采精频率	训练不用于生产	每周 1 次	4~5 天/次	不超过 2 次/周

四、公猪健康检查

1. 体况检查

根据体况每天饲喂公猪专用饲料 2. 5~3. 0kg，控制公猪膘情在 2. 5~3. 0 分。

2. 公猪性欲检查

对无性欲公猪应尽早采取措施及时处理，对先天性生殖机能障碍的应予以淘汰；非疾病引起的公猪无性欲可采取肌内注射丙酸睾丸酮或者肌内注射促性腺激素+维生素 E，两天 1 次，连续 2~3 次。

3. 采精频率

公猪栏悬挂采精记录卡，每次采精详细记录，防止公猪过度使用或闲置。

初配体重和年龄：后备公猪 9 月龄开始使用，使用前先进行配种调教和精液质量检查，初配体重应达到 130kg 以上。9~12 月龄公猪每周采精 1 次，13 月龄以上公猪每 5 天采精 1 次。健康公猪休息时间不得连续超过两周，以免发生采精障碍。若公猪患病，一个月内不准使用。

五、公猪调教

1. 采精员要求

（1）要有耐心、爱心、信心、友善、恒心，精神集中。

（2）采精员操作应熟练、细致、规范。

2. 调教程序

（1）从爬跨性欲表现极强的年轻公猪（7~8 月龄）开始，其他年轻公猪在旁边的采精训练栏观看热身，训练公猪产生条件反射。

（2）自然方式（类似于母猪）刺激公猪。

（3）引导公猪至假猪台，并策动其爬跨。

（4）摩擦包皮区，促阴茎伸出。

（5）尽量紧握龟头并适度逐渐加压促其射精。

（6）待公猪完全射精后，再松手让公猪慢慢下来，必要时人工帮助以免跌伤，切不可对公猪有任何粗暴行为。

（7）调教至采到精液时，第二天再对该公猪采精一次，以加强其记忆。

3. 注意事项

（1）对难以调教的公猪，实行本交、假母猪等多项训练，每周至少 4~5 次，每次不超过 20min。

（2）如果采精员发现公猪表现任何厌烦、受挫或失去兴趣，应立即停止训练。

（3）调教的关键是刺激，可采用发情母猪的尿液、其他公猪的精液涂抹到假母猪台上，或模仿母猪的叫声，或直接用发情母猪来刺激公猪，也可通过摩擦挤压公猪肛门尾根处来刺激公猪阴茎伸出及射精。

（4）要以诱导为主，切忌粗暴乱打，以免公猪对人产生敌意，养成攻击人的恶癖。

（5）不良嗜好（比如攻击人）的公猪一律淘汰。

六、采精

1. 采精栏准备

（1）采精前进行采精栏清洁卫生，并保证采精时，室内空气中没有悬浮的灰尘；检查假母猪是否稳当，认真擦拭假母猪台面及后躯下部。

（2）确保橡胶防滑垫放在假母猪后方，以保证公猪爬跨假母猪时站立舒适。

2. 集精杯安装

（1）在集精杯内套一层塑料袋：将一张塑料袋放入集精杯中，将玻璃棒用消毒纸巾擦干净，插入塑料袋中，然后将塑料袋外翻，用玻璃棒使袋子贴附于杯内壁（玻璃棒平时放在另一塑料袋中）。

（2）杯口上固定过滤网：将玻璃棒抽出，打开过滤网包装袋，拿着过滤网的一角，将过滤网盖在集精杯口上，右手拿一张纸巾压在网面上，左手将一橡皮筋撑开把过滤网固定在集精杯外沿上。过滤网安装好后，网面应下陷3cm左右。放入37℃的恒温箱中预热，冬季尤其应引起重视。

（3）采精时拿出集精杯并盖上盖子，然后传递给采精人员；将消毒纸巾盒、乳胶手套、集精杯放在实验室与采精栏之间的壁橱内，关上壁橱门。距采精栏较远时，应将集精杯放入泡沫保温箱，然后带到采精栏。

3. 公猪的准备

（1）打开公猪栏门，将公猪赶进采精栏，然后进行公猪体表的清洁，刷拭掉公猪体表尤其是下腹及侧腹的灰尘和污物。

（2）用水冲洗干净公猪全身特别是包皮部，并用毛巾擦干净包皮部，避免采精时残液滴流入精液中导致污染精液。

（3）经常修整公猪的阴毛，公猪的阴毛不能过长，以免黏附污物，一般以2cm长为宜。

4. 采精

（1）采精员从采精栏与实验室之间壁橱的手套盒中抽取手套，在右手上戴两到三层乳胶手套。

（2）采精员站在假母猪头的一侧，轻轻敲击假母猪以引起公猪的注意，并模仿发情母猪发出“呵……呵……”的声音引导公猪爬跨假母猪。

（3）当公猪爬跨假母猪时，采精员应辅助公猪保持正确的姿势，避免侧向爬，或阴茎压在假母猪上。

（4）确定公猪正确爬跨后，采精员迅速用右手按摩挤压公猪包皮囊，将其中的包皮积液挤净，然后用纸巾将包皮口擦干。

（5）锁定龟头：脱去右手的外层手套，右手呈空拳，当龟头从包皮口伸入空拳后，用中指、无名指、小指锁定龟头，并向左前上方拉伸，龟头一端略向左下方。

（6）防止精液被包皮积液污染：包皮积液混入精液会造成精液凝集而被废弃，为了防止未挤净的包皮积液顺着阴茎流入集精杯中，采精时要保证阴茎龟头端的最高点高于包皮口。

（7）不要收集最初射出的精液：最初射出的精液不含精子，而且混有尿道中残留的尿液，对精子有毒害作用，因此最初的精液不能收集，当公猪射出部分清亮液体（约5ml）后，左手用纸巾擦干净右手上的液体及污物。

（8）只收集含有精子的精液：当公猪射出乳白色的精液时，左手将集精杯口向上接近右手小指正下方。公猪射精是分段的，清亮的精液中基本不含精子，应将集精杯移离右手下方，当射出的精液有些乳白色的混浊时，说明是含精子的精液，应收集。最后的精液很稀基本不含精子，不要收集。

（9）要保证公猪的射精过程完整：采精过程中，即使最后射出的精液不收集，也不要中止采精，直到公猪阴茎软缩，试图爬下假母猪，再慢慢松开公猪的龟头。不完整的射精会导致公猪生殖疾病而过早被淘汰。

注意：采精杯上套的四层过滤用纱布，使用前不能用水洗，若用水洗则要烘干，因水洗后，相当于采得的精液进行了部分稀释，即使水分含量较少，也将会影响精液的浓度。采完精液后，公猪一般会自动跳下母猪台，但当公猪不愿下来时，可能是还要射精，故工作人员应有耐心。对于那些采精后不下来而又不射精的公猪，不要让它形成习惯，应把它赶下母猪台。

5. 采精后的工作

（1）采精完毕后，应看着公猪安全跳下母猪台。

（2）用右手小指压住过滤网一侧，食指和拇指从另一侧将过滤网及上面的胶状物翻向手心。要注意防止橡皮筋脱出后，胶状物掉入集精杯中。

（3）将精液袋束口放于杯沿上，盖上杯盖。将集精杯放入采精室与实验室之间的壁橱内，关上壁橱门。

（4）将公猪赶回公猪舍。

七、自制报表

《公猪舍日报表》；
《猪舍温度记录表》；
《猪舍消毒记录表》。

八、日志填写

《猪只治疗记录表》；
《设备检查记录表》；
《采精记录表》。

每天发生的情况都应该在日志中记录，此日志作为原始记录，是各类报表的基础，许多没有在报表中反映的特殊情况都可以在日志中加以叙述，以完善产品追溯系统。

第四节　精液生产、贮存、运输操作指导书

一、目的

规范公猪站按照严格的操作规程进行精液生产，减少次品精液的发生率，确保人工授精所用精液的质量得到保证。

二、操作内容

（1）采精员负责采精公猪的调教和采精工作。

（2）有公猪站的实验室负责公猪站所在猪场所有公猪的精液品质检查；各猪场实验室负责生产线公猪的精液品质检查。

（3）实验室操作人员负责配制稀释液和精液的稀释工作。

（4）公猪站实验室负责精液的分装与保存。

（5）精液运输车司机负责精液的运输。

（6）各猪场实验室负责精液到场后的贮存。

三、操作程序

（一）采精公猪的调教

（1）后备公猪在7.5月龄开始采精调教。先调教性欲旺盛的公猪，其他的后备公猪隔栏观察、学习。

（2）挤出包皮积尿，清洗公猪的后腹部及包皮部，按摩公猪的包皮部。

（3）诱发爬跨。用发情母猪的尿或阴道分泌物涂在假母猪上，同时模仿母猪叫声，也可以用其他公猪的尿或口水涂在假母猪上，目的都是诱发公猪的爬跨欲。上述方法都不奏效时，可赶来一头发情母猪，让公猪空爬几次，在公猪很兴奋时赶走发情母猪，也可采取强制将公猪抬上母猪台的方法。

（4）公猪爬上假母猪后即可进行采精。

（5）对于难调教的公猪，可实行多次短暂训练，每周4~5次，每次15~20min，调教成功以后，每天采精一次，连采3次，如果公猪的性欲很好，调教以后7天采一次；公猪性欲一般，则调教成功后2~3天采一次，连采3次。如果公猪表现出厌烦、受挫或失去兴趣，应该立即停止调教训练。

注意：在公猪很兴奋时，要注意公猪和采精员自己的安全，采精栏必须设有安全角。无论哪种调教方法，公猪爬跨后一定要进行采精，不然，公猪很容易对爬跨假母猪失去兴趣。调教时，不能让两头或两头以上公猪同时在一起，以免引起公猪打架等，影响调教的进行和造成不必要的经济损失。

（二）采精

（1）采精杯的制备：先在保温杯内衬一只一次性食品袋，再在杯口覆一层过滤纸，用橡皮筋固定，要松一些，使其能沉入2cm左右。制好后放在37℃恒温箱备用。为了保证采精杯内的实际温度，采精杯盖与杯分开放在恒温箱内。

（2）在采精之前先剪去公猪包皮上的被毛，防止干扰采精及细菌污染。

（3）将待采精公猪赶至采精栏，挤出包皮积尿，用0.1% $KMnO_4$溶液清洗腹部及包皮部。

（4）用清水洗净，抹干。按摩公猪的包皮部，待公猪爬上假母猪后，用温暖清洁的手（有无手套皆可）握紧伸出的龟头，顺公猪前冲时将阴茎的“S”状弯曲拉直，握紧阴茎螺旋部的第一和第二褶，在公猪前冲时允许阴茎自然伸展，不必强拉。充分伸展后，阴茎将停止推进，达到强直“锁定”状态，开始射精。射精过程中不要松手，否则压力减轻将导致射精中断（注意在采精时不要碰阴茎体，否则阴茎将迅速缩回）。

（5）有浓精液出现时开始收集，直至公猪射精完毕（阴茎变软）时才放手，注意在收集精液过程中防止包皮部液体或其他如雨水等进入采精杯。

（6）下班之前彻底清洗采精栏。

（7）采精频率。后备公猪调教合格后，采精间隔天数为 7 天；然后每 3 个月，对供精份数每次在平均份数以上的公猪的采精间隔减少 1 天，采精间隔天数最低不少于 3 天。

（三）精液品质检查

整个检查过程要迅速、准确，一般在 5～10min 内完成，以免时间过长影响精子的活力。精液质量检查的主要指标有：精液量、颜色、气味、精子密度、精子活力、畸形精子率等。

检查结束后应立即填写《公猪精液品质检查记录表》，每头公猪应有完善的《公猪精检档案》。

1. 精液量

后备公猪的射精量一般为 150～200ml，成年公猪为 200～600ml。称重量算体积，1g 计为 1ml。

2. 颜色

正常精液的颜色为乳白色或灰白色。如果精液颜色有异常，则说明精液不纯或公猪有生殖道病变，凡发现颜色有异常的精液，均应弃去不用。同时，对公猪进行检查，然后对症处理、治疗。

3. 气味

正常的公猪精液具有其特有的微腥味，无腐败恶臭气味。有特殊臭味的精液一般混有尿液或其他异物，一旦发现，不应留用。并检查采精时是否有失误，以便下次纠正做法。

4. 精子密度

指每毫升精液中含有的精子数，它是用来确定精液稀释倍数的重要依据。正常公猪的精子密度为 2.0 亿～3.0 亿个/ml，有的高达 5.0 亿个/ml。检查精子密度的方法常用以下两种。

（1）用精子密度仪测量法。它极为方便，检查时间短，准确率高。若用国产分光光度计改装，也较为适用。该法有一缺点，就是会将精液中的异物按精子来计算，应予以重视。

（2）红细胞计数法。该法最准确，但速度慢，其具体操作步骤为：用不同的微量取样器分别取具有代表性的原精 100μl 和 3% 的 KCl 溶液 900μl，混匀。在计数板的计数室上放一盖玻片，取少量上述混合精液放入计数板槽中。在高倍显微下计数 5 个中方格内精子的总数，将该数乘以 50 万即得原精液的精子密度。

5. 精子活力

每次采精后及使用精液前，都要进行精子活力的检查，检查精子活力前必须使用37℃左右的保温板预热：一般先将载玻片放在38℃保温板上预热2～3min，再滴上1小滴精液，盖上盖玻片，然后在显微镜下进行观察。保存后的精液在精检时要先在玻片上预热2min。

精子活力一般采用10级制，即在显微镜下观察一个视野内做直线运动的精子数，若90%的精子呈直线运动则其活力为0.9；有80%呈直线运动，则活力为0.8；依次类推。新鲜精液的精子活力以高于0.7为正常，稀释后的精液，当活力低于0.6时，则弃去不用。

6. 畸形精子率

畸形精子包括巨形、短小、断尾、断头、顶体脱落、有原生质滴、大头、双头、双尾、折尾等精子。它们一般不能做直线运动，受精能力差，但不影响精子的密度。公猪的畸形精子率一般不能超过18%，否则应弃去。采精公猪要求每两周检查一次畸形精子率。

不合格精液的处理办法：公猪站发现不合格的精液一律废弃，不得用于生产。

（四）精液稀释液的配制

（1）所用药品要求选用分析纯，对含有结晶水的试剂按摩尔浓度进行换算。

（2）按稀释液配方，用称量纸和电子天平按1 000ml和2 000ml剂量准确称取所需药品，称好后装入密闭袋。

（3）使用1h前将称好的稀释剂溶于定量的双蒸水中，用磁力搅拌器加速其溶解。

（4）如有杂质需要用滤纸过滤。

（5）稀释液配好后及时贴上标签，标明品名、配制时间和经手人等。

（6）放在水浴锅内进行预热，以备使用，水浴锅温度设置不能超过39℃。

（7）认真检查配好的稀释液，发现问题及时纠正。

（五）精液稀释

处理精液必须在恒温环境中进行，品质检查后的精液和稀释液都要在37℃恒温下预热，稀释处理时，严禁太阳光直射精液。稀释液应在采精前准备好，并预热好。精液采集后要尽快稀释，精子活力在0.7以下的精液不得用于稀释。稀释处理每一步结束时应及时登记《精液稀释记录》。

具体的稀释程序为：

（1）精液稀释头份的确定。人工授精的正常剂量一般为40亿个精子/头份，体积为80ml，假如有一份公猪的原精液，密度为2亿/ml，采精量为150ml，稀释后密度要求为40亿/80ml头份。则此公猪精液可稀释150×2/40=7.5头份，需加稀释液量为80×7.50−150=450ml。

（2）测量精液和稀释液的温度，调节稀释液的温度与精液一致（两者相差1℃以内）。注意：必须以精液的温度为标准来调节稀释液的温度，不可逆操作。

（3）将精液移至2 000ml大塑料杯中，稀释液沿杯壁缓缓加入精液中，轻轻搅匀或摇匀。

（4）如需高倍稀释，先进行1：1低倍稀释，1min后再将余下的稀释液缓慢分步加入。因精子需要一个适应过程，不能将稀释液直接倒入精液。

（5）精液稀释的每一步操作均要检查活力，稀释后要求静置片刻再做活力检查。活力下降必须查明原因并加以改进。

（6）混精的制作。两头或两头以上公猪的精液1：1稀释或完全稀释以后可以做混精。做混精之前需各倒一小部分混合起来，检查活力是否有下降，如有下降则不能做混精。把温度较高的精液倒入温度较低的精液内。每一步都需检查活力。

（7）用具的洗涤。精液稀释的成败，与所用仪器的清洁卫生有很大关系。所有使用过的烧杯、玻璃棒及温度计，都要及时用蒸馏水洗涤，并进行高温消毒，以保证稀释后的精液能适期保存和利用。

（8）精液的分装。稀释好的精液，检查其活力，前后一致便可以进行分装。稀释后的精液也可以采用大包装集中贮存。但要在包装上贴好标签，注明公猪的品种、耳号以及采精的日期和时间。

（六）精液的分装

（1）精液瓶和输精管必须为对精子无毒害作用的塑料制品。

（2）稀释好精液后，先检查精子的活力，活力无明显下降则可进行分装。

（3）按每头份60~80ml进行分装。如果精液需要运输，应对瓶子进行排空，以减少运输中震荡。

（4）分装后的精液，将精液瓶加盖密封，贴上标签，清楚标明公猪站号、公猪品种、采精日期及精液编号。

（七）精液的保存

（1）需保存的精液应先在22℃左右室温下放置1~2h后放入17℃（变动范围16~18℃）冰箱中，或用几层干毛巾包好直接放在17℃冰箱中。冰箱中必须放有灵敏温度计，随时检查其温度。分装精液放入冰箱时，不同品种精液应分开放置，以免拿错精液。精液应平放，可叠放。

（2）查看。从放入冰箱开始，每隔12h，要小心摇匀精液一次（上下颠倒），防止精子沉淀聚集造成精子死亡。一般可在早上上班、下午下班时各摇匀一次，并做好摇匀时间和人员的记录。夜间超过12h应安排夜班人员于凌晨摇匀一次。

（3）冰箱应一直处于通电状态，尽量减少冰箱门的开关次数，防止频繁升降温对精子的打击。保存过程中，一定要随时观察冰箱内温度的变化，出现温度异常或停电，必须普查贮存精液的品质。

（4）精液一般可成功保存3~7天。

（八）精液的运输

精液运输成败的关键在于保温和防震是否做得足够好。公猪站与猪场之间的精液运输采用专业的精液运输箱来运送，要求达到（17±1）℃恒温。

（九）运输后的贮存

（1）精液运输到各猪场以后的贮存方法。不同品种精液应分开放置，以免拿错精液。精液瓶应平放，可叠放。

（2）从放入冰箱开始，每隔 12h 要小心摇匀精液一次（上下颠倒几次），冰箱应一直处于通电状态，尽量减少冰箱门的开关次数。出现温度异常或停电，必须普查贮存精液的品质。

四、相关记录（表 4-3 至表 4-5）

表 4-3　公猪精液品质检查记录

采精日期	公猪耳号	品种	颜色	气味	体积	密度	活力	畸形率	结论

表 4-4　精液稀释记录

日期	耳号	品种	采精量	活力 1	精子密度	稀释体积	活力 2	精液份数	精液编号	采精员	结论

表 4-5　公猪精检档案

公猪耳号：　　　　　　品种：

检查日期	颜色	气味	体积	密度	活力	畸形率	结论

第五节　母猪配种操作指导书

一、目标

（1）按计划完成每周配种任务，保证全年均衡生产。

（2）保证配种分娩率和在窝均产健仔数达到一定的《生产技术指标要求》。

（3）保证后备母猪合格率在90%以上。

（4）商品猪场母猪年淘汰更新率27%~33%，新场1~2年更新率15%~20%；繁殖猪场年更新率40%；原种猪场年更新率75%。

二、工作内容

发情检查、配种、喂饲、观察猪群、治疗、清理卫生、冲洗猪栏及猪体、配种、发情检查。

三、工作程序

（一）发情鉴定

发情鉴定最佳方法是当母猪喂料后半小时表现安静时进行，每天进行两次发情鉴定，上下午各一次，检查采用人工查情与公猪试情相结合的方法：引导公猪与待查情的母猪口鼻接触，仔细观察母猪的外阴、分泌物、行为及其他方面的表现和变化。配种员所有工作时间的1/3应放在母猪发情鉴定上。母猪的发情表现如下。

（1）阴门红肿，阴道内有黏液性分泌物。

（2）在圈内来回走动，频频排尿。

（3）神经质，食欲差。

（4）压背静立不动。

（5）互相爬跨，接受公猪爬跨。

也有发情不明显的，发情检查最有效方法是每日用试情公猪对待配母猪进行试情。

（二）配种程序

（1）配种顺序。一般情况下先配断奶母猪和返情母猪，然后根据配种计划需求选配后备母猪。一定要注意满负荷均衡生产的问题，不可盲目超配。

（2）配种方式。全人工授精。

（3）配种次数。断奶后7天内发情、状态好且历史产仔成绩好的经产母猪可以配两次，其他母猪、返情母猪需配够3次。

（4）配种参考模式。表4-6、表4-7中的模式仅供参考，生产中还要根据母猪外阴的色泽和黏液、断奶后发情时间的早晚以及“静立”时间的长短灵活掌握。

表4-6　经产母猪

发情时间	第一次配种	第二次配种	第三次配种
上午“静立”	下午	次日上午	次日下午
下午“静立”	次日上午	第三日上午	第三日下午
断奶后≥7天发情的母猪及空怀、返情的母猪，发情即配			

注：可以少量做两次输精，输精间隔18~24h。

表 4-7 初产母猪

发情时间	第一次配种	第二次配种	第三次配种
上午“静立”	当日下午	次日上午	次日下午
下午“静立”			
超期发情≥8.5月龄或激素处理的母猪，发情即配			

由于部分初产母猪发情静立反射不明显，应以外阴颜色、肿胀度、黏液变化来综合判断适配时间，静立反射仅作为参考。

（三）输精技术作业指导书

（1）输精前必须检查精子活力，低于0.65的精液坚决废弃。

（2）准备好输精栏、0.1% $KMnO_4$消毒水、清水、抹布、精液、剪刀、针头、卫生纸巾（一次性卫生纸巾）。

（3）先用消毒水清洁母猪外阴周围、尾根，再用温和清水洗去消毒水，抹干外阴。

（4）将试情公猪赶至待配母猪栏前（注：发情鉴定后，公母猪不再见面，直至输精，公猪性欲要好），使母猪在输精时与公猪有口鼻接触，输完几头母猪更换一头公猪以提高公母猪的兴奋度。

（5）从密封袋中取出无污染的一次性输精管（手不准触其前2/3部），在前端涂上对精子无毒的润滑油。

（6）将输精管斜向上插入母猪的生殖道内，当感觉到有阻力时再稍用一点力，直到感觉其前端被子宫颈锁定为止（轻轻回拉不动）。

（7）从贮存箱中取出精液瓶，确认标签正确。

（8）小心混匀精液（上下颠倒数次），剪去瓶嘴，将精液瓶接上输精管，开始输精。

（9）轻压输精瓶，确认精液能流出，2min后，用针头在瓶底扎一小孔，按摩母猪乳房、外阴或压背，使子宫产生负压将精液吸纳，绝不允许将精液挤入母猪的生殖道内。

（10）边输精边对母猪按摩，输精时要尽快找到母猪的兴奋点，如阴户、肋部、乳房等。

（11）通过调节输精瓶的高低来控制输精时间，一般3~5min输完，确保不要低于3min，防止吸得快，倒流得也快，输完精后继续对母猪按摩1min以上。

（12）输精后为防止空气进入母猪生殖道，将输精管后端折起塞入输精瓶中，输精后1~1.5h，拉出输精管。

（13）输完一头母猪后，立即登记配种记录，如实评分。

（14）高温季节宜在上午8时前，下午17时后进行配种。最好饲前空腹配种。

（15）输精人员新手较多或成绩较差时，第一次输精前3~5min，母猪颈部肌注一次催产素20IU。

补充说明：

（1）精液从17℃冰箱取出后不需升温，直接用于输精。

（2）输精管的选择。经产母猪用海绵头输精管，后备母猪用尖头输精管，输精前需检查海绵头是否松动（不允许直接用手检查）。

（3）在输精过程中出现排尿时，将输精管放低，将里面的尿液引出，用清洁的纸巾将输精管瓶至阴门的一段输精管擦拭干净，继续输精。拉粪后不准再向生殖道内推进输精管，以免粪便进入生殖道引发感染。

（4）个别猪输精完后24h仍出现稳定发情，可多加一次人工授精。

（5）配种员的影响。配种员的心态是影响输精效果的关键。应该专注每头猪的发情动向和发情变化；在输精时要有一个平和的心态，要有耐心和信心，不骄不躁。每天的输精量合理，单人半天输精数不得超过15头母猪。

（四）输精操作的跟踪与分析

输精评分的目的在于如实记录输精时具体情况（表4-8），便于以后在返情失配或产仔少时查找原因，制定相应的对策，在以后的工作中做出改进的措施，输精评分分为3个方面3个等级。

（1）站立发情。1分（差），2分（一些移动），3分（几乎没有移动）。

（2）锁住程度。1分（没有锁住），2分（松散锁住），3分（持续牢固紧锁）。

（3）倒流程度。1分（严重倒流），2分（一些倒流），3分（几乎没有倒流）。

表4-8　输精评分表

与配母猪耳号	日期	首配		二配		三配		输精员	备注
		精液	评分	精液	评分	精液	评分		

注：为了使输精评分可以比较，所有输精员应按照相同的标准进行评分，且单个输精员应做完一头母猪的全部几次输精，实事求是地填报评分。

第六节　配种舍猪饲养管理操作指导书

猪场生产的目标即获得最高生产效率和最佳经济效益。猪场生产从配种开始，如果没有母猪配种，就没有母猪分娩，也就不可能有高的生产效益和好的经济效益。配种妊娠舍的生产目标，即保证有足够的经产母猪和后备母猪配种和分娩，从而得到足量的健康仔猪。

一、目标

（1）确保各类种猪的膘情合理。

（2）保证母猪断奶后 4~7 天内发情率达到 80%以上，10 天内发情率达到 90%以上。

（3）完成每周配种（根据自己的母猪群和配种计划）头数；生产母猪年产活仔数 23 头以上。

（4）年产窝数 2.4 胎以上；窝产活仔 10 头以上；分娩率 85%以上。

（5）初生重平均 1.5kg 以上。

（6）种用公母猪年淘汰率 33%~50%。

（7）断奶母猪断奶后 7 天内发情率达 90%以上。

二、主要工作

协助查情、配种、观察猪群、治疗、猪只喂饲、清理卫生。

三、工作程序

（一）环境控制

（1）舍内要放有高低温度计，温度控制在 18~22℃，湿度控制在 50%~75%，并且有温度记录表，技术员每天都要如实登记温度，一天的温差不能超过 5℃。

（2）在炎热的夏天，技术员要定期检查风机是否正常工作，采取风机通风和开启水帘同时降温，如果发现母猪呼吸频率过高，则需要开启滴水降温，但要注意舍内湿度，如果湿度超过 80%，则应采取间歇滴水的方式降温。

（3）在寒冷冬季，猪舍内不但要做到保温，还要把空气质量控制在：二氧化碳含量小于 0.3%，一氧化碳小于 5mg/kg，氨气小于 25mg/kg，硫化氢小于 5mg/kg。减少风机工作数量，可用卷帘或彩条布挡住水帘从而起到保温的作用。

（4）定期对饮水器出水量和水质量进行检查，一年要检验一次水质是否达到标准，达不到标准的要对水进行净化。一周要检查一次饮水器水流量是否达到 2L/min。

（二）卫生管理

（1）清扫舍内猪粪：每天 2 次，在饲喂猪时进行刮粪，当天刮出的粪便要当天拉到指定堆放猪粪的地方，地下排水沟平时要保持一定水位，每周要放掉存水 1~2 次。尽量减少舍内冲洗，保持舍内干燥。

（2）清扫舍内蜘蛛网、灰尘：清扫场所包括帘水、通道、栏位、墙壁、窗户、抽风机、吊顶，清扫时根据当时温度可多开一些抽风机，便于排出灰尘。

（3）饲料的摆放：放料时不能接直放在地面上，要用木板垫距离地面 10cm 高，距离墙壁 30cm 宽，整齐摆放，每用完一批就要清扫干净。

（4）每周定期要对舍外责任区清洁整理一次。

（三）种公猪的饲养管理

具体执行《种公猪饲养管理作业指导书》。

(四) 后备母猪配种前饲养管理

(1) 母猪6月龄以前自由采食，6~7月龄开始适当限饲，控制在1.8~2.2kg/(头·天)，法系猪控制在2.0~2.3kg/(头·天)，配种前半个月优饲，优饲比正常料量多1/3，同时根据后备母猪的体况可适当地在饲料中加拌一些营养物质（如亚硒酸钠维生素E粉、鱼肝油粉、复合维生素B等）；配种后料量减到1.6~1.8kg。

(2) 加强后备母猪的运动，每周保证在1~2次以上，每次运动1~1.5h，同时用公猪诱情，每天1~2次，发现发情母猪就挑出，按周次集中饲养。

(3) 建立优饲、限饲及中西药物保健计划和开配计划档案，对不发情的母猪进行处理。配种前一周要针对流脓比较严重的猪每千克饲料加利高霉素1 200~2 000mg预防子宫炎。

(五) 断奶母猪的饲养管理

(1) 断奶母猪断奶之前在产房把一、二胎和高胎龄（八胎以上）做好记号，断奶时进行促发情特殊处理（如加维生素E粉等）。断奶母猪至少应赶入大栏饲养，并按大小、膘情分群。断奶母猪应赶入运动场运动半天，保证充足饮水。发现有肢蹄病不能混群与运动的母猪要求单独饲养并护理治疗。

(2) 有计划地逐步淘汰6胎以上或生产性能低的母猪，确定淘汰猪最好在母猪断奶时进行。

(3) 母猪断奶后一般在3~10天发情，此时注意做好母猪的发情鉴定和公猪的试情工作。

(4) 断奶当天不喂料，第二天喂2.5~3kg料，第3天起自由采食，少喂多餐，减少浪费。断奶后饲料中添加利高霉素4g/头，连加4~7天。

(5) 加强舍内卫生、湿度的控制。湿度过大易导致发情母猪子宫炎症，粪便应提倡以铲、扫为主。必要时可以使用专用干粉等涂抹发情母猪外阴。

(六) 空怀母猪饲养管理

(1) 参照断奶母猪的饲养管理。但对长期病弱，或两个情期没有配上的，应及时淘汰。

(2) 返情猪及时复配。空怀猪转入配种区要重新建立母猪卡。

(3) 母猪流产后10天内发情不能配种，应推至第二情期配种。

(4) 空怀母猪喂料，每头每日2~3kg，少喂多餐。

(七) 不发情母猪的饲养管理

(1) 饲养与空怀母猪相同，在管理上采取综合措施。

(2) 对体况健康的不发情母猪，先采取运动、转栏、饥饿、公猪追赶以及车辆运输等物理方法刺激发情，若无效可对症选用激素治疗，如氯前列烯醇、促排3号、PG600等。

（3）超过7月龄仍然不发情的后备母猪要集中饲养，每天放公猪进栏追逐10min。

（八）配种母猪的饲养管理

配种怀孕舍母猪的喂料主要根据以下两个指标来定：①怀孕天数，②母猪膘情。喂料需要注意以下几个细节。

（1）技术员根据母猪怀孕天数和膘情确定喂料量并填好喂料量卡，饲养员根据喂料量卡进行喂料。

（2）喂料采取每天饲喂1~2次，饲料要坚持先进先用的原则并做好饲料的出入库登记，避免饲料发生霉变。

（3）加料到料槽时间应选择在喂料后1h之内完成，避免刺激猪群。

（4）喂料卡的填写。种猪喂料卡每头猪一张，配种后与该母猪繁殖卡同时填写，挂在对应母猪前面，推荐喂料量见表4-9，根据成分含量、膘情等增减；为确保配种后3天母猪精确喂饲，从配种第四天后开始挂；由制定人员对母猪进行评分，并填写喂料量。

表4-9 配种怀孕舍母猪喂料推荐量

阶段	经产母猪喂料量［kg/（天·头）］
配种前	3.5
配种后1~35天	2.3
配种后36~84天	2.3~2.6
配种后85天至分娩	3.0~3.5

四、健康检查

（1）健康检查的项目包括：精神状态是否良好，体温是否在37.8~39.3℃正常范围内，如果体温超过39.5℃，则可能是发烧；呼吸频率是否在30次/min左右的正常范围内，如果每分钟呼吸超过40次，很可能是发烧；眼睛是不是红肿或有较多的分泌物，鼻孔是否流鼻涕，大便太硬还是太稀等。

（2）技术员每天早上、下午查情时，应将母猪赶起来，观察母猪是否有肢蹄疾病。

（3）每天注意母猪吃料情况，若母猪没有发情，没有注射疫苗，但采食量下降，可能是疾病的征兆，应引起注意，并打好记号，连续观察几天。

（4）对于健康有问题的猪，要统一做好标记并对症治疗。

（5）当发现猪群有5%的猪出现同一症状，要向上级汇报，并由主管制订相应的治疗方案。

五、发情前后的特征表现

母猪的发情周期平均为21天（18~24天），配种成功的关键是正确掌握发情征兆，适时配种。

1. 发情前期

阴门樱桃红、肿大，但经产母猪不一定明显，呼噜、哼哼、尖叫，咬栏，烦躁不安，食欲减退，黏液从阴门流出，被同栏母猪爬跨，但无静立反射。

2. 发情期

阴门红肿减退，黏液黏稠表明将要排卵；静立反射；弓背；震颤、发抖；目光呆滞；耳朵竖起（大白猪耳朵竖起并上下轻弹）；公猪在场时，静立反射明显；爬跨其他母猪或被爬跨时站立不动；对公猪有兴趣，食欲减退，发出特有的呼噜声，愿接近饲养员；能接受交配平均持续时间：后备母猪 1~2 天，经产母猪 2~3 天。

六、发情检查（图 4-5）

母猪的发情表现：食欲减退或不食，排尿较频繁，外阴潮红（后备猪比经产母猪更明显），有黏液流出，压背时有静立反应，尾巴上翘，接受公猪爬跨，无论自然交配还是人工授精，适时配种是获得良好繁殖力的重要因素，而准确查情又是成功配种的关键，每天用成熟公猪查情 2 次，早上喂后 30min 及下午下班前 2h 各查 1 次。

理想的查情公猪至少要 12 月龄以上、走动缓慢、口腔泡沫多。赶猪时用赶猪板来限制公猪的走动速度，结扎公猪可用于查情。母猪在短时间内接触公猪后就可达到最佳的静立反射。

母猪断奶 1~2 天查情时，应将公猪赶到母猪前面走动，而工人应在后边查看母猪的反应和阴户表现；母猪断奶 3 天后，把母猪赶进公猪栏，能对母猪提供最好的刺激。公猪会嗅闻母猪阴户并企图爬跨。公猪同母猪鼻对鼻的接触，可以准确地检查出发情；当公猪在场时可以压背，也可刺激肋部和腹部。

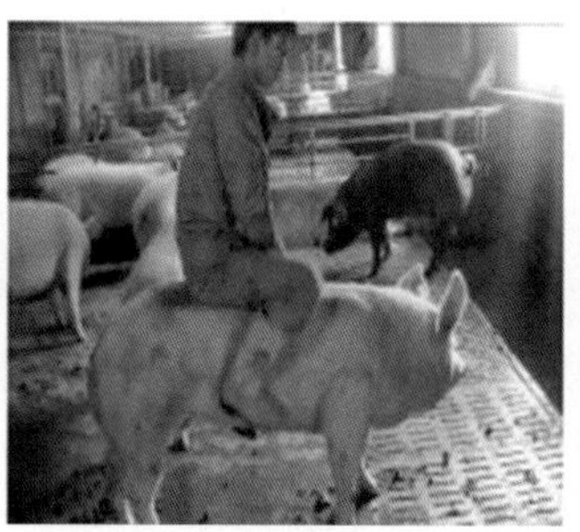
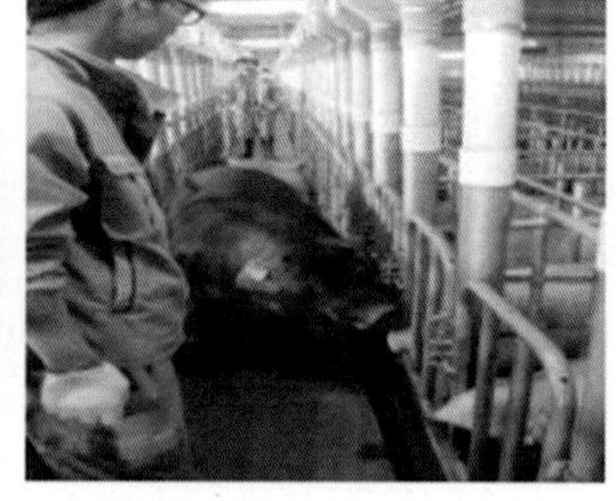

图 4-5　发情检查

七、实时配种

（1）每头母猪应配种 2~3 次。

（2）不同断奶发情间隔时间和问题母猪，其配种时间应区别对待。最佳配种时间见表 4-10。

表 4-10　推荐的配种时机

母猪种类	检查到的发情时间	最佳配种时间
后备发情母猪/超期	早上 下午	早上—下午—次日早上 下午—次日早上—次日下午
经产母猪	早上 下午	下午—次日早上—次日下午 次日早上—次日下午—第 3 天早上
返情母猪	早上 下午	早上—下午—次日下午 下午—次日早上—次日下午
问题母猪	隔一个发情周期，发情后立刻配种	

八、人工输精

（1）待配的母猪先查耳号，以便确定配种公猪的品种和耳号。

（2）待配母猪应先赶入特定配种栏并有公猪站在母猪前面和侧面进行刺激。

（3）首先用 0.1%的新洁尔灭或 0.1%高锰酸钾溶液擦洗母猪尾巴及外阴周围（图 4-6），再用 75%酒精棉球消毒阴户外部及内侧，然后用生理盐水冲洗外阴，再用生理盐水冲洗外阴及输精管和手。

（4）用生理盐水冲洗输精管内外壁，然后 45°逆时针方向转动插入母猪阴户，插入 10~15cm 后改为水平方向插入，直至感到有阻力时，改为逆时针旋转插入，直至子宫颈锁定输精管螺旋头。

（5）认真确定每头母猪应该使用的精液袋，将长嘴剪开接上输精管，然后用手掌托住输精管尾部和精液袋，高度在母猪阴户以上稍高 10cm 左右的部位，输精人员面向猪尾巴坐在猪后背部。

（6）配种过程中配种员一定要用双脚刺激母猪的两侧和乳房。

（7）让精液自动被吸，不应挤压和反复抽取，输精时间以 5min 左右为宜。等精液吸收完全后，让输精管停留 1~2min，顺时针缓慢取出输精管。

（8）让母猪在配种栏停留 5~10min 后方可轻轻地赶回定位栏，以免精液倒流，等待下次配种。

（9）为保证受精质量，每头母猪应配种 2~3 次。

（10）母猪卡跟着猪走，配种结束后，登记好配种资料，妊娠期按 114 天算，计算好预产期并写到母猪卡上。

输精的注意事项：

（1）若输精过程中精液流入很慢或不流，可采取将输精管稍退或稍挤输精瓶等措施。

（2）对于已产多胎的母猪，会有锁不住输精管的现象，输精时应尽量限制输精管的活动范围，对于此类母猪应该适当地延长输精时间，通过刺激母猪敏感部位加强精液吸收。

（3）若在输精时有出血现象，应分析出血部位，完成这次配种后要进行消炎治疗 2~3 次。

（4）配种后母猪应尽可能保持安静和舒适，一旦母猪最后一次配种结束，就应立即赶到限位栏内。在配种后 7~35 天的母猪不应被赶动或混群。

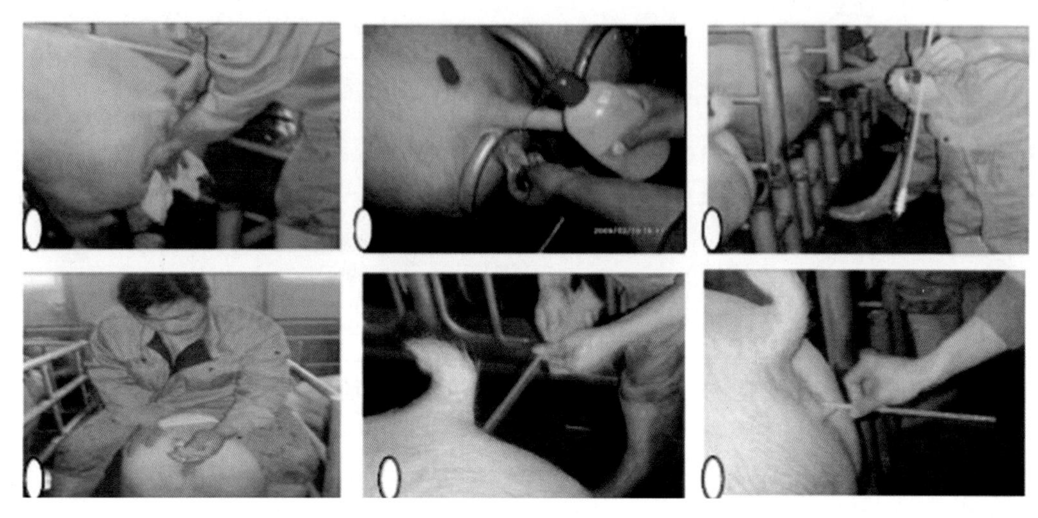

图 4-6 人工输精

九、返情检查

所有配过种的母猪都应该在配后 17 天开始查情，直到确认妊娠为止。

情期正常的母猪会在 18~24 天（或 37~44 天）返情，如无炎症可以进行配种；配种后 25~36 天（或 45~56 天）返情的母猪是由于胚胎早期死亡，不能立即进行配种，要等下一情期才能配种；骨骼钙化开始后胎儿的死亡会形成木乃伊胎，如果全窝都是木乃伊可能与细小病毒或伪狂犬病毒有关，且不会返情；流产母猪第一个情期不要配种，等下一个情期进行配种。

十、妊娠检查

妊娠检查对于所有妊娠母猪来说都是基本的程序。训练有素的操作者能在妊娠 25 天左右检测出怀孕。B 超仪能在 21 天返情前检测出怀孕与否。配种后的 28 天着床结束，因此所有早期妊娠检查都必须在配种后 30 天重新确认。配种后 25 天、35 天进行两次妊娠检查是理想的，以便在 42 天返情时对妊检阴性和问题母猪采取相应的措施。对所有母猪进行有规律的视觉妊娠评估是很重要的，即使在妊娠检查确定后少数母猪也有胚胎再吸收和流产的可能。

水帘能否正常工作，猪舍的窗户是否密封好，检查温度控制器是否准确，水压及水流量是否达标，维修已损坏的饮水器及其他设备等。

（2）分娩舍环境温度控制在18～22℃，湿度55%～70%，仔猪需要的温度为30～32℃，因为对于母猪的最适温相对小猪而言就显然低了很多，所以在保温箱中要用红外线保温灯，保温灯的功率夏天产后3～7天用250W，7天后用100～150W；冬天产后头10天用250W，10天后用100～150W。从仔猪出生就给保温箱内挂保温灯，使用保温灯要防烫防炸，有损坏应及时更换。

（3）冬天要全部关上水帘进风口，启用冬季进风口，根据猪只数量和天气进行调节。

（4）当舍内温度高于目标温度时，全部风机逐个增加开启，当全部风机都开启仍高于目标温度时，要启动水帘降温，必要时启用滴水降温设施，但分娩后一周内的母猪慎用。

2. 卫生管理

（1）清扫舍内猪粪：及时清扫产床上猪粪，地下排水沟平时要保持一定水位，每周要放掉存水1～2次。尽量减少舍内冲洗保持舍内干燥。

（2）每次饲喂前清洁母猪料槽和乳猪补料槽。

（3）清扫舍内蜘蛛网、灰尘：清扫场所包括水帘、通道、栏位、墙壁、窗户、抽风机、吊顶，清扫时根据当时温度可多开一些抽风机，便于排出灰尘。

（4）饲料的摆放：放料时不能直接放在地面上，要用木板垫至离地面10cm高，距离墙壁30cm远，整齐摆放，猪每吃完一批料后就要清扫干净。

（5）每周对舍外责任区进行一次整洁清理。

3. 饲喂管理

将母猪按预产期赶上已准备好的分娩栏（图4-7），核对母猪耳号及母猪卡，填写母猪喂料量及健康状况。例如：母猪耳号、预产期，贴在母猪栏前，然后检查母猪健康状况，对母猪膘情评分，以便酌情加减料，为减少母猪应激，可在新床上母猪饲料里加维生素，连用3天。刚赶上分娩床的母猪按照在妊娠舍最后一天的喂料量饲喂，在预产期前3天开始，按表4-11进行饲喂。

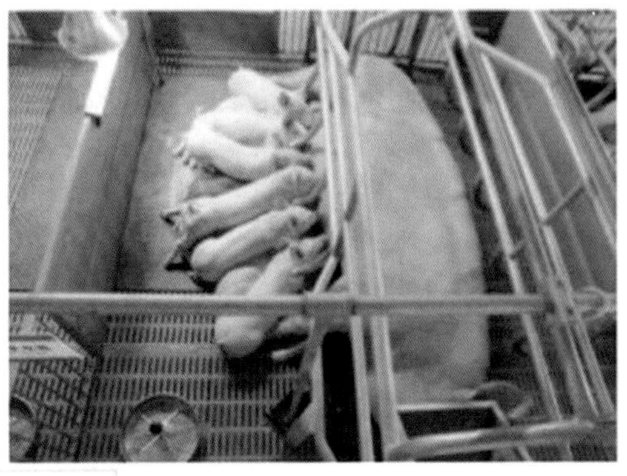

图4-7　母猪在分娩栏待产及产后哺喂仔猪

表 4-11　分娩舍猪母饲猪喂饲标喂　　（单位：kg）

产前3天	产前2天	产前1天	预产当天	产后1天	产后2天	产后3天	产后4天	产后5天	产后6天	产后7天	产后8天
3	2.5	2	1	0.5	1	1.5	2	2.5	3	3.5	4
				0.5	1	1.5	2	2.5	3	3.5	4

注：产后一天给两次料。

（1）预产期前 3 天每天减少饲喂量 0.5kg，一直减到 2kg/天为止，若母猪在预产期当天未产，按 1kg/顿饲喂，直到分娩。

（2）分娩当次不给料，分娩后第一餐给料 0.5kg，以后每天饲喂两次增加 1kg，直到足量。

（3）若母猪不能按标准采食，则下一顿按实际吃料量饲喂，在此基础上以后每顿增加 0.5kg 喂料量，直到吃到标准量。

（4）每次喂料前必须认真填写喂料卡的标准喂料量、实际喂料量及加料次数，如有没有吃完的情况填写时应减掉未食完量。

（5）喂料时不吃料的母猪赶起来吃料，不吃的母猪采取拌湿料投喂，必要时进行治疗。

（6）每天喂料时必须清理干净母猪料槽，先进场的料先用，后进场的料后用，保证饲料新鲜，无发霉料。

4. 健康检查

（1）健康检查的项目包括：精神状态是否良好，分娩舍母猪体温是否在 37.8～39.3℃正常范围内，如果体温超过 39.5℃，则可能是发烧；呼吸频率是不是在 30 次/min 左右的正常范围内，如果每分钟呼吸超过 40 次，很可能是发烧，但母猪临产时呼吸一般都比正常时要高，眼睛是不是红肿或有较多的分泌物，鼻孔是否流鼻涕，粪便是否正常。

（2）技术员每天早上、下午喂料时，观察母猪是不是有奶水，是否有肢蹄疾病。

（3）注意观察母猪产前和产后的采食情况，如果产后 7 天采食量不达标（2kg+0.5×仔猪头数），就要特别关注和治疗。

（4）对于健康有问题的猪，要打上标记，以便对症治疗。

（5）每天检查小猪保温灯是不是正常工作，小猪有没有扎堆现象，如果是扎堆睡觉，说明温度过低，应加强保温；如果小猪不睡保温箱，说明温度较高，应调高保温灯的高度或调低保温灯的功率。

（6）每天检查小猪毛色、精神、粪便等是否正常。如有异常应及时采取措施。

三、工作程序

（一）产前准备（图 4-8）

母猪妊娠期平均 114 天，部分母猪还没有到预产期也可能会分娩，因此，要特别注意观察预产期前 3 天的母猪，并做好产前准备。

（1）栏舍：冲洗干净，待干燥后用消毒水消毒，对皮肤病严重的应增加用驱虫药对空栏进行驱虫，晾干后用福尔马林或冰醋酸熏蒸 24h，进猪前一天打开门窗并做好准备。

（2）药品：自配 4% 碘酊、$KMnO_4$、消毒水、抗生素、催产素、解热镇痛药、樟脑针剂和石蜡油等。

（3）用具：保温灯、饲料车、扫帚、水盆、水桶、麻袋、毛巾、灯头线等，用前应进行消毒。

（4）母猪：临产前 3~7 天上产床，按预产期先后进行排列，并对母猪进行消毒，必要时进行驱虫。

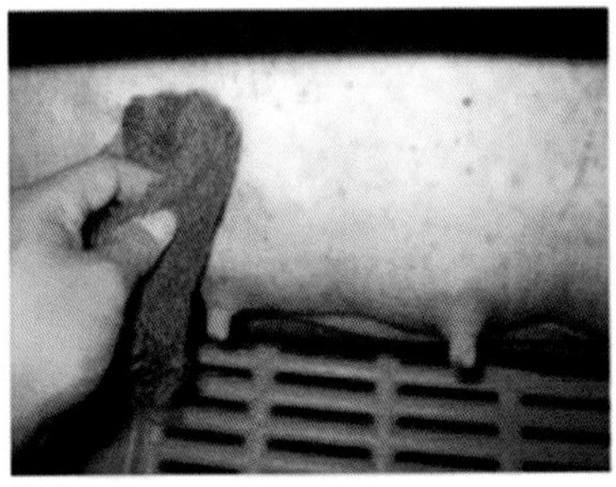

图 4-8　产前准备

（二）判断分娩

（1）判断母猪预产期：如阴门红肿，频频排尿，起卧不安，24~48h 内分娩。

（2）乳房有光泽，两侧乳房外胀，全部乳房有较多乳汁排出，4~12h 内分娩。

（3）有羊水破出，2h 内可分娩，个别初产母猪情况可能特殊。

（三）接产

（1）有专人看管，每次离开时间不超过 15min，夜班人员下班前填写《夜班人员值班记录表》（表 4-12），由分娩舍组长监督、检查。

表 4-12　夜班人员值班记录表

夜班人员姓名

日期项目	分娩窝数	活仔数	产仔情况	保温情况	备注

备注：

（1）日期项目指年月日、班次、时刻等，按生产要求如实填写。

（2）分娩窝数是指值班时间分娩完的母猪数，包括上班时正在产的母猪数。

（3）产仔情况是指接产过程中，死胎、木乃伊、母猪是否难产等情况，备注栏填写压死的仔猪、病死仔猪等情况。

（4）保温情况：指分娩舍保温正常与否及冬天下班前煤炉是否加煤等情况，一般情况下填写最高（低）温单元的温度。

（2）产前母猪用 0.1% $KMnO_4$ 进行消毒外阴、乳房及腿臀部，产栏要进行消毒干净。

（3）仔猪出生后立即用毛巾将口鼻黏液擦干净，猪体擦干，在小猪身上涂抹干燥粉，减少小猪体能损耗，然后断脐，离脐带根 3~4cm 处断脐，防止流血，用4%碘酊或其他有效药物消毒（图 4-9）。放保温箱 10~15min 保温，保持箱内温度 30~35℃，防止贼风侵入。待仔猪能站稳活动时马上辅助其吃 50~100ml 的初乳。

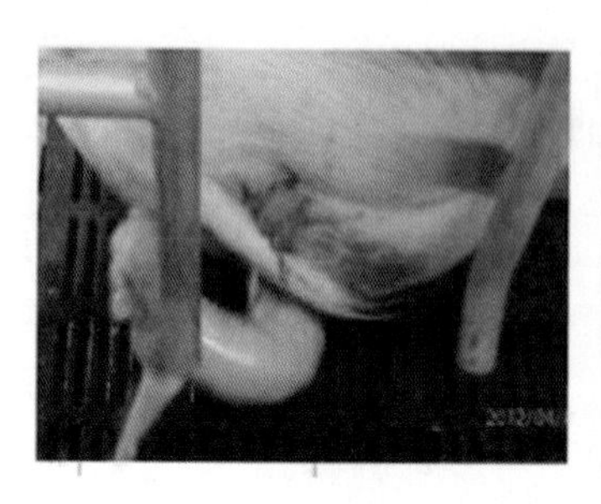
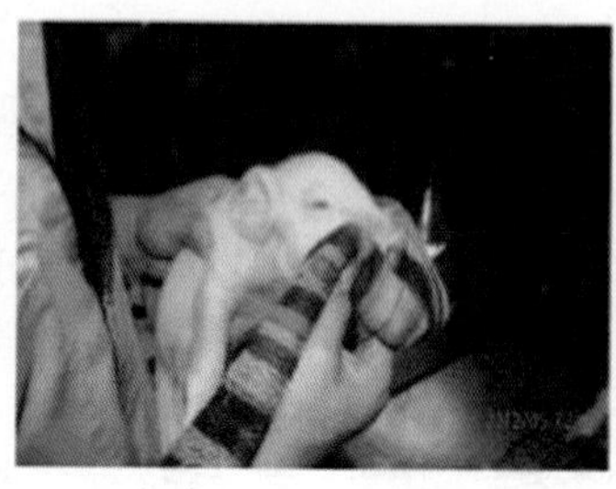

图 4-9　接产

（4）健康的母猪能正常分娩，年老、瘦弱或过肥的母猪生产时可能会出现难产，正常分娩第一头仔猪要 30min，以后每头仔猪产出在 20min 内，总时长大约 3h，分娩的时候仔猪从左右子宫交替产出。

（5）产后检查胎衣或死胎是否完全排出，可看母猪是否有努责或产后体温升高，可打催产素进行适当处理。在接产过程中，接生员应注意观察母猪的呼吸、是否正常产仔等，如有异常，应及时采取有效措施。

（6）仔猪吃初乳前，每个乳头挤几滴奶，较小仔猪固定在前面乳头。

（7）初胎母猪、高胎龄母猪、乳腺发育不良的母猪分娩过程中需执行耳静脉吊针。

接产完成后要填写产仔情况表（表 4-13）。

表 4-13　产仔情况周报表

分娩母猪情况		产仔情况（头/窝）					
母猪耳号	分娩日期	窝重数	活仔	死胎	木乃伊	畸形	合计

注：如果是种猪场，可增加仔猪性别、耳号和体重的记录。

（四）难产处理

（1）判断难产：有羊水排出、强烈努责后 1~2h 仍无仔猪产出或产仔间隔超过 1h，即视为难产，需要人工助产。

（2）有难产史的母猪临产前 1 天肌注律胎素或氯前列烯醇。

（3）子宫收缩无力或产仔间隔过长，可采取以下方法助产。

①用手由前向后用力挤压腹部，或赶动母猪躺卧方向。

②对产仔消耗过多母猪可进行补液，有助于分娩。

③注射缩宫素 20~40IU，要注意观察到有小猪产出后才能使用。

④以上几种方法无效或由于胎儿过大、胎位不正、骨盆狭窄等原因造成难产的，应立即人工助产。

（4）人工助产：先打氯前列烯醇 2ml，剪平指甲并将周边打磨光滑，用 0.1% $KMnO_4$消毒水消毒，用石蜡油润滑手、臂，然后随着子宫收缩节律慢慢伸入阴道内，子宫扩张时抓住仔猪下颌部或后腿慢慢将其向外拉出，产完后要进行子宫冲洗 2~3 次，同时肌注抗生素 3 天，以防子宫炎、阴道炎的发生。

（5）对产道损伤严重的母猪应及时淘汰，难产母猪要在卡上注明难产原因，以便下一产次正确处理或作为淘汰鉴定的依据。

（五）产后护理（图 4-10）

（1）母猪产完后清洁母猪臀部及产床、地面，及时拿走胎衣，收拾、清洁好接生工具。加强母猪产后炎症的控制。没有吊针的母猪连续注射抗生素 3 天，或使用专用药物子宫内投药一次。对于人工助产的母猪或子宫感染流脓严重的母猪注射抗生素治疗，同时进行子宫冲洗（使用滴露消毒液，浓度 5%，每次 1 000ml，每天 1 次，连续 3 天）。

（2）母猪产前 3 天开始减料 2~2.5kg/天，产后 2 天内也应适当控料，之后逐渐加料，5 天后自由采食，喂料 3~5 次/天，每天料槽清理一次，保证槽内饲料干净。对不吃料的母猪要赶起，测体温等，产前产后饲料加大黄苏打 5~10g/（头·天），或芒硝 8~10g/头，可提高采食量和预防产后便秘。无乳可用泌乳进或中药催奶等措施。每天观察母猪采食情况、行为方式、乳房、外阴等，做健康检查，保证仔猪成活率。

（3）圈舍清洁、干燥、安静，通风良好（大环境通风，小环境保温），湿度保持在 65%~75%，产栏内只要有小猪，便不能用水冲洗产栏。

（4）新生仔猪要在 24h 内称重、剪牙、断尾、打耳号。剪牙钳用碘酊消毒后齐牙根处剪掉上下两侧犬齿，断口要平整；断尾时，尾根部留下 2cm 处剪断、4%碘酊消毒，流血严重用 $KMnO_4$粉止血，较弱的健仔以后补断尾。打耳号时，尽量避开血管处，缺口处要 4%碘酊消毒。同时要提高仔猪对疾病的抵抗力，如果猪场呼吸道病严重，鼻腔喷雾卡那霉素加以预防。

（5）饲养员的任务就是确保新生仔猪迅速吃到至少 50ml 的初乳。在最初 1h 出生的仔猪平均可采食 100ml 的初乳，这就意味着最初出生的仔猪在吸吮初乳后可以被拿走，以便留下初乳供应给较晚出生或出生重较小的仔猪。饲养员要帮助将奶头塞入弱小仔猪嘴中并让其叼住。看起来太弱以致不能吮乳的小猪应用一个胃管喂 20ml 初乳，在最初几天每天应进行 2~3 次胃管饲喂，以提高这些弱小但有潜在价值的小猪的存活率。

（6）吃过初乳后适当寄养调整，尽量使仔猪数与母猪的有效乳头数相等，防止未使用的乳头萎缩。寄养时，仔猪间日龄相差不超过 3 天，把大的仔猪寄养出去，寄养出去时用寄母的奶汁擦抹待寄仔猪的全身。

（7）仔猪的常规处理包括：脐带结扎、断尾、打耳号（或做标记）和补 1~2ml 的葡聚糖铁针剂。

①3~5 天龄小公猪去势，切口不宜太大，睾丸应缓缓拉出，术后用 4% 碘酊消毒，或同时涂抹鱼石脂。

②脐带结扎：结扎每头仔猪的脐带、留 2cm 剪断，用碘酊或甲紫消毒（脐带及其周围）。

③断尾：断尾一般留 1/3，断口应用碘酒消毒。

④补铁：初生仔猪在 3~5 日龄补铁，注射部位在颈部。

⑤护膝：产床床面粗糙时应在仔猪膝关节下部贴胶布，以防止膝盖受伤而引发关节炎、跛脚。胶布应能覆盖膝关节及趾关节之间的部分，胶布绕腿 3/4 为宜。

⑥药物保健：仔猪出生第 3 天、第 7 天，以及断奶前 1 天注射抗生素，防治胃肠道和呼吸道疾病。

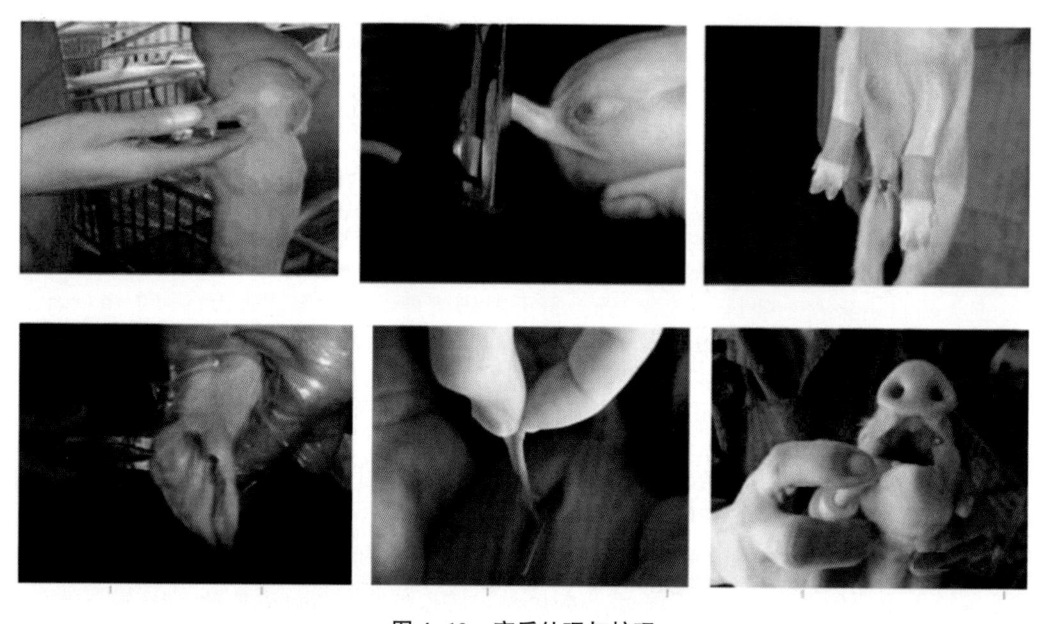

图 4-10　产后处理与护理

（8）7 日龄仔猪开始诱料，饲料要新鲜、清洁，勤添少喂，每天 4~5 次；也可采取母猪乳房上撒少量粉料的方法加强补料，撒料可从产后 10 天开始，应在母猪放奶时进行，饲养员应随身携带粉料。

（9）门口消毒池和洗手盘，每周更换 2 次，要保证有效度。每周舍内常规消毒 2 次，消毒同时注意湿度控制。产房带猪消毒提倡熏蒸，或采取专用消毒机细雾喷雾消毒。若消毒后湿度过大，半小时后可用拖把拖干产床。

（10）每天的垃圾、胎衣、死胎、木乃伊、病死仔猪要及时清除。

（11）仔猪 21~24 日龄断奶，断奶前后 3 天喂开食补盐、维生素 C 等防应激药饮水，仔猪料中加三珍散等可预防仔猪消化不良，母猪断奶前 3 天适当控料，过瘦母猪需提前断奶。对每批断奶母猪进行鉴定淘汰。

四、哺乳母猪和仔猪的健康检查

（一）哺乳母猪健康检查

产后 3 天内每天应注意观察母猪是否有以下症状：乳房坚硬（乳房炎）、便秘、气喘；不正常的恶露（产后 3~4 天的恶露是正常的）；以腹部躺卧；狂躁、发热；母性不好咬仔猪；腹泻；机械损伤。

针对以上问题应做如下处理。

（1）分娩 6~8h 后应赶母猪站起饮水，以避免因饮水不足导致便秘或因便秘引发乳房炎和阴道炎。

（2）产后 3~4 天要检查母猪的乳房，若有发炎和坚硬现象的应按乳房炎及时治疗，必要时进行输液。

（二）仔猪健康检查

应每天检查仔猪的健康如下痢、断趾等现象，应给予适当的处理。

仔猪正常体温 39℃，呼吸频率大约 40 次/min，正常卧姿是侧卧，每天观察仔猪毛色、体况、吃奶情况、走路姿势、拉稀等是否有异常。

发现仔猪异常，应对症治疗，并做好病程及治疗记录，若疫病由母猪原因引起，应治疗母猪或调群，若发病仔猪窝数占 5%以上，应上报主管制订整体治疗方案。

五、断奶管理

1. 断奶标准

断奶日龄在 18~21 天，平均 21~24 天，在断奶前一天检查断奶仔猪健康状况和数量，断奶仔猪必须健康和强壮，没有发现任何疾病症状，体重不低于指定标准，平均重量不低于 6. 5kg，单个不低于 5kg。

2. 断奶准备工作

断奶前 1 天，减少母猪饲喂量；

断奶前 7 天，把断奶仔猪数量及健康状况通知保育舍工作人员，做好接猪准备；

记录下断奶后需要淘汰的母猪；

准备好搬运工具、赶猪板、车辆等，并彻底消毒。

3. 断奶程序

断奶程序的目标是通过一个正确的日程安排来尽可能减少对母猪、仔猪的应激。将母猪转移到配种舍；把仔猪赶出产栏；使用赶猪板，不要刺激仔猪；把仔猪放在保温手推车或保温运输车中转群。

六、断奶母猪的管理

（1）提前一天检查母猪断奶头数，通知配种区，然后登记母猪断奶记录及哺乳能力，给断奶母猪膘情评分，填入母猪卡，同时把要断奶母猪做记号，需要淘汰母猪在背后打交叉（×）标记，淘汰母猪要遵守以下原则：健康状况不好、母性不好的要及时淘汰；第3~6胎连续2胎产仔数少于8头的要淘汰；连续两次配不上种或连续两次流产的一律淘汰；7胎以上，产仔数少于8头的一律淘汰。

（2）转移断奶母猪比转移断奶仔猪应该提前1h，将能繁母猪赶到配种区，要淘汰的母猪当天直接淘汰。

断奶母猪及仔猪情况要予以记录（表4-14）。

表4-14　断奶母猪及仔猪情况周报表

母猪耳号	品种	断奶日期	断奶仔数	入栏数	出栏数	成活数

第九节　保育舍饲养管理操作指导书

一、目标

（1）保育期成活率97%以上。

（2）保育猪上市正品率96%以上。

（3）保育猪50日龄出栏平均体重15kg以上（小猪苗出栏最低体重不得低于6kg）。

二、每日工作内容

喂饲仔猪、巡栏、清理卫生、消毒、治疗、报表、其他工作。

三、工作程序

（一）进猪前准备

（1）空栏彻底冲洗消毒，干后用消毒水消毒，晾干后用福尔马林进行熏蒸消毒，保证消毒后空栏不少于3天，进猪前一天做好准备工作。

（2）检查猪栏设备及饮水器是否正常，不能正常运作的设备及时通知维修人员进行维修。

（二）按计划转入仔猪

猪群转入后立即进行调整，按大小和强弱分栏，保持每栏14~18头，猪群的分布注意特殊照顾弱小猪（冬天注意保温）。残次猪及时隔离饲养，病猪栏位于下风向。

（三）饲养管理要求

（1）温度控制。保育舍最适宜温度为20~26℃，每栋保育舍单元应挂一个温度计，高度尽量与猪身同高，高于30℃时，对地面或墙壁进行淋水并适当进行抽风；当温度低于18℃时，要求开保温灯（或进行其他保温措施），提高舍内温度，同时也应注意舍内通风情况。

（2）转栏后当天适当限料，日喂0.15~0.25kg/头，加三珍散等以防消化不良引起下痢。以后自由采食，少量多餐，每天添料3~4次，必要时晚上加一餐。保证充足清洁饮水。

（3）转栏头3~5天，饲料中视情况添加一些抗应激药物如维生素C、开食补盐和鱼肝油粉等添加剂，转栏当天采取饮水方式给药。预防疾病用药视情况而定。

（4）保持圈舍卫生、干燥，每天清粪2次，加强猪群调教，训练猪群吃料、睡觉、排便"三定位"。尽可能不带猪冲洗猪栏或不要冲到猪身。注意舍内湿度控制。

（5）每周带猪细雾喷雾消毒2次，冬春季节，在天冷或雨天时酌情减少次数，或在消毒半小时后用干拖把将栏舍拖干。每周更换1次消毒药种类。

（6）每天清空料槽1次以上。

（7）清理卫生时注意观察猪群排粪情况；喂料时观察食欲情况；休息时检查呼吸情况。发现病猪，及时隔离，对症治疗。严重或原因不明时及时上报。统计好病死仔猪，填写《保育仔猪死亡情况周报表》。

（8）保育期间应实行周淘汰制，对残、弱、病猪进行每周淘汰1~2次。种猪场：饲养期间，选育员对种猪苗再次进行挑选，对不合格的种猪苗降级为肉猪苗或残次苗，种猪苗挑选执行《种猪选留标准》。

四、相关记录

对仔猪死亡等情况要予以记录（表4-15）。

表4-15　保育仔猪死亡周报表

猪舍编号	发生日期	死亡头数	死亡原因	处理措施

第十节　生长育成舍饲养管理操作指导书

一、目标

（1）育成阶段成活率≥99%。

（2）饲料转化率（15~60kg阶段）≤2.6：1。

（3）日增重（15~60kg阶段）：650~800g。

（4）110日龄体重不低于55kg。

二、工作内容

（1）做好投料等饲养工作。
（2）做好安排猪群栏舍周转、调整工作。
（3）做好环境卫生控制、疾病防治工作。
（4）安排猪舍内外的消毒工作。
（5）做好猪只免疫接种工作。
（6）负责本组饲料、药品、工具的使用计划与领取及盘点工作。
（7）负责整理和统计本组的生产日报表和周报表。
做好喂料、观察猪群、治疗、清理卫生、转群等其他工作。

三、工作程序

（一）进猪前准备

（1）猪转入之前，空栏不少于3天，在此期间，栏舍必须彻底清洗消毒。先用清水冲洗，待干燥后用2%~3%烧碱溶液进行消毒，干燥后再用清水冲洗干净，第二次用温和型消毒液消毒，每次消毒时必须以喷湿地面和栏舍为准。

（2）检查猪栏设备及饮水器是否正常，不能正常工作的设备及时通知维修人员进行维修。

（3）提前半天准备好饲料、药物等物资。

（二）分批次转进猪群

不同批次的猪群应相对隔离。猪群转入后进行调整，按照大小和强弱分栏，每栏饲养10~12头。填写《生长育成舍生产日报表》《生长育成舍生产情况周报表》。

（三）饲养管理要求

（1）饲喂方式。自由采食，少喂勤添，每日投料1~2次。喂料推荐标准见表4-16，根据饲料成分等增减。并保证充足的清洁饮水。

表4-16　喂料量参考标准

阶段	料型	饲喂量
猪15~30kg	生长前期	1.0~1.5kg
猪30~60kg	生长中期	1.8~2.2kg
猪60~90kg	育肥	2.3~2.8kg

（2）温度控制。生长舍最适宜温度为18~22℃，每栋生长舍应挂一个温度计，经常观察温度变化。

（3）处理好通风与保温的关系，减少空气中有害气体的浓度。

（4）饲养密度。

体重 15~30kg　　0.8~1.0m^2/头

体重 30~60kg　　1.0~1.5m^2/头

体重 60~90kg　　1.5~2.0m^2/头

（5）调教猪只养成三点（吃喝、睡觉、排泄）定位的习惯。

（6）饲料转换要逐渐过渡，过渡期以 5 天为宜，新料比例每天按 1/5 递增。

（7）每天清粪两次，保持干净，每 3 天更换一次门口消毒池中的消毒液，每周带猪喷雾消毒 1~2 次，夏天每天冲栏一次，冬天每周冲一次栏。

（8）注意观察猪群的健康状况：排便情况、吃料情况、呼吸情况，发现病猪，及时隔离护理与治疗，严重或原因不明时需上报。死亡的猪只及时填写《生长猪死亡情况周报表》。

（9）严格按照免疫程序接种好各种疫苗。

（10）饲养员经常巡视猪群，发现异常情况，及时向组长汇报。

（四）选留与上市

（1）选留。按《种猪选留标准》执行。

（2）上市。根据猪场的调拨计划，按照选留标准，提前两天挑选出生日龄在 110~120 日龄，体重在 55kg 以上的种猪，填写《种猪选留及调动情况周报表》。打好耳牌，填写《种猪档案表》。

（五）生产指标与计算方法（表 4-17）

表 4-17

生产指标	计算方法	标准
生长猪成活率	生长猪成活数/生长猪期初转入数×100%	99%
25~100kg 猪日增重	增重/饲养天数	800g/d
料肉比	饲料耗用量/猪群增重	2.6：1
种猪选留率	选留种猪数/上市种猪数×100%	82%
出栏合格率	出栏数/阶段存栏数×100%	98%

第十一节　猪场防疫与消毒操作指导书

一、目的

贯彻“预防为主，防治结合，防重于治”的原则，减少、杜绝疫病的发生，确保养猪生产的顺利进行，提供优质健康的种猪或合格的商品猪或合格的精液。

二、工作要求

（1）猪场场长全面负责卫生防疫工作。

（2）防疫员组织实施卫生防疫工作。

（3）猪场全体员工参与卫生防疫工作，严格执行卫生防疫制度。

三、工作程序

（一）防疫区域划分

（1）猪场分生产区和非生产区，生产区包括生产线、更衣室、饲料和药物物资仓库、出猪台、实验室、解剖室、流水线走廊、污水处理区等。非生产区包括办公室、食堂、宿舍等。

（2）加强猪场与外界的隔离（用铁丝网、围墙等），加强交界道路的消毒（表4-18）。

表4-18　常用消毒方法及适用范围

消毒方式	具体操作方法	适用范围
喷洒	将配制好的消毒液直接用喷枪喷洒	怀孕舍、生长舍、隔离舍等单栏消毒、单头猪场地，猪舍周边、走道消毒
喷雾	用消毒机、背带式手动喷雾器、小型洗发水喷雾器喷雾	车辆表面、器物；动物表面消毒、动物伤口消毒；猪舍周边消毒
高压喷雾	专门机动高压喷雾器向天喷雾（雾滴直径小于100μm），雾滴能在空中悬浮较长时间	任何空间消毒，带猪或空栏消毒
甲醛（福尔马林）熏蒸	①甲醛+高锰酸钾；②甲醛器皿内加热	空栏熏蒸，器物熏蒸
普通熏蒸	冰醋酸、过氧乙酸等自然挥发或加热挥发	任何空间消毒，带猪消毒
涂刷	专用于10%石灰乳消毒，用消毒机喷，或用大刷子涂刷于物体表面形成薄层	舍内墙壁、产床、保育高床、地板表面、保温箱内
火焰	液化石油气或煤气加喷火头直接在物体表面缓慢扫过	耐高温材料、设备的消毒（铸铁高床、水泥地板等）
拖地	用拖把加消毒水拖地	产床、保育舍高床地板，更衣室、办公场所、食堂、娱乐场所地面
紫外线	紫外线灯管直接照射（对能照射到的地方起作用）	更衣室空气消毒
饮水消毒	向饮水桶或水塔中直接加入消毒药	空栏时饮水管道浸泡消毒，带猪饮水消毒，水塔水源消毒

（3）非生产区工作人员及车辆严禁进入生产区，非生产区工作人员确有需要进入者，必须经场长或专职技术人员批准（封场期间需要主管经理批准）并经冲凉、更衣、换鞋、严格消毒后，在场内人员陪同下方可进入，只可在指定范围内活动。

（二）车辆卫生防疫、消毒要求

（1）原则上外来车辆不得进入猪场区内（含生活区）。如果要进入，需严格冲洗、全面消毒后方可入内；车内人员（含司机）需下车在门口消毒方允许入内。潲水、残次猪车严禁进入猪场区内，外来车辆严禁进入生产区。

（2）运输饲料的车辆要在门口彻底消毒、过消毒池后才能靠近饲料仓库。

（3）场内运猪、猪粪车辆出入生产区、隔离舍、出猪台要彻底消毒。

（4）上述车辆司机不许离开驾驶室与场内人员接触，随车装卸工要同生产区人员一样更衣、换鞋、消毒；生产线工作人员严禁进入驾驶室。

（三）生活区防疫、消毒要求

（1）生活区大门口消毒门岗：设外来三轮以上车辆消毒设施、摩托车消毒带、人员消毒带，洗手、踏脚消毒设施及冲凉设施。消毒池每周更换 2 次消毒液，摩托车、人员消毒带及洗手、踏脚消毒设施每天更换一次消毒液。全场员工及外来人员入场时，必须在大门口脚踏消毒池、手浸消毒盆，在指定的地点由专人监督其冲凉更衣。外来人员只允许在指定的区域内活动。

（2）更衣室、工作服：更衣室每周末消毒一次，工作服清洗时消毒。

（3）生活区办公室、食堂、宿舍、公共娱乐场及其周围环境每月大消毒一次，同时做好灭鼠、灭蝇工作。

（4）任何人不得从场外购买猪、牛、羊肉及其加工制品入场，场内职工及其家属不得在场内饲养禽畜（如猫、狗、鸡等）或其他宠物。

（5）饲养员要在场内的宿舍居住，不得随便外出；猪场人员不得去屠宰场或屠宰户、生猪交易市场、其他猪场、养猪户（家）逗留，尽量减少与猪业相关人员（包括畜牧局、兽防站工作人员和兽医）接触。

（6）员工休假回场或新招员工要在生活区隔离一天两夜（封场期间为两天）后方可进入生产区工作。

（7）厨房人员外出购物归来需在大门口更衣、换鞋、清洗消毒后方可入内。除厨房人员外，猪场人员不得进入厨房。

（8）猪场应严把胎衣与潲水输出环节，外来人员不得进入大门内。潲水桶应多备几个，轮换消毒备用。

（四）生产线防疫与消毒

猪场各级员工应该强化消毒液配制量化观念（比如一盆水加几瓶盖消毒药，一桶水加一次性杯几杯消毒药）及具体操作过程，严禁随意发挥。场长制定消毒药轮换使用计划。

（1）生产区环境：生产区道路两侧5m内范围、猪舍间空地每月至少消毒2次。

（2）员工必须经更衣室更衣、换鞋，脚踏消毒池、冲凉更衣、手浸消毒盆后方可进入生产线。更衣室紫外线灯保持全天候工作状态，至少每周用消毒水拖地、喷雾消毒一次，冬春季节里除了定期喷洒、拖地外，提倡全天候酸性熏蒸。

（3）生产中的每栋猪舍门口设消毒池、盆，进入猪舍前需脚踏消毒池、洗手消毒。每周更换两次消毒液，保持有效浓度。

（4）全体员工不得由隔离舍、原种扩繁场售猪室、解剖台、出猪台（随车押猪人员除外，但需按照前述要求执行）直接返回生产线，如果有需要，要求回到更衣室冲凉、更衣、换鞋、消毒。

（5）猪场非兽医人员严禁解剖猪只，解剖猪只能在解剖台进行，严禁在生产线内解剖猪只。

（6）生产线内工作人员，不准留长指甲，男性员工不准留长发，女性员工也尽量不要留长发以方便冲凉，不得带私人物品入内。

（7）做好猪舍、猪体的常规消毒。加强空栏消毒，先清洁干净，待干燥后实施两次消毒，冬天强调熏蒸消毒。采取加班冲栏等方式确保空栏时间足够。

（8）猪舍、猪群带猪消毒：配种怀孕舍每周至少消毒一次；分娩、保育舍每周至少消毒2次，冬季消毒要控制好温度与湿度，提倡细化喷雾消毒与熏蒸消毒。

（9）一个季度至少进行一次药物灭鼠，平时动员员工人工灭鼠。定期灭蝇灭蚊。

（10）出猪台区：接猪台、周转猪舍、出猪台、磅秤及周围环境每售一批猪后大消毒一次。

（五）购销猪防疫要求

（1）出猪台场内、场外车辆行走路线不得交叉。出猪台需设一低平处用于外来车辆的消毒，地面铺水泥；设计好冲洗消毒水的流向，勿污染猪场生产与生活区。外来车辆先在此低处全面冲洗消毒后才能靠近出猪台。

（2）外来种猪时，其车辆需在指定地点先全面消毒方可靠近隔离舍。隔离舍的猪台卸猪时，在走道适当路段设铁栏障碍，保证每头猪暂停全身细雾消毒后才放行进入隔离舍。消毒药选择长效而又耐有机物的产品。隔离舍在外进种猪调入后的头3天加强消毒。

（3）从外地购入种猪，必须经过检疫，并在猪场隔离舍饲养观察45天，确认为无传染病的健康猪，经过清洗并彻底消毒后方可进入生产线。

（4）出售猪只时，须经猪场有关负责人员临床检查，无病方可出场。出售猪只只能单向流动，猪只进入售猪区后，严禁再返回生产线。

（5）禁止买猪方进入出猪台内与未售猪直接接触，可提供一长棒供其挑猪。

（6）场内出猪人员上班时在生活区指定地点更换工作服与水鞋，走专门路线去出猪台。在出完猪后对出猪台进行全面消毒，之后严格洗手、踏脚消毒后走专门路线返回生活区，在指定地点换掉工作服。换下的工作服及水鞋需立即浸泡消毒。

（7）生产线人员随车押送到出猪台时，不得离开车厢，只能在车上赶猪。

（六）疫苗注射及注意事项

（1）疫苗运输要用专用疫苗箱如泡沫箱，里面放置冰块。尽量减少疫苗在运输途中的时间。

疫苗进场后必须按厂家规定要求进行保存，一般冻干疫苗需冰冻保存，液体油苗需4~8℃保存。

（2）严格按猪场制定的免疫程序执行，免疫日龄可相差±2天，做好免疫计划，计算好疫苗用量。有病猪只不能注射疫苗，但需留档备案，病愈后补注。

（3）注射用具必须清洗干净，经煮沸消毒时间不少于10min，待针管冷却后方可使用。注射用具各部位必须吻合良好。抽取疫苗前需排空针管内的残水，或用生理盐水涮洗。针头在安装之前应将水甩干净。

（4）疫苗使用前要检查疫苗的质量，如颜色、包装、生产日期、批号。稀释疫苗必须用规定的稀释液，按规定稀释。一般细菌苗用铝胶水或铝胶生理盐水稀释，病毒苗用专用稀释液或生理盐水稀释。疫苗稀释后必须在规定时间内用完（夏天2h；冬天4h）。

（5）冻干疫苗稀释前要检查是否真空，非真空疫苗不能使用。油苗不能冻结，要检查是否有大量沉淀、分层等，如有以上现象则不能使用。一般非油性苗稀释后呈黄色也不能使用。

（6）注射疫苗时，小猪一针筒换一个针头，种猪每猪换针头。注射器内的疫苗不能回注疫苗瓶，可在疫苗瓶上固定一枚针头；已用过针头不能插进瓶，避免整瓶疫苗污染。

（7）注射部位应准确（双耳后贴覆盖的区域），垂直于体表皮肤进针，严禁使用粗短针头和打飞针。如打了飞针或注射部位流血，一定要在猪只另一侧补一针疫苗。

（8）两种疫苗不能混合使用。同时注射两种疫苗时，要分开在颈部两侧注射。

（9）注射疫苗出现过敏反应的猪只，可用地塞米松、肾上腺素等抗过敏药物抢救。

（10）注射细菌活苗前后一周禁止使用各种抗生素。注射病毒活苗后一周禁止使用中药保健。

（11）用过的疫苗瓶及未用完的疫苗应作无害化处理，如有效消毒水浸泡、高温蒸煮、焚烧、深埋等。

（12）由专人负责疫苗注射，不得交给生手注射。严禁漏免，免疫后做好记录，记录需保存一年以上，以备查看。

四、相关记录

要有防疫流程等的详细记录。猪场消毒记录表见表4-19。

表 4-19　猪场消毒记录表

消毒日期	消毒药名称	配制浓度	消毒地点	实施人

第五章　猪场规划与猪舍设计新技术

猪场是猪生活和繁育的场所，是猪的重要环境条件之一。其卫生状况如何，直接关系到猪的健康和生产性能的提高，同时还会影响猪场周围的环境。从卫生学角度要求，良好的猪场环境应保证场区具有良好的小气候条件；便于严格执行各项卫生防疫制度和措施；免受或少受猪场周围环境污染因素对猪场的危害。因此，在规划猪场时必须充分考虑各种环境因素的影响；并从环境卫生学要求出发，合理进行建筑物的分区布局。同时还要有必要的卫生防护设施；对猪场废弃物进行合理的处理和利用，以防止“畜产公害”污染环境。

第一节　猪场设计新技术应用

一、猪舍建筑围护结构的保温隔热参数

猪舍是猪生存最直接的环境，猪只潜在生产性能是否能得到充分发挥，与猪舍建筑有密切关系。猪舍建筑必须体现各类猪对环境的不同需求，应满足以下要求：①符合猪的生物学特性，具有良好的室内环境条件；②符合现代化养猪生产工艺要求；③适应地区的气候和地理条件；④具有牢固的结构和经济适应性；⑤便于实行科学饲养和生产管理。考虑到我国各地自然环境差异，因此在猪场建造时，对北方在寒冷地区，着重要求防寒保温，在南方炎热地区，应着重要求防暑降温。

所谓保温，是指在寒冷的情况下，通过猪舍将猪本身产生的以及由其他人员散发的热阻留下来，防止散失，使之形成温暖的环境。

所谓隔热，是指在炎热条件下，通过猪舍或其他设施（如凉棚、遮阳等）隔绝太阳辐射热传入舍内或影响猪体，以防止舍内或猪体周围气温升高，使之形成较凉爽的环境。

虽然保温和隔热都在于减少热的传递。但前者在于降低舍内热通过猪舍外围护结构（如墙壁、屋顶等）向外界放散；而后者则在于遮挡太阳辐射、增强太阳辐射的反射及降低太阳辐射热向舍内传递。因此，保温、隔热功能不同，所采取的工程措施应有所不同。

（一）猪舍的保温隔热要求

猪舍的保温隔热性能，通常用建筑结构的热阻值（R）表示和衡量。所谓热阻，是指热通过猪舍的墙或屋顶等外围护结构由一侧向另一侧传递时受到的阻力而言。具体定义为当墙或屋顶两侧温度相差1℃时，通过1m^2面积，传出1kcal热所需要的时间（h）。所需要的时间越长，热阻越大，说明其保温隔热能力越强。

猪舍建筑的热阻，即保温隔热能力，取决于所用的建筑材料的导热性和厚度。就是

说，导热性小的材料，热阻大，保温好；反之，导热性大的材料，热阻小，保温差。导热系数（λ）在0.1以下的材料属于隔热材料。一些建筑材料的导热系数见表5-1。

表5-1　建筑材料导热系数（λ）计算参数

分类	名称	密度（kg/m³）	导热系数［W/（m·K）］
围护结构材料	钢筋混凝土	2 500	1.74
	加气混凝土砌块及板材	400	0.13
		500	0.16
		600	0.19
		700	0.22
	灰砂砖	1 800	0.74
	多孔砖	1 400	0.58
	190厚混凝土空心砌块	R=0.20［（m²·K）/W］	
	190厚陶粒空心砌块	R=0.78［（m²·K）/W］	
	190厚轻集料混凝土空心砌块	R=0.38［（m²·K）/W］	
轻骨料混凝土	珍珠岩陶粒混凝土	1 300	0.52
	粉煤灰陶粒混凝土	1 500	0.67
		1 600	0.77
保温材料	模塑聚苯板（EPS）	18~22	0.039
	挤塑聚苯板（XPS） 不带表皮	22~35	0.032
	挤塑聚苯板（XPS） 带表皮		0.03
	喷涂硬质聚氨酯（SPF）	20~80	0.022
	硬质聚氨酯（PU）	20~80	0.024
	硬质酚醛（PF）	45~120	0.035~0.04
	岩棉板	≥140	0.04
	岩棉条	100	0.048
	岩棉板、矿棉板	64~120	0.044
	玻璃棉板	24~96	0.043~0.033
	玻璃棉毡	10~48	0.050~0.034
	泡沫玻璃	140~180	0.058~0.060
	泡沫混凝土	300	0.08
	胶粉聚苯颗粒保温砂浆	180~250	0.06
	建筑保温浆料	240~300	0.07

（续表）

分类	名称	密度（kg/m^3）	导热系数［W/（m·K）］
其他材料	水泥砂浆	1 800	0.93
	石灰砂浆	1 600	0.81
	混合砂浆	1 700	0.87

解决猪舍的保温隔热还有个厚度问题，同样的材料，厚度越厚，保温隔热性能就越强。因此，在设计猪舍时，必须根据当地的气候条件和所规定的最低热阻，选择理想的材料，保证足够的厚度；同时，必须认真施工、精心施工。使猪舍具备良好的保温隔热能力，是为猪建立适宜环境的根本措施，必须给予足够的重视。

（二）猪舍的保温

在我国东北、西北、华北等地，冬季气温低，持续时间长，昼夜温差大，冬春两季风多。因此，在这些地区发展养猪业必须有良好的越冬猪舍，必须重视猪舍建设，特别是仔猪舍的防寒设计，使之形成适于猪只要求的温度环境，较之猪只大量消耗饲料能量以维持体温或通过采暖以维持舍温更为经济有效。

猪舍内的热能向外发散，主要通过屋顶、天棚，其次是墙壁、地面和门窗。

1. 屋顶和天棚的保温隔热

屋顶面积大，又因热空气轻而上浮，易通过屋顶失热（约占总失热量的40%）。因此，必须选用保温性能好的材料修造屋顶，且要求一定的厚度，即一定要根据保温要求和规定的参数进行设计。在屋顶铺设保温层，是加强屋顶保温的主要手段。在屋顶下加设天棚是增强屋顶保温防寒的一项重要措施。它的作用在于使屋顶与猪舍空间之间形成一个严密、不透气的空气缓冲层。当然，天棚上必须有足够的保温层才能起到应有的作用。此外，适当降低猪舍的净高，也是在寒冷地区改善猪舍温度状况的一个方法，但一般应不低于2.4m，且必须保证良好的通风换气。

2. 墙壁门窗的保温隔热

墙壁的失热仅次于屋顶，墙壁设计的关键是提高保温能力，认真确定合理的结构，应选用热阻大的材料。现今，墙壁的主要是24砖墙或者37砖墙，在我国东北、华北、西北等地，均需要对墙体进行保温改造，即添加一定的保温层。墙体的保温主要包括墙体内保温、夹芯保温和外墙外保温等，其中使用性能最好的是外墙外保温。

在国内，目前采用的24砖和37砖多是实心砖，较为成熟的外墙保温技术主要有外挂式外保温、聚苯板与墙体一次浇注成型和聚苯颗粒保温料浆外墙保温。主要的保温材料有：聚苯乙烯泡沫塑料（EPS及XPS）、硬质聚氨酯泡沫塑料（PU）、聚苯颗粒保温砂浆。

门窗设置及其构造影响猪舍的保温情况，在寒冷地区，舍门应加门斗，窗设双层，冬季通风面即北侧、西侧应不设门，少设窗。

3. 地面的保温隔热

与屋顶、墙壁相比，地面失热较少，但它是猪直接接触的部位。因此改善地面的保温性能在寒冷地区具有重要意义。地面的特性取决于所用材料，应采用导热性小、不透水、坚固、有弹性、易于消毒的地面。

根据养猪生产特点，要选择一种适宜的地面材料是困难的。可在猪舍不同部位采用不同材料的地面，猪床用保温好、柔软、富有弹性的材料，其他部位用坚实、易消毒、不透水的材料（如混凝土）。

（三）猪舍的隔热

我国南方地区，高气温持续时间长，昼夜温差大，太阳辐射强度大，降水量大，相对湿度大。这种持续的闷热天气对猪只健康和生产力均有不利的影响。因此，在炎热的季节应采取隔热降温措施。

猪舍的隔热设计，主要在于隔绝太阳辐射热的影响。

在炎热地区，由于气温高，加上太阳的强烈辐射，屋面温度往往可达到60~70℃。如果屋面没有良好的隔热，热就会向舍内传递，导致舍内温度过高。因此，为了防热，对猪舍的屋顶和受太阳辐射较多的西墙应采用隔热设计。其主要的原则是：选用导热小的材料，保证一定的厚度，以形成要求的热阻。

1. 确定合理的结构

一般在屋面的最下层铺设导热系数小的材料，其上为蓄热系数比较大的材料，再上（舍外侧）用导热系数小的材料。这种结构，当屋面受太阳辐射受热后，热传到蓄热系数大的材料层被蓄积起来，再向下传导时受到阻抑，从而缓解了热量向舍内传递；而当夜晚来临，被蓄积的热又通过其上导热系数大的材料层向外迅速散失。这样，白天可避免舍温过高。在夏热冬冷地区，则将上层导热系数大的材料换成导热系数小的材料，较为有利。

2. 增强猪舍对太阳光的反射

增强屋面和墙壁的反射，以减少太阳能辐射热。因为白色或其他浅色反射光的能力强，故屋面和墙壁采用浅色以减少太阳能辐射热，能缓和强烈阳光对舍内温度的影响。

二、猪场设计基本环境参数

猪场设计中的基本环境参数主要关注于温度、相对湿度、风速、通风量以及其他气体环境标准。

（一）温度和相对湿度

环境温度和相对湿度是影响猪群生产性能的首要温热因素，猪的生产潜力只有在适宜的外界温度和相对湿度环境条件下才能充分发挥，因此在养猪生产管理中，应有效控制舍内环境温度和相对湿度，以达到最佳生产力。美国爱荷华州立大学 Jay D. Harmon 等研究总结了不同日龄猪的最佳环境温度，见表5-2。

表 5-2　不同日龄猪最佳温度范围

猪日龄（周）或阶段	体重（kg）	最低温度（℃）	最高温度（℃）
出生		32.2	35.0
3	5.4	30.0	31.1
4	7.3	28.9	31.1
5	9.1	28.3	30.0
6	10.9	26.7	30.0
7	13.6	25.6	28.9
8	17.3	24.4	28.9
9	20.9	22.8	27.8
10	25.4	21.1	27.8
11	30.9	20.0	26.7
12	36.3	18.9	26.7
13	41.8	17.8	26.7
14	47.2	16.7	26.7
15	52.7	15.6	26.7
16	58.1	14.4	26.7
17	64.0	13.3	26.7
18	70.4	13.3	26.7
19	77.6	13.3	26.7
20	84.9	12.2	26.7
22	97.6	12.2	26.7
24	109.0	11.1	26.7
26	118.0	11.1	26.7
哺乳母猪		15.6	23.9
妊娠母猪		12.8	26.7
公猪		12.8	23.9

中国《规模猪场环境参数及环境管理》（GB/T 17824.3—2008）对猪舍内空气温度和相对湿度做了规定，见表 5-3。

表 5-3　猪舍内空气温度和相对湿度

猪舍类型	空气温度（℃）			相对湿度（%）		
	舒适范围	高临界	低临界	舒适范围	高临界	低临界
种公猪舍	15~20	25	13	60~70	85	50

（续表）

猪舍类型	空气温度（℃）			相对湿度（%）		
	舒适范围	高临界	低临界	舒适范围	高临界	低临界
空怀妊娠母猪舍	15~20	27	13	60~70	85	50
哺乳母猪舍	18~22	27	16	60~70	80	50
哺乳仔猪保温箱	28~32	35	27	60~70	80	50
保育猪舍	20~25	28	16	60~70	80	50
生长育肥猪舍	15~23	27	13	65~75	85	50

（二）气流和通风量

猪舍通风系统的设计要使进入舍内的气流流型符合气流交换的要求，以使舍内气流分布均匀。气流速度：夏季不超过2m/s，冬季控制在0.1~0.2m/s为宜。

20世纪80年代，美国的一些大学及农业部门的相关专家学者编著的《Midwest Plan Service Structures and Environment Handbook》（1983年）一书给出了不同季节各个阶段猪群所需的适宜通风量大小，见表5-4。

表5-4　美国猪舍不同季节通风量推荐值

猪群	体重（kg）	通风量［m^3/（h·头）］		
		冬季	春秋季节	夏季
成母猪和产仔母猪	181.6	34	136	850
断奶仔猪	5.4~13.6	3.4	17	42.5
保育猪	13.6~34.1	5.1	25.5	59.5
育成猪	34.1~68.1	11.9	40.8	127.5
育肥猪	68.1~100.0	17	59.5	204
妊娠母猪	147.6	20.4	68	255
公猪	181.6	23.8	85	510

中国《规模猪场环境参数及环境管理》（GB/T 17824.3—2008）对通风量参数的推荐值见表5-5。

表5-5　中国猪舍不同季节通风量和风速

猪舍	通风量［m^3/（h·kg）］			风速（m/s）	
	冬季	春秋季	夏季	冬季	夏季
种公猪舍	0.35	0.55	0.70	0.30	1.00

（续表）

猪舍	通风量［m^3/（h·kg）］			风速（m/s）	
	冬季	春秋季	夏季	冬季	夏季
空怀妊娠母猪舍	0.30	0.45	0.60	0.30	1.00
哺乳猪舍	0.30	0.45	0.60	0.15	0.40
保育猪舍	0.30	0.45	0.60	0.20	0.60
生长育肥猪舍	0.35	0.50	0.65	0.30	1.00

部分北欧国家的不同猪舍的通风量推荐值见表5-6。

表5-6　北欧通风量的推荐值　［单位：m^3/（h·500kg）］

猪群	体重（kg）	冬季最小值	夏季最大值
育肥猪	200	50	500
断奶仔猪	20	100	1 000
妊娠猪	100	50	500

由表5-4、表5-5和表5-6可知，冬季不同猪舍的通风量推荐值中国>美国>北欧，夏季不同猪舍的通风量推荐值美国>北欧>中国。

温度和通风是养猪生产中猪舍热环境的重要因素，是保障猪舍适宜环境、提高猪群生产性能的关键步骤。因此在生产过程中应做好温度与通风的协调环境控制，同时改善猪舍热环境和空气质量条件，以保持猪体健康，最终才能保证生产力的充分发挥。

（三）空气环境质量

1. 有害气体

猪舍中的有害气体主要是氨气（NH_3）、硫化氢（H_2S）、二氧化碳（CO_2）和一氧化碳（CO）。

美国IOWA State University推广中心推荐的各种有害气体在猪舍的浓度值上限见表5-7。

表5-7　美国IOWA State University推广中心推荐的猪舍内有害气体浓度限值

污染物	气味	推荐的浓度限值
氨气	刺激性味道	10ppm
硫化氢	臭鸡蛋味、恶心	5ppm
二氧化碳	无味	3 000ppm
一氧化碳	无味	50ppm
颗粒物	无味	10mg/m^3

中国《规模猪场环境参数及环境管理》（GB/T 17824.3—2008）中关于有害气体含量的限值见表5-8。

表5-8　中国猪舍有害气体环境标准中浓度限值参数

猪舍类别	氨气	硫化氢	二氧化碳	颗粒物（mg/m^3）
种公猪、空怀妊娠母猪、生长育肥猪舍	25mg/m^3（33mg/kg）	10mg/m^3（7mg/kg）	1 500mg/m^3（764mg/kg）	1.5
哺乳母猪舍	20mg/m^3（26mg/kg）	8mg/m^3（5mg/kg）	1 300mg/m^3（662mg/kg）	1.2
保育猪舍	20mg/m^3（26mg/kg）	8mg/m^3（5mg/kg）	1 300mg/m^3（662mg/kg）	1.2

由表5-7和表5-8可知，中国猪舍环境标准中二氧化碳浓度限值与美国推荐的猪舍内二氧化碳浓度限值相比要求偏高。二氧化碳浓度越低，猪舍空气质量越好，但是二氧化碳浓度越低代表猪舍的通风量越大，特别是对于冬季寒冷地区猪舍来说，在保持猪舍内温度适宜时，猪舍内二氧化碳浓度越低，猪舍的通风量越大、供暖能耗越大。

2. 尘埃和微生物

人类卫生学标准规定：空气中的微粒不得超过0.5mg/m^3，猪舍中允许含量为0.5~4mg/m^3，猪舍中的细菌总数不得超过5万~10万个/m^3。

（四）猪舍采光参数

中国《规模猪场环境参数及环境管理》（GB/T 17824.3—2008）中关于猪舍采光的要求参数见表5-9。

表5-9　猪舍采光参数

猪舍类别	自然光照		人工照明	
	窗地比	辅助照明（lx）	光照度（lx）	光照时间（h）
种公猪舍	1∶12~1∶10	50~75	50~100	10~12
空怀妊娠母猪舍	1∶15~1∶12	50~75	50~100	10~12
哺乳猪舍	1∶12~1∶10	50~75	50~100	10~12
保育猪舍	1∶10	50~75	50~100	10~12
生长育肥舍	1∶15~1∶12	50~75	30~50	8~12

猪舍人工照明宜使用节能灯，光照应均匀，按照灯距3m、高度2.1~2.4m、每灯光照面积9~12m^2的原则布置。

三、猪场供水技术及设计参数

水是猪所需的营养物质数量最大的，相对于其他由食物提供的营养物质，水是了解和管理程度最低的营养物质。人们对于猪只的饮水空间、饮水器的类型、饮水速率等都缺乏相对清晰的认知。

初生仔猪体重的82%都是水，当猪只体重增长至108kg时，水只占其体重的51%。水在猪只的营养、体温调节、泌尿系统健康方面起到了重要的作用。

当使用饮水器供水时，对于生长育肥猪而言，水的消耗量在采食的开始和结束是有一个周期性的峰值，在早上采食两小时之后和下午采食一小时之后这段时间里存在用水量的峰值。而断奶仔猪在持续光照的情况下，8：30—17：00的用水量高于17：00—8：00。生长育肥猪使用乳头式饮水器时，在15：00—21：00有一个较大的峰值，5：00—11：00有一个较小的峰值。

在农场的数据记录中，试验人员每5~15min记录一次用水量。其中，育肥猪的用水量在一天中逐渐增加，在18：00时出现峰值。总而言之，用水量的峰值总是出现在下午，农场的数据表明，生长育肥猪用水量的峰值出现在17：00—21：00。因此，生长育肥猪的供水系统必须要按照峰值的要求来供水。

每栏猪只头数对猪的用水量也产生着一定的影响。试验研究表明每栏60头猪比每栏20头猪的每天每头用水量高。即使每个饮水器供应的猪只数相同时，当每栏猪只头数增加时，每头猪的饮水时间相应减少。

哺乳母猪每天用水量为7.5~15L，也有试验表明每天用水量最高值为30L。

1. 猪场供水系统

在养猪场中，猪的存栏量大，对水的需求量大，一般采用供水系统为猪提供足量的饮水和其他用水。一个完整的养猪场供水系统，包括取水设备、贮水塔、水网管及用水设备等。舍内供水系统通常布置在猪栏的排粪区（对于群饲猪栏或公猪），符合猪只在饮水时排泄的习惯，有利于舍内卫生。在分娩栏和单体妊娠栏、配种栏中的母猪栏中，饮水系统则布置在食槽附近，便于猪饮水。猪场的供水系统应该满足各类猪只的自动饮水，水质清洁卫生，供水量充足等条件。

在供水系统中的设备，必须要根据实际需要来选择型号和规格，其中的一个重要的根据就是供水量的计算。猪场供水量计算的公式：

$$Q = \frac{\sum_{i=1}^{m} n_i q_i + Q_{其他}}{24 \times 1000}$$

式中，Q——猪场所需最大供水量，m^3/h；

m——猪群类别数目；

n_i——第i类别猪群存栏数，头；

q_i——第i类别猪群每头猪的日水消耗量（表5-12），L/（d·头）；应按最大值算，以满足猪的最大饮水量；

$Q_{其他}$——猪场所有其他用途的日用水量之和，包括冲洗猪舍用水、消防用水、工作人员用水等，L/d；应取最大值，并将猪场今后的扩建发展也考虑在内。

《规模猪场建设》（GB/T 17824.1—2008）中表明规模猪场供水应采用自来水供水，根据猪场需水总量来选定水源、储水设施及管路，其供水压力应达到1.5~2.0kg/cm^3。

采用干清粪生产工艺的规模猪场，其供水总量应不低于表5-10的数值，其饮水器的水流速度和安装高度（安装角度为90°）见表5-11。

表5-10 规模猪场供水量

供水量	100头基础母猪规模	300头基础母猪规模	600头基础母猪规模
猪场供水总量	20	60	120
猪群饮水总量	5	15	30

注：炎热和干燥地区的供水量可增加25%。

表5-11 饮水器的水流速度和安装高度

适用猪群	水流速度（ml/min）	安装高度（cm）
成年公猪、空怀妊娠母猪、哺乳母猪	2 000~2 500	60
哺乳仔猪	300~800	12
保育猪	800~1 300	28
生长育肥猪	1 300~2 000	38

《养猪生产》（加拿大）关于猪只每日用水量的推荐值如表5-12所示。

表5-12 日用水量

生长阶段	升（L）	生长阶段	升（L）
断奶：12kg	2.3~3.2	母猪：90~172kg	5.4~13.6
生长猪：27~36kg	3.2~4.5	母猪：产仔前	13.6~17.2
肥育猪：34~90kg	4.5~7.3	母猪：产仔后	18.1~22.7

2. 猪舍饮水器

猪舍的供水方式有定时供水和自动饮水两种。定时供水现在一般不采用，更常用的是自动饮水。自动饮水是通过在猪舍内安装自动饮水器来实现的，对自动饮水器的要求是：工作可靠，密封良好，无泄漏或溅水现象，结构简单，维护方便等。

目前，我国养猪场中使用的自动饮水器有鸭嘴式自动饮水器、乳头式自动饮水器和杯式饮水器等。其中鸭嘴式饮水器因其质量轻、工作可靠、造价低廉而被广泛采用。

《The National Swine Nutrition Guide was produced》一书中对于猪用饮水器的流速、个数和高度的推荐见表5-13和表5-14。

表5-13 猪用饮水器的推荐流速

猪只类型	ml/min
保育猪	250~500
生长育肥猪	500~1 000
哺乳猪	1 000

除了水流速度，一些企业推荐水压不高于10Pa，一个更为普遍的推荐值是水压不高于20Pa，这些推荐值可以减少饮水器的浪费。

表5-14　饮水器的个数和推荐高度（角度为90°）

体重（kg）	5.4~13.6	13.6~34	34~56.7	56.7	哺乳猪
猪头数/饮水器	10	10	12~15	12~15	12~15
高度（cm）	15~30	30~46	46~61	61~76	76~91

当饮水器角度为45°时，为了猪只的方便和减少浪费水量，高度应该更高一点。当使用swing饮水器时，高度应比猪背高5~8cm，并随着猪的长大需要每2~3周调整一下饮水器的高度。

四、猪场供料技术及设计参数

养猪生产中，饲料成本占50%~70%，喂料工作量30%~40%。使猪按时、定量、无损失地吃到额定饲料，防止强、弱猪饥饱不均，是提高饲料报酬和出栏率，减少病猪、弱猪的一项重要举措。因此，配备完善的饲料设备对提高饲料利用率、减轻劳动强度、提高猪场经济效益有很大的影响。

养猪场的饲喂方法有自由采食和限量饲喂两种。限量饲喂主要用于公猪和母猪的饲喂，它可以限制猪的采食量，防止采食过多影响繁殖能力。自由采食是保育猪、生长育肥猪的饲喂方式。

猪的饲喂方式有机械化自动饲喂和人工饲喂。随着我国养猪业的发展，机械化自动饲喂已成为猪场的必然选择，质量可靠的供料系统不仅可以大大节约劳动力，还可以大大提升管理水平、节约饲料成本。

养猪场的饲喂系统设备有贮料塔、饲料输送设备、饲料计量设备（用于限量饲喂）和食槽。饲喂系统应满足以下要求：按照要求供给饲料；排料均匀；饲料损失小；结构简单，便于操作和维护；噪音小，寿命长。

根据饲料饲喂状态，饲喂方法分为干喂法、干湿料饲喂和液体饲喂。

（1）干喂法。有两种饲喂方法，第一种是不限量饲喂，使用一种自动饲喂器；第二种是限量饲喂，每次饲喂一次或几次。

（2）干湿料饲喂。干湿料饲喂器是自由采食的喂料器，既提供干饲料，也提供饮水。主要是为了降低圈内的灰尘，减少饲料和水的浪费，增加饲料的摄入量。

设计类型有的是在水槽下部安装乳头式饮水器，猪通过按压而使水槽注入饮水；有的是安装水槽上部喂料器边的饮水器，保证溢出的水流入水槽中的饲料里。这些设计可以使猪在任何一个限定的时间内完成干料的采食和饮水的过程。比较常规的干料喂料器，干湿喂料器的饲料转化率的改进如表5-15所示。

表 5-15　比较常规干料饲喂和干湿料饲喂

项目	干料	干湿料	改进或损失（%）
日干物质摄入（kg）	2.03	2.12	+4.2
日增重（g）	739	794	+7.0
饲料报酬	14.6	15.1	+2.3
背膘厚度（cm）	14.6	15.1	-3.3

活重 35~70kg，引自：Patterson，1987

（3）液体饲喂。液体饲喂或湿料饲喂是与干料配料输送进饲料罐相比较而言。配料与水或液体副产品（如乳清）混合，连续的生料通过一个管线输送给猪或一个连接的饲槽输送到猪圈（流体饲喂）。不同的液体系统有不同的饲料粉加水比例，这取决于推动生料从混合罐到猪圈的方式。可以采用泵的强力作用，通过压力或抽吸来驱动生料进退。如果生料是被动的通过饲槽前进，粉料中则必须加高水的比例。常用的水粉比例的范围是（2.5~4）：1。如果生料必须流入一条比较长的饲料槽，这比例可以高到5：1。

液体饲喂可以增加饲料的摄入量，提高生长速度和饲料转化率，并降低饲料浪费量。

五、猪场清粪方式及设计参数

我国常用的清粪方式有水冲式清粪、水泡粪式清粪、干清粪。

水冲式清粪方式是猪舍地面全部或部分采用漏缝地板，借助猪踩踏使粪便落入地板下的粪沟，然后用水将沟内粪便冲出，流入舍外粪井或粪池。其主要特点是劳动强度小、效率高，可及时有效地清除畜舍内的粪便、尿液，保持畜舍环境卫生，减少粪污清理过程中的劳动力投入，提高养殖场自动化管理水平。但这种清粪方式噪声大，水资源浪费非常严重，每日每头猪耗水约 20L。

水泡粪式清粪方式是在水冲粪清粪方式的基础上改造而来的，关键点是在猪舍内的排粪沟中注入一定量的水，粪尿、冲洗和饲养管理用水一并排入漏缝地板下的水泡粪池中，水将猪粪便完全泡散，储存一段时间后，将沟中粪水排出。该工艺能够部分减少冲洗水量。水泡粪池的深度一般有三种规格：浅水泡粪池深度在 0.5m 左右，该种类型的池要求一周左右放水一次；中等深度泡粪池深度为 1~1.5m，这种类型一般 15~30 天放水一次；深水泡粪池深 3m 左右，这种水泡粪池则是每年用粪车抽其中粪水用于直接灌溉。目前国内多采用中等深度水泡粪池。但是这种清粪方式依然耗水量大，大大增加了粪污总量。水泡粪工艺要求必须装上水帘降温和排氨气设备，因为粪污容易长时间在猪舍厌氧发酵，产生大量的有害气体，危及动物和饲养人员的健康，还会导致畜舍内空气湿度增高，给猪生长可能造成不利影响。

干清粪方式中畜禽固态粪污与液态粪污分别处理。固态部分由人工或机械收集、清扫、集中、运走，尿及污水则从下水道流出。这种清粪方式可以做到粪尿初步分离，便于后面的粪尿处理。此工艺产生的固态粪污含水量低；粪中营养成分损失小，肥料价值高；产生的污水量少，且其中的污染物含量低，易于净化处理。目前最常用的干清粪方式是在地面设漏缝地板，粪便经踩踏落入粪沟，然后用刮板刮出舍外。

《畜禽养殖业污染防治技术规范》（HJ/T 81—2001）关于清粪工艺的规定如下：新建、改建、扩建的畜禽养殖场应采取干法清粪工艺，采取有效措施将粪及时、单独清出，不可与尿、污水混合排出，并将产生的粪渣及时运至贮存或处理场所，实现日产日清，采用水冲粪、水泡粪湿法清粪工艺的养殖场，要逐步改为干法清粪工艺。

干清粪工艺符合减量化的标准，适合我们的国情，粪便一经产生便分流，可保持舍内清洁、无臭味，产生的污水量少且浓度较低，易于净化处理；干粪养分损失小、肥料价值高，满足用于制造有机肥的需要。经过适量堆置后，可制作出具有高效生物活性的有机肥，市场需求大，具有很好的市场前景。因此，为了猪场的生存，为了行业的发展，从节约用水与大幅度降低污染物产生量的观点看，以干清粪方式代替水冲式、水泡粪式的清洁生产方式势在必行。

水冲式清粪方式在北方地区较难实现，因为耗水量太大。因此在这里不做深入讨论。

水泡粪清粪方式其设计要点如下：蓄粪池地面应按水平无坡度设计，以产生很好的虹吸作用，水流产生的漩涡扰动蓄粪池底沉积的粪渣，达到快速、干净排放粪水的作用；蓄粪池深度是根据粪便量的多少，通常分娩舍和保育舍蓄粪池深度按 800～1 200mm设计，注水深度为 400～700mm，配种怀孕舍、生长舍和育肥舍按 1 500～2 500 mm 设计，注水深度为 800～1 000mm；蓄粪池的长度应小于 35m，粪池两端各布置一个排污阀，为了减少排污阀的堵塞风险、促进排水过程中的粪团粉碎，可将排污阀周围地面降低 100mm，形成台阶，台阶距离蓄粪池隔墙为 100mm，排污阀中心距离间隔墙为 100mm；排污阀可采用专用排污阀，也可采用 45°PVC 斜三通。

干清粪的设计要点主要在于刮粪板的选择，根据刮粪板和漏缝地板的尺寸设计粪沟。

猪只每天的粪便产生量的参考值见表 5-16。

表 5-16　猪只每天的粪便产生量

成分	单位	生长育肥猪（18～100kg）	后备猪	妊娠猪	哺乳猪	公猪	保育猪（0～18kg）
重量	kg/d（1 000kg 猪总体重）	63.4	32.8	27.2	60	20.5	106
体积	L/d（1 000kg 猪总体重）	62	33	27	60	21	106
湿度	%	90	90	90.8	90	90.7	90

第二节　猪场设计新工艺应用

一、规模化猪场生产工艺

规模化养猪是指利用现代科学技术和设施装备，按照工业化生产方式组织养猪生产，进行集约化经营管理，实现养猪生产的高水平、高品质和高效益。与传统养猪生产不同。现代养猪生产必须具有一定规模，严格按专业化、商品化要求，施行科学的环境工程技术组织生产，其生产工艺流程是按照工程化流水线形式进行的，采用统一规格的猪种、饲料，具有较高的饲料转化效率和较低的生产成本，使优良种质潜能得以更好的发挥。通过实行企业化管理，有节奏地、均衡地为市场提供优质猪肉产品。

具有特定生产工艺流程和综合的工程配套是现代养猪生产的基本特点，合理的养猪生产工艺模式则是以猪的生产过程为基础的。现代规模化养猪生产的工艺与设备经过多年的发展和改革，逐渐形成了定位饲养、圈栏饲养以及厚垫草饲养等三类应用较广泛的生产工艺模式。

1. 定位饲养生产工艺

定位饲养生产工艺也称完全圈养生产工艺。最早的定位饲养形式是用皮带或锁链，把母猪固定在指定地点，或者是用板条箱限制母猪的活动空间。大部分母猪专业场和自繁自养猪场，其配种、妊娠猪的母猪及分娩期母猪一般都采用单体栏饲养。猪与猪之间由铁栏杆隔开，全部或部分漏缝地板，猪群以 7 天为一个生产时间单元进行计算。现在采用母猪产床也叫母猪产仔栏或者防压栏，一般设有仔猪保温设备。这种饲养工艺的主要特点是“集中、密集、节约”，猪场占地面积少，栏位利用率高，工厂化水平高，劳动组织合理，可实现养猪生产的高产出、高效率。

定位饲养生产工艺也面临一些难以克服的困难。如：建场投资大、运行费用高；高饲养密度使得舍内环境恶化；限位栏让母猪只能起卧，不能运动，造成母猪体质下降，繁殖障碍增多，肉质品味下降；漏缝地板容易造成猪蹄和母猪乳头的损伤从而影响种用价值。

2. 圈栏饲养生产工艺

采用圈栏饲养生产工艺的各类猪场，其配种、妊娠期母猪以及断奶期仔猪、育成育肥期猪等都在大圈中饲养。母猪一般为 3～4 头，有的还设有舍外运动场；断奶仔猪、育成育肥猪一般以一窝或两窝为一群。每圈饲养 8～10 头或 20 头。圈栏饲养存在占地面积大，猪死亡率高的问题。

此外，公猪饲养常采用圈栏饲养。与一般的圈栏饲养不同的是，公猪一般为每圈 1 头，圈栏面积相对较大，一般在舍外配置相应面积的运动场，以确保其足够的运动。

3. 厚垫草饲养生产工艺

为了减少猪蹄的损伤，提高创面温度，采用厚垫草饲养工艺来进行哺乳母猪和仔猪、断奶仔猪及育肥猪的生产。但是该工艺易导致舍内粉尘浓度高，对呼吸道的损害较大，尘肺率高；还容易造成寄生虫病，增加蛔虫病感染的概率。

二、妊娠母猪按需饲喂群养生产工艺

妊娠母猪按需饲喂群养生产工艺是在群养模式下，通过现代信息技术，如计算机软件控制系统，对每个个体精准饲养管理。从而在保证每头妊娠母猪有更高福利、更合理自由的生活环境的情况下，避免妊娠母猪间争食造成的妊娠母猪的采食不足或采食过量，影响繁殖性能，实现更高效、福利更好的饲养工艺。

妊娠母猪按需饲喂群养生产工艺的饲养单元根据功能进行分区，且妊娠母猪群体大小根据生产工艺和生产节律的要求确定。其通过规模在 30~300 头的“大群饲养”模式，给妊娠母猪提供更多的活动空间，增加妊娠母猪的运动量，增加猪只的福利，减少肢体和繁殖疾病的发生。最重要的是此工艺采用计算机软件系统进行精确化管理，最基本的系统由安置在猪只个体体内的电子仪器（如电子耳标）、自动识别系统、母猪发情检测系统、控制管理系统组成。此系统通过无线射频技术（天线）对猪只的个体信息，如体重、健康状况、体温、妊娠天数、背膘厚、疫苗接种等信息的收集，在妊娠母猪获准采食后，食槽打开并投放少量饲料，当妊娠母猪采食完毕食槽自动关闭；若妊娠母猪已达到采食量，未获准采食，食槽将一直保持关闭状态。在饲喂站停留时间过长的母猪会被驱赶出去。

图 5-1 所示是一种轻便小巧的耳标。图 5-2 为一种智能饲喂系统。

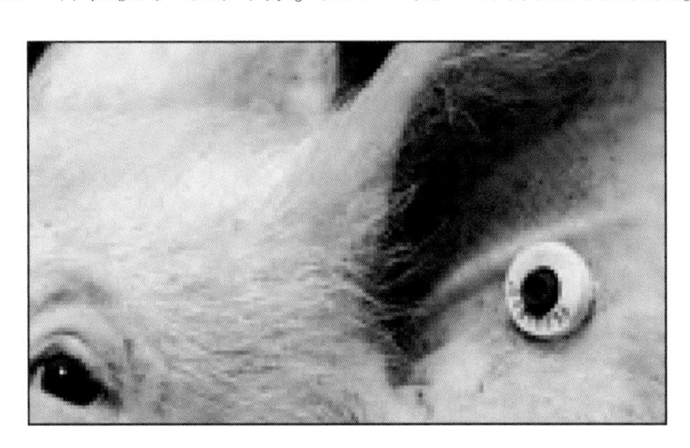

图 5-1　一种轻便小巧的耳标

通过对每只妊娠母猪的个性化饲喂、信息的采集实时监控、跟踪，系统可以根据收集到的信息，对每头妊娠母猪的发病鉴别、返情鉴别、喂料量的增减、饲料安全等进行分析，并发出警报。此生产工艺可以在技术人员没有发现问题的情况下，及时发现、提示生产中出现的情况。最重要的是可以根据收到的信息更好地管理母猪的选育与配种。

妊娠母猪按需饲喂群养生产工艺的优点有：

（1）增加猪舍面积利用率、高动物福利，减少妊娠母猪应激、异常行为。因为按需饲喂群养可以为母猪提供更多的活动空间，相比定位栏，提供更多的活动空间，让妊娠母猪得到更多的动物福利，减少母猪因为面积小而产生的慢性应激。

（2）促进母猪高产。虽然在转群前两天会发生妊娠母猪相互争斗，导致妊娠母猪流产、皮肤损伤等，但是良好的活动环境会降低妊娠母猪的争斗行为，增加妊娠母猪的

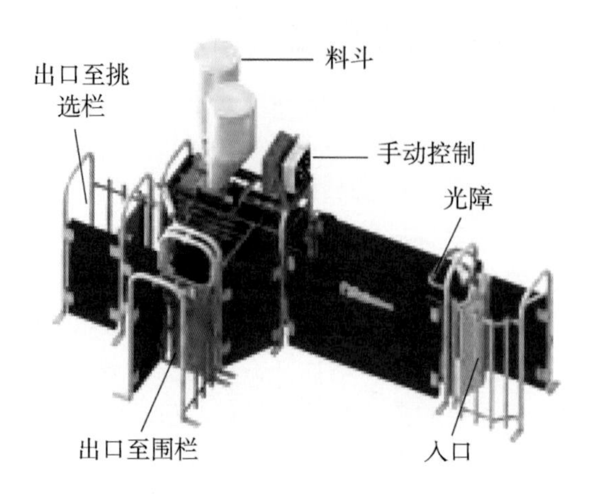

图 5-2　一种智能饲喂系统

运动量，提高仔猪的产出率。

（3）减少饲料浪费。因为妊娠母猪按需饲喂群养生产工艺按照妊娠母猪的营养需要给予饲料，在给以合理饲料量的同时，防止争食，保证妊娠母猪个体不会过肥或过瘦，提高妊娠母猪生产性能。

（4）减少繁殖、肢体疾病。定位栏会容易导致妊娠母猪的繁殖疾病，而妊娠母猪按需饲喂群养因为有足够的活动空间，增加了妊娠母猪的运动量，减少了繁殖疾病的发生，同时运动量的增加，减少了肢体疾病的发生。

但是智能化系统也有一定的缺点，主要有两个方面：一方面，妊娠母猪混群后易发生争斗，引起流产，缩短母猪使用年限；另一方面，智能化饲养母猪因争斗或活动较多瘸腿比例增多，使母猪被淘汰。

三、妊娠母猪小群饲养生产工艺

因为定位栏饲养模式难以满足母猪的空间需要，逐渐被淘汰，为了增加妊娠母猪的动物福利，群体饲养受到越来越多的关注。妊娠母猪小群饲养在群体组建时，以生产节律为前提，按单元进行全进全出，每个猪群大小在4~12头，并将同一单元的猪群安排在同一猪舍相邻位置，便于管理和周转。健康的饲养工艺必须满足猪对生活空间的需求，即妊娠母猪小群饲养的最小面积应保证同时采食、同时躺卧、一头猪排泄，而活动面积在综合考虑采食、排泄的面积基础上确定。若采食、排泄所占面积之和满足社交活动面积，则无须单设；若达不到，需配置2头猪社交所需面积。

供猪躺卧、站立的休息区面积可按如下公式计算：

$$A=k\times W^{0.666}$$

式中：A 为面积，m^2；W 为猪的体重，kg；k 为不同姿势需要的面积系数，m^2/kg，站立、俯卧、侧卧时分别为0.02、0.02、0.05，为避免打架的空间面积系数为0.11。具体计算方法如下。

（1）若母猪体重为200kg，则采食、躺卧、排泄、活动面积分别为0.68m^2、

1.70m^2、0.68m^2、3.75m^2。

（2）实际圈栏面积除了采食、躺卧面积外，根据群养规模，在8头以下时，采食、排泄面积之和小于7.5m^2，加上活动面积；在8头以上时，采食、排泄面积之和大于7.5m^2，加上排泄面积。

（3）6头猪以下时，1个排泄猪位；6头猪以上时，2个排泄猪位。

（4）对于将采食和躺卧区域合二为一的隔栏式群养模式，其活动空间大小应能保证所有猪只可以站立为最低标准。

在群养中，围栏的设计比面积设计更影响争斗行为的发生，且矩形比方形、圆形圈栏更有利。当群养规模小于6头时，围栏尺寸可以按照（1.5~2）：1设计；当群养规模大于6头时，围栏宽度尺寸由采食位置决定。

符合健康养殖工艺的小群饲养主要有3种：小群圈栏饲养、小群隔栏饲养和德国诺廷根舍饲散养系统。其中，小群圈栏饲养能满足母猪采食、活动、躺卧、排泄等功能分区的需要；小群隔栏饲养是对限位栏饲养模式的改进，它保留了母猪采食区各自独立的优点，确保每头母猪的同时进食，考虑了妊娠母猪福利和投资相对较少的小群隔栏饲养，应该在未来会受到欢迎，如图5-3所示，还通过对栏位的改进，方便配种、怀孕检查等；德国诺廷根舍饲散养系统是对小群隔栏饲养的改进，更加自动化，同时采食、活动、躺卧、排泄分区明确，猪只获得更好的福利，有更加理想的体况。

图5-3　小群隔栏饲养

除了饲养工艺设计，对妊娠母猪小群饲养的环境温度控制同样很重要，可以使母猪在舒适温度间快速生长、提高经济效益，对夏季降温、冬季保暖的措施有降温猪床和水冷式猪床保温。降温猪床是根据猪体尺、生理需求和行为习惯结合猪栏结构进行设计，利用辐射、对流原理为妊娠母猪营造舒适的局部环境温度，减少应激，确保母猪夏季正常生产。循环水的重复利用不仅改善猪舍环境、缓解应激，还节能、节水、符合低碳养殖的发展方向。水冷式猪床保温不仅能在夏季给猪舍进行局部的降温，还能在冬季为猪舍温度提高3.2~6.9℃。

相对于限位栏，小群饲喂系统可更高效利用土地、提高设备利用率，同时母猪获得更多活动空间、增强母猪体质、有利于母猪的生理与心理健康。另外，与限位栏相比，其管理难度大；与大群饲养相比，其相对容易。当然小群饲养也会存在一些问题，如强弱争食，强肥弱瘦；合群前 2 天易发生争斗导致流产，导致身体皮肤伤增多、生产性能降低，甚至出现瘫痪与死亡；不能精确饲养，对分群严格。

四、妊娠母猪定位栏饲养生产工艺

定位栏主要的特点为集中、密集、节约，能有效地节省占地空间，最大限度地把有限建筑面积发挥到极限，同时更易于对妊娠母猪的管理，便于观察母猪的发情，以便适时配种，控制膘情，提高受胎率，减少转群次数。从母猪使用年限、体重、背膘厚、断奶、发情间隔、分娩率、产仔数、猪初生重、断奶仔猪数、断奶猪体重考虑。母猪使用年限，限位栏优于智能化群饲；群饲系统与定位栏系统在猪体重与背膘厚上无差异，但是智能化群饲母猪倾向有更好的体况；虽然定位栏系统与群饲系统相比，发情间隔无差异，但是有出现因长期活动空间受到限制引起的慢性应激导致发情间隔天数延长的情况；由于定位栏管理的方便且母猪间无争斗，其分娩率等于或优于群饲母猪；在产活仔数和猪初生重上无差异，但是在母猪生产第四胎的情况下，智能化群饲仔猪初生重优于定位栏；饲养方式对断奶仔猪数没有显著影响，但是定位栏头数有升高趋势。

限位栏母猪繁殖性能等同于或优于群饲系统，原因主要有三点：一是它们最主要的差别在于母猪活动空间的不同；二是与饲养方式配套的圈舍设计、地面类型和饲喂方式等因素对繁殖性能的影响可能要大于饲养方式本身；三是限位栏系统管理难度小且管理模式趋于成熟，而群饲系统管理难度大，需要更高素质的人才。

五、哺乳母猪及哺乳仔猪生产工艺

母猪的分娩和初生仔猪的饲养护理是养猪场中最重要的生产环节之一。

现阶段，规模猪场分娩母猪的饲养一般都为定位饲养模式，母猪饲养在限位栏内，活动面积小于 $2m^2$，如图 5-4 所示。与妊娠母猪定位栏相似，定位饲养存在很多不利猪只健康和福利的问题，如母猪只能做前后移动、就地躺卧，无法转身，运动量严重不足，体质下降；正常行为得不到满足，母性差、产程长，繁殖障碍增多。漏缝地板虽然改善了猪床的清洁卫生，但易造成猪蹄、母猪乳头、关节的损伤，仔猪腹泻。还应注意保温箱的形式、漏缝地板材料的选用。因分娩栏设计不合理，会导致小猪冷应激、热应激、被母猪压死的情况发生。

另一种母猪分娩栏类似于小群饲养母猪采用的小圈栏，一般在 $9\sim12m^2$。栏内无隔栏，母猪可以自由走动。一些研究认为哺乳母猪可使母猪行动自由，利于分娩、减少应激，母性行为得到很好的表现，有利于降低仔猪死亡率。

还有一种母猪分娩栏为自由式分娩栏，是在限位分娩栏的基础上改造而成。将原定位栏中的隔栏做成可拆卸的，并对圈栏尺寸做了一定的调整，使栏的面积有所增加，母猪的生活空间变大，可以在圈内自由活动，使健康状况和繁殖性能得到改善。为了避免大猪压死仔猪的情况，可设置防压构件。

此种分娩栏可以在产前增加母猪产前的运动量，减少侧卧（若侧卧时间较多，则死胎率会相应较高），母猪的舒适性得到提高，应激程度减小。在产中，母猪的侧卧、

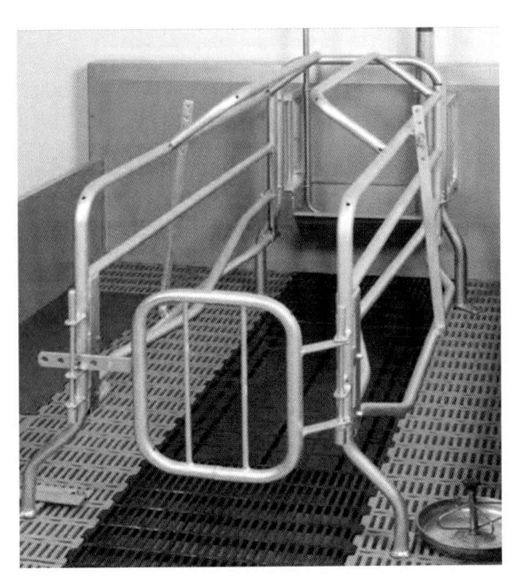

图 5-4　分娩栏

犬坐比例降低，有利于猪的分娩。在产后，躺卧区条件的好坏，对母猪产后恢复影响更大，且若母猪躺下过快会增加仔猪的压死率，自由式分娩栏躺下速度最慢，有利于减少仔猪压死率。产仔时间越长，仔猪越不健壮，早期死亡可能性加大，相对于定位栏，自由式分娩栏和大圈栏有利于改善母猪饲养环境，缩短产程和产仔间隔，降低仔猪死胎率。因为自由式分娩栏和大圈栏有利于母猪运动，产后恢复、食欲要好于限位栏，乳汁分泌增加，促使仔猪的增重加快。

因为仔猪怕冷、大猪怕热，在产房，仔猪和母猪需要的环境温度不同，对于母猪来说，其最适温度在 20℃左右，仔猪的环境温度低于 34℃时，会受到冷应激，为了同时满足仔猪和母猪的需要，应为仔猪配置保温箱，在仔猪活动的局部范围保证仔猪的温度需要。猪栏的局部加热升温可以采用保温箱和保温灯的形式，如图 5-5 所示。

图 5-5　保温盖板和保温灯

六、断奶仔猪养殖生产工艺

仔猪一般被饲养在专门的保育舍里，并于17~30日龄断奶，此时仔猪的大部分营养仍然来源于母乳。断奶通常伴随着不同窝仔猪混群、由繁殖舍运输至保育舍以及日粮类型和采食方式的剧烈变化。从吮吸母乳到采食固体饲料的转变通常会导致一个采食不足的关键时期，在此期间仔猪学会和适应消化固体饲料。同时，断奶还会引起社会、营养和环境应激，这些应激影响仔猪的能量代谢。对于仔猪而言，任何日龄断奶都会出现应激反应，但不同状况的猪只反应程度不同。健康猪只对断奶的反应较小，健康状况差的猪只对断奶的反应剧烈。为了减少仔猪对断奶的应激，除了选择合适的断奶时间和饲料外，采用良好的养殖工艺模式，为其创造理想的室内环境和卫生条件也是十分重要的。

1. 传统小圈饲养模式

圈栏饲养是饲养仔猪和生长育肥猪时最普遍的生产饲养方式。仔猪断奶后，一般都是转入断奶仔猪舍饲养，以窝为单位转入断奶仔猪舍，进行传统小圈饲养，猪群大小一般为8~10头/圈，饲养面积为0.3~0.4m^2/头。断奶仔猪舍一般都是网床饲养，配置各种饲喂饮水设备，对温度要进行严格要求，过冷或过热对猪只的健康和生长发育都是有害的。在强调温度的情况下，对舍内的通风也应有严格的调控。

断奶仔猪是猪最活跃的时期，传统小圈饲养模式环境较差，生活空间较小，很容易引起仔猪之间的争斗等异常行为，影响猪只的生产性能和健康状况。

2. 厚垫料饲养工艺

常用于饲养断奶仔猪和生长育肥猪。通常在地面铺设20cm厚的垫草，在饲养过程中根据垫草的潮湿程度和消耗程度，随时补充垫草。当猪群转出后，连同粪尿一起清除出猪舍。

这种饲养工艺可以改善舍内温度，垫草可供猪只啃咬、磨牙等娱乐活动，还可为猪只补充少量的营养元素。

该模式同样也存在着一定缺点，在生产中需要注意：猪的排泄物一直留在垫草上，致使舍内湿度过大；补充垫料时，空中草屑颗粒较多，易使粉尘浓度超标，引起呼吸道疾病的发生；使用过的垫草消毒难度较大，且粪便与垫料缠绕在一起，粪便后续处理难度较大。因此，这种工艺模式不太适合大规模猪场使用。

3. 舍饲散栏群养工艺模式

该生产模式结合猪的生物学特点和生活习性，采用舍内散养的方式进行猪只的生产。在断奶仔猪阶段，采用大群饲养方式。在圈舍内设置暖床、食槽、饮水器、厕所、玩具等设施，在舍内自然形成躺卧区、采食区、饮水区、排泄区、活动区等功能区域，实现猪群的自然管理，保障清洁生产。大群饲养方式有利于猪的学习，在丰富的圈舍环境中，猪可以在较短的时间内达到适应。

七、生长育肥猪养殖生产工艺

仔猪生长到70日龄、体重为22~25kg时，即转入生长育肥猪舍。

1. 小圈围栏饲养模式

这种模式一般是采用一栏一窝，一栏 8~10 头，每头猪的占栏面积为 0.6~1.0m^2。生长育肥猪对环境的适应能力较强。实际生产中，生产育肥栏相对简单，地面采用实体地面或者漏缝地板，栏内有公用食槽和饮水器。这种模式的优点是饲养密度高，便于管理，投资较少。缺点是没有考虑猪的行为特点和生理需要，且圈舍环境一般较差，不利于猪的健康和生长发育。因此，寻求一种适于生长育肥猪的健康养殖工艺模式，为这一阶段的猪只创造良好健康的生活环境，这对提高养猪生产水平和猪肉产品品质具有重要意义。

2. 健康养殖生产模式

生长育肥猪的健康养殖模式的建立需要根据这一阶段猪的生物学特点和行为习性进行设计，还要注意猪只的生理、心理、行为以及对环境的需求。实现猪的健康养殖模式应具有以下条件：舍内群养，具有充足的饲养面积，确保圈栏内有相对独立的功能分区；配置福利性设施，丰富圈栏的环境，减少猪群的斗争等异常行为；采用局部温度调控措施；排泄区采用漏缝地板。

为保证健康养殖工艺的实施，对生长育肥猪的圈栏也要进行功能分区，即分采食区、躺卧区、排泄区和活动区。不同规模群体的围栏面积要求见表 5-17。

表 5-17　生长育肥猪不同群体规模的围栏面积要求　（单位：m^2）

功能区	生长育肥猪饲养规模					
	10 头	20 头	40 头	80 头	100 头	200 头
理论需要						
采食	1.2	2	4	8	10	20
躺卧	10	20	40	80	100	200
排泄	2	2	4	8	10	20
活动	13	13	13	13	13	13
实际需要	23	33	53	96	120	240
平均每头猪占栏面积	2.3	1.65	1.325	1.2	1.2	1.2

由表 5-17 表明，采用 40~80 头饲养生长育肥猪，既能符合健康养殖要求，又可以最大限度地减少占栏面积，提高饲养密度和生产效率，是较为合理的群养规模。

第三节　自动化干清粪工艺设计

发展高效节水农业，调整农业结构，转变生产方式，是发展都市型现代农业，提升农业核心竞争力的重大机遇。在大型规模养猪场实现全自动清粪技术，不仅可以高效解决养殖业受人力资源短缺的制约问题，还可以大大减少生产用水量、污水排放量及污水中污染物浓度，同时还能有效改善畜舍内空气环境质量，对于提高动物福利和促进生产性能发挥具有积极作用。

一、技术概述

猪舍自动清粪技术依据猪的生物学特性和行为特性，实行圈舍分区管理，划定功能分区，全套技术集成漏缝地板和配套自动化刮粪板等设施，并结合饲养技术优化进行生猪定点排泄驯化。

技术应用能够显著减少畜禽场用水量和污水排放量，降低粪便清出后的含水率；通过自动干清粪方式，减少粪污在舍内的停留时间，降低舍内有害气体浓度，提高舍内环境舒适度。减少劳动力投入，其创新点是通过优化圈栏尺寸和对应设施，合理布置猪的躺卧区域，通过设置福利设施，提高猪群饲养的环境丰富度。

二、设备原理

刮板式猪舍粪便清理机由转向装置、调紧装置、刮板部件、牵引绳、检测装置、驱动装置和控制电箱等部件组成，主要通过驱动装置牵引绳的刮板，使其在猪舍粪沟中往返移动把猪粪便清出舍外。并收集于舍外集粪池，进一步进行处理。

三、关键技术

关键技术内容包括圈舍设计、刮粪系统及生猪定点排泄驯化等。

1. 圈舍设计

圈舍设计重点应综合考虑圈舍布局和设备安装。充分考虑示范场圈舍纵横跨度、污水走向与配套粪污治理模式等现有基础设施条件，规划设计圈舍。一般猪舍内应划分饲喂区、躺卧区和排泄区（图 5-6、图 5-7）。各圈栏间以混凝土隔墙自然隔开，有利于猪群隔离防疫。

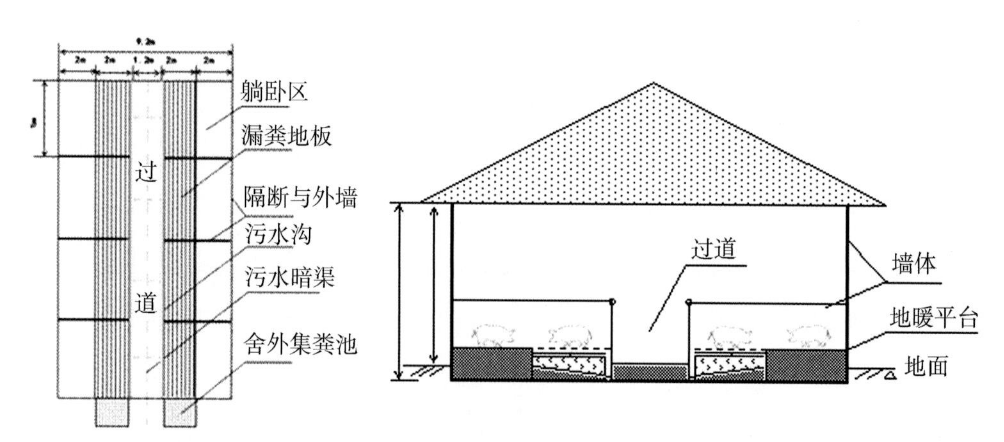

图 5-6　自动刮粪系统空间布局图

圈栏内通过实体地面结构和漏粪地板结构设计实现躺卧区与排便区的自然分开。躺卧区与排便区面积比例至少应大于 1。漏粪区面积越大越有利于粪便漏入粪沟。

图 5-7　空间布局实体图

漏粪地板规格选择因不同阶段猪群而不同。应确保有足够承压强度，表面平整，并有防滑处理。一般厚度为 80mm，板条宽度为 50~60cm，长度根据粪沟宽度选择，一般为 120~300cm 不等。缝隙大小根据猪只大小而定。漏缝地板缝隙应为倒梯形，上面小，下面大，便于顺利漏粪而不易堵塞。

2. 刮粪系统

刮粪系统主要由牵引机、刮板装置、牵引绳、转角轮、限位清洁器、张紧器等组成（图 5-8）。

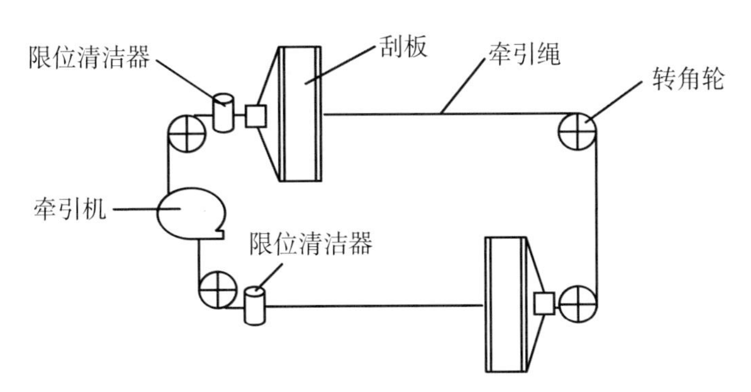

图 5-8　刮板安装示意

刮粪系统运行时，在钢丝绳牵引下，两台刮粪机往相反的方向运动，其中一台的刮板落下进行刮粪，另一台的刮板抬起，当刮粪的那台刮粪机碰撞块碰到行程开关后，钢丝绳开始反向运动，此时两台刮粪机的动作与前一过程正好相反，当刮粪的这一台刮粪机碰到行程开关后，钢丝绳停止运转，此为一个刮粪周期。

整机工作时一组刮板刮粪，另一组刮板空程返回。配套电机选择时主要考虑工作行程主机的功率。整机功率大小按照圈舍饲养密度、生长阶段、产粪量及清粪次数进行计算。

舍内集粪沟地面应设 3°~10°纵向坡度，较低一侧设计污水收集沟，便于尿液等污水收集并经污水总管道转移至污水处理池。固体粪便在集粪沟中由自动刮粪板清出舍外。

自动刮粪系统应定期保养、维修，确保电机、传动装置及刮粪板运行安全。

3. 定点排泄驯化

猪舍地面结构由漏缝地板区和地暖平台区构成，利用生猪排泄习惯，一般在喂食前后把猪赶到指定区域排便，并利用地势给猪群明显不同的区域划分直觉，从而提高定点排粪率。新进猪群一周内进行定点排泄驯化。通过生猪定点排泄驯化可使圈舍内生猪98%以上粪便排在漏缝地板区，保持躺卧区域的干净舒适，实现自动清粪系统的高效运行。

四、清粪类型

自动干清粪系统分平板式自动干清粪系统和“V”形斜坡自动干清粪系统两种类型。

1. 平板式自动干清粪系统

根据畜舍长度和宽度设计平板斜坡粪沟，电机和集粪池位于畜舍一侧。粪沟宽度为1. 20~3. 00m，粪沟底部水平设置，不应设计纵向坡度和横向坡度，粪沟深度0. 50~0. 80m。集粪池位置设计根据整场场区内集污线路布局而定（图5-9）。

平板式自动干清粪系统是基于粪尿不分离的原则设计。猪尿液及水随着刮板与粪便一起清出舍外，属于粪尿混合清粪模式，粪便含水率会比较高。因此，该类型仅适用于生产末端配套有固液分离设施或沼气发酵处理工程的养殖场。

图5-9　单向斜坡粪沟剖面

2. “V”形斜坡自动干清粪系统

粪道在横向呈“V”字形结构，坡度为10%。在粪道下方埋设有导尿管，导尿管上部开有细长孔，“V”形斜坡剖面如图5-10所示。尿液透过漏粪板到“V”形坡面之后流入中间的导尿管中。导尿管及粪道纵向坡度3‰~6‰。铺设导尿管用砂浆固定，保证导尿管在地沟中间位置；沟内回填，做沟底碎石垫层；浇注垫层，磨平，保证粪沟池底平整光洁。刮粪机刮粪方向与尿液排放方向相反，刮粪板如图5-11所示。两个地沟为一个循环，刮粪设备向一边运行时刮粪，向另一边运行刮尿（漏尿管内刮片随刮粪板角度翻转），实现粪尿分离。

"V"形斜坡自动干清粪系统固液分离彻底，清出粪便干燥，污水中污染物浓度低，减排效果明显。粪沟的自然坡面与集污管道的纵向坡度设计，实现粪与尿的自流式分离。同时，刮粪板中嵌入导尿管中的圆形插件（图5-12），随着刮板的往复运动及时清除了漏入沉积在导尿中粪渣，有效防止导尿管堵塞。该模式适用于配置堆肥工艺、厌氧好氧处理工艺设施的养殖场。

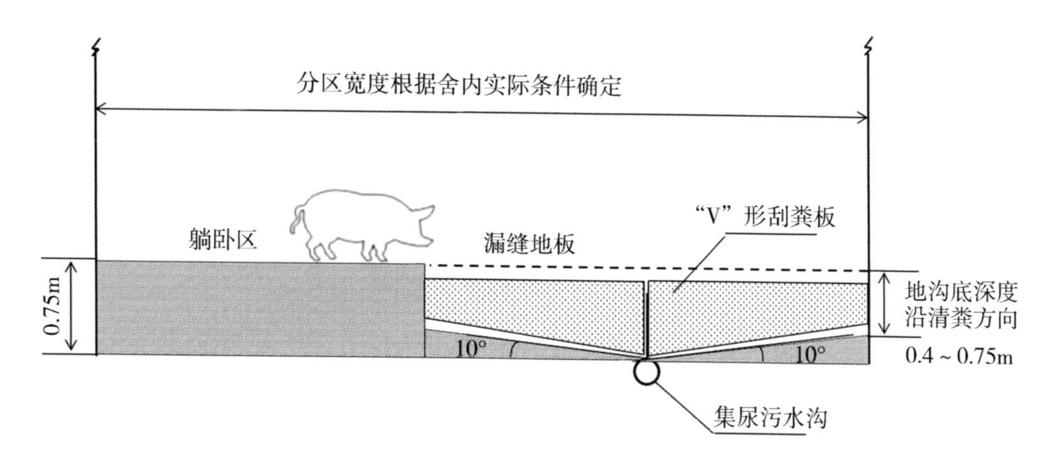

图5-10　"V"形斜坡粪沟剖面示意

图5-11　"V"形刮板

五、操作使用

自动清粪机在操作上可分为手动操作和自动操作两种模式，在手动模式下，可以根据粪道粪的多少随时开机进行清理；在自动模式下，则是通过调节控制箱内的时控开关来控制刮粪机运行的频率，无须人员去干涉，达到所预定的时间时，会自动对粪道内的粪进行清理。

每天刮粪次数可根据猪只排便规律设计，应不少于2次，切忌多天不刮，容易因积粪量太大而超出刮板负荷，造成牵引绳过载断裂。

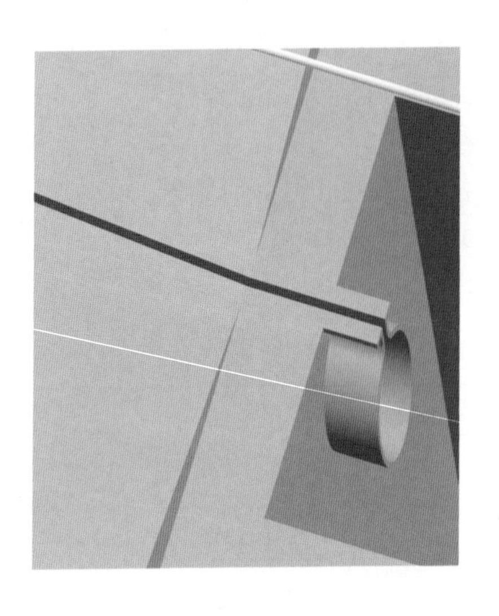

图 5-12　导尿管

第四节　粪污处理新技术

一、快速堆肥发酵技术

随着人民生活水平的提高，我国畜禽养殖业向着规模化、产业化方向发展，大型现代化畜牧场、养殖场不断出现，随之产生大量的畜禽废弃物，如不进行及时处理与合理利用，必然造成环境污染，影响人类健康与生态安全。我国畜禽粪便无害化和资源化利用比例仍然较低，主要原因是畜禽养殖方式的转变，务农劳力的转移，及肥料施用由有机肥为主转变为化肥占主导地位，导致畜禽粪便由宝变为废弃物，特别是畜禽粪含水量大、恶臭，使其处理、运输与施用都极为不便，更加剧了畜禽粪直接还田的难度，集中堆放而导致水体污染和大气污染等环境污染问题。直接施用会造成土壤营养比例失调、磷积累过剩、烧苗和有害病原菌微生物污染等。

通过添加作物秸秆或其他废弃物（如蘑菇渣、锯末等），利用快速发酵技术将其制成微生物活性较高的堆肥（图 5-13、图 5-14），一方面可以实现畜禽粪便无害化与减量化，另一方面对于减轻由于长期施用化肥造成的农村环境污染，增加土壤肥力，提高农业产量，发展绿色食品，也具有重要意义。此外，依照该技术生产的粗肥产品便于运输，品质可达到畜禽粪便无害化处理规范要求，可直接进行肥料化利用，也可用于进一步加工商品有机肥，实现畜禽粪便资源化，对农业资源节约、环境保护及可持续发展具有重要的现实意义。

目前，国内外畜禽粪便工业化发酵技术已经有了较好的发展，我国许多地方畜禽粪便堆肥已实现工厂化。但是，对于中小规模畜禽养殖场而言，通常不具备工厂化有机肥生产条件，新鲜粪便运输到其他有机肥加工厂也存在含水率高、恶臭严重、运输困难等问题。

图 5-13　添加辅料和菌剂

图 5-14　堆肥成品

（一）技术要点

1. 配料

以畜禽粪便为原料，木屑、秸秆、稻壳及菇渣等富碳废弃材料为辅料，按鲜重比（6~8）：1 或体积比 1：1 进行配料。控制混合物料含水率 50%~70%，容重 0.4~0.7t/m^3。畜禽粪便与辅料按配比要求充分混合，同时，可进一步添加促进发酵的微生物菌剂，并充分混匀。物料混匀后根据场地条件堆制成条垛。自然通风时，堆垛高度 1.0~1.5m，宽度 1.5~3.0m，长度依堆置场地而定。具备强制通风条件时，堆垛高度和宽度可适当增加，但均不宜超过 3.0m。

2. 高温无害化

经过 1~7 天的堆制，堆体经自然升温，温度将达到 45℃以上。保持发酵温度 45℃以上时间不少于 14 天，或发酵温度 50℃以上 7~10 天，以杀灭病原菌、虫卵和杂草种子，实现无害化。

3. 翻堆技术

堆肥进入高温期（>50℃）后开始翻堆，翻堆时务必均匀彻底，将底层物料尽量翻至堆体中上部，外层物料翻入堆体内部，以保证物料腐熟均匀。高温期（>50℃）翻堆频率不低于每 2 天 1 次，降温期（30~50℃）不低于每 7 天 1 次。为加快发酵速度，可根据条件适当增加翻堆频率。当堆体温度逐渐降低到 40℃以下，再次翻堆时温度无明显上升，物料含水率明显降低，则表明主发酵阶段结束。主发酵一般持续 14~21 天。

4. 物料腐熟

主发酵结束后，将物料倒仓至陈化区进行后腐熟，实现物料腐殖化与稳定化。后腐熟周期一般持续 21~28 天。后腐熟堆体大小依陈化区堆置场地而定，期间宜翻堆 2~3 次，促进物料均匀腐熟。堆体经一段时间的后腐熟，温度降低到室温，且不再明显变化，物料颜色呈棕褐色，质地呈疏松团粒结构，堆体不再吸引蚊蝇，产品气味接近森林腐殖土和潮湿泥土气息，则达到完全腐熟。达到腐熟要求的堆肥产品可根据 NY/T 1334《畜禽粪便安全使用准则》的规定进行农田利用。

（二）增产增效情况

该技术的推广应用将从根本上改善中小规模养殖场场区内粪便堆放造成恶臭污染与环境卫生问题，节约粪便堆放占地面积，降低土地使用成本。以 2 000头规模猪场为例，应用该项技术后，养殖场畜禽粪便粗肥产品年均净收益达 15 万元以上，同时可促进绿色、循环种养业发展。

注意事项：

（1）养殖场应采用干清粪工艺，避免畜禽粪便与其他污水混合。若采用水泡粪方式，则需经过粪便脱水处理后方可作为发酵原料。畜禽粪便含水率不宜超过 80%，粪便中不得夹杂有其他较明显的杂质。

（2）发酵辅料要具有良好吸水性和保水性，含水率应低于 20%，粒径不超过 5cm，不得夹带粗大硬块。条件受限时也可采用腐熟后含水率较低的腐熟粗肥产品作为辅料。

（3）发酵场区建议采用水泥硬化地面，顶棚防雨，减少渗滤液的产生，降低污染物渗漏风险。

（4）翻堆宜采用小型铲车或小型翻抛机等，设备型号根据养殖场原料与辅料处理量酌情选择。

二、猪粪密闭发酵技术

（一）工艺简介

在北京地区畜禽养殖场集中在城市近郊、周边可利用土地面积受限的特殊条件下，传统畜禽粪便处理方式已远远不能满足集约化生产要求。场内粪便滞留堆放普遍，污染养殖环境；种养脱节，还田途径不畅；而目前通用发酵工艺存在生产周期长、占地大，以及因开放空间受限，场内恶臭污染无法控制等不足。畜禽粪便密闭式好氧发酵处理技术的应用为以上问题的解决提供了可能途径。密闭式好氧发酵系统在发达国家得到广泛应用，我国在河南、广东等地已有应用。密闭式好氧发酵技术工艺包括通风、温度控制、无害化控制、堆肥腐熟等几个关键环节。

密闭式好氧发酵处理技术应用的成本投入主要包括发酵设备、配套基础设施和运行管理成本。根据市场调研，目前工艺较为成熟、应用较多的密闭式反应器是单体立式密闭堆肥反应器，在国内应用的主要为日本原装进口、我国台湾地区引进以及国内，设备技术方案基本相同。已在国内应用的单台反应器最大容量 86～100m^3，中小型反应器容量 20～60m^3。

以年存栏 5 000头规模的养猪场为例，年粪便产生量约 3 000m^3，宜选用 86～100m^3 反应器。该型号设备日本原装进口价格约 280 万元，国产价格约 160 万元。仓库等配套基础设施建设投入约 10 万元，运行成本约 12 万元/年。按设施折旧期 8 年计算，选用进口设备的总成本约 48. 3 万元/年，选用国产设备的总成本约 33. 3 万元/年。每年约可生产优质有机肥 1 000t，按市场售价 600 元/t 计算，收益约 60 万元/年。选用进口设备的投资回收期约 6 年，选用国产设备的投资回收期约 3. 5 年。

（二）堆肥品质

对 30 余个不同批次猪粪密闭式反应器试验及工厂化密闭式发酵堆肥产品进行理化指标分析，除部分样品水分略高外，堆肥初级产品各项养分、重金属指标均符合《有机肥料》（NY 525—2012）标准要求，其中氮磷钾总养分平均含量高达 9. 8%，高于标准值约 1 倍，属于优质有机肥产品。

（三）技术优势

与传统好氧发酵工艺相比，密闭式发酵堆肥工艺在 10～15 天的高温发酵周期内即可达到传统工艺 30～40 天的水分控制和腐熟效果，提效优势较为明显。另外，监测表明，密闭式发酵工艺过程经氨挥发途径的氮素损失比传统工艺降低 15%～20%；距离发酵反应器系统 10m 外的环境空气中氨气、硫化氢检测浓度均低于百万分之二；臭气经密闭系统收集与处理后，氨气总排放量可减少一半以上。

（四）应用前景

密闭式发酵工艺在提高处理效率、节省占地面积、减少二次污染方面优势较为明显，在北京地区畜禽粪便处理场地面积受限、环境质量要求较高的背景下，具备一定的应用前景。结合北京地区农业生产背景来看，第一，畜禽粪便经过微生物发酵分解有机物而获得高质量的生物有机肥，使畜禽粪便中的养分得以浓缩、稳定化和腐殖化，且有机肥的性状干燥稳定，便于运输，为实现畜禽养殖场周边过剩养分的远距离输出提供便利。第二，畜禽粪便在密闭式发酵处理过程中，除了没有固体和液体污染外，还可显著降低恶臭气体污染，在节约用地的同时，尽可能减少对周边环境的影响。第三，密闭式好氧处理工艺简单，生产管理相比密闭式厌氧发酵更为简便适用，二次污染风险低（图 5-15）。

图 5-15　密闭式发酵系统运行中

三、猪场饮水节水技术

目前，规模养殖场应用最为普遍的饮水器是鸭嘴式和乳头式饮水器。但监测数据表明，因猪只玩耍及饮水器压力过大等，造成的水量浪费占到猪场用水量的近 50%，大量饮水洒漏不仅增加了废污水产生量，带来后续污水处理压力增大，同时因清粪不及时造成舍内空气环境质量恶化。因此，在水资源极度紧缺的地区，推广使用节水型饮水器，发展节水型畜牧业十分必要。

该技术通过设计改进传统饮水器（图 5-16 至图 5-19），进行饮水器自动调节控制，从而达到节约用水、降低污染水量。当水位低于出水口时，系统进行自动补水；水位高于出水口则停止供水，使饮水器水位始终保持在一定水位，避免猪因戏水玩耍造成污水量增加，成为现代猪场不可缺少的重要养殖设备。猪用自动饮水器解决了传统饮水器在猪场养殖使用过程中水量较为浪费、污水量较大的疑难问题。

设计节水型饮水器，根据出水口水位，精确控制供水量，饮水碗安装位置及高度根据猪舍实际情况进行调控，实现自动控制，定额供应饮用水。数量设置以每 3~4 头育肥猪配一个小号饮水碗，8~10 头育肥猪配一个大号饮水碗，安装高度根据猪的生长阶段而定，距离地面高度：保育 25~30cm，育肥 35~45cm。改进传统猪舍现有的饮水器，根据实际情况安装节水型饮水器，调整饮水管线。日常应注意保证畜禽饮用水水质符合标准，特别是在饮用水中加药剂时，应注意过滤杂质，防止堵塞饮水碗。

节水生产技术的应用，可实现节水减排目标，若以年平均节水 50%来算，一个年出栏万头的猪场每年可节约用水 14 600t，约合 3. 36 万元，而相应的因节水减少污水处理成本约 7. 3 万元。宣传节水减排和循环发展理念，同时最大限度减少污染产排，为改善养殖环境、推进节水型畜牧业作出贡献。

图 5-16　饮水器浪费现象

图 5-17　节水型饮水器（1）

图 5-18　节水型饮水器（2）

图 5-19　节水型饮水器（3）

四、污水覆膜存储工艺

污水的覆膜存储与管灌技术属于新型研发技术，该技术在欧美等发达国家得到广泛应用，该技术具有施工简便、维护操作简便、无运行成本、雨污分离、减少氨挥发及还田利用畅通等技术优势。但目前应用实例还不多，具有广阔应用前景。

本工艺所设计的存储塘具有防渗、防蒸发的功能。如图 5-20 所示，存储塘由安全膜、报警系统、底膜及浮动膜（覆膜）等组成。此类存储塘构造符合丹麦农业建筑规范（103.04-30）。

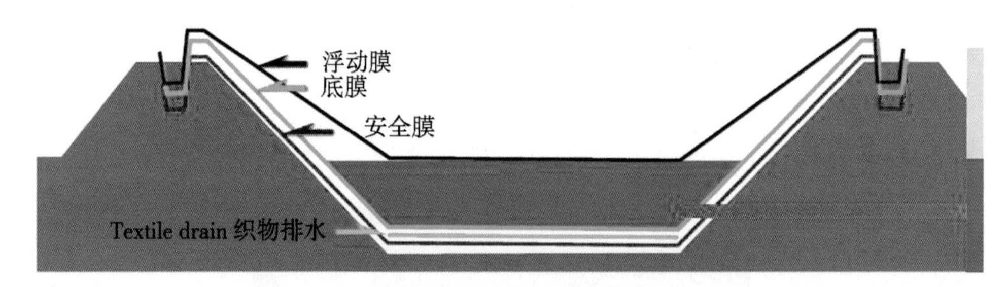

图 5-20　存储塘存储示意

固液分离后的液体部分存储在底膜和浮动膜之间的空间里，随着进入的粪污量不断增加，浮动膜会慢慢浮起。另外，在覆膜上设置有用于抽取雨水的排水泵，通过人工开启抽水泵能及时将雨水抽取出去。存储塘的覆膜在功能上具有如下优势。

（1）减少粪污中氨的挥发，减少对周围环境的影响，同时保持粪污中氮含量，有效保留粪肥中氮肥的肥效。

（2）能将雨水和粪污有效隔离开，减少因大量雨水造成粪污水量增大的成本，符合减量化要求，同时有效减少存储塘设计容积。

（3）由于存储塘有覆盖膜，因此能明显隔离粪污气味对猪场及周边环境的影响。

第六章　猪舍环境控制设备与装备

猪舍环境（主要指小气候因素）直接影响养猪的生产水平，这些小气候因素包括温度、湿度、气流、热辐射、光照、有害气体、粉尘、微生物、噪声等。其中，由温度、湿度、气流、辐射组成的热环境直接影响猪体热调节，进而影响猪群的生产性能。本章分别从猪舍的环境控制参数、供暖、通风和降温方面进行介绍，以便为猪场环境控制提供参考意见。

第一节　猪舍环境控制参数

一、猪舍温度控制参数

环境温度是影响猪群生产性能的首要温热因素，猪的生产潜力只有在适宜的外界温度条件下才能充分发挥，因此在养猪生产管理中，应有效控制舍内环境温度，以达到最佳生产效力。美国爱荷华州立大学 Jay D. Harmon 等（1995）研究总结了不同日龄猪的最佳环境温度，见表 6-1。

表 6-1　不同日龄猪最佳温度范围

猪周龄（周）或阶段	体重（kg）	最低温度（℃）	最高温度（℃）
出生		32.2	35.0
3	5.4	30.0	31.1
4	7.3	28.9	31.1
5	9.1	28.3	30.0
6	10.9	26.7	30.0
7	13.6	25.6	28.9
8	17.3	24.4	28.9
9	20.9	22.8	27.8
10	25.4	21.1	27.8
11	30.9	20.0	26.7
12	36.3	18.9	26.7
13	41.8	17.8	26.7

（续表）

猪周龄（周）或阶段	体重（kg）	最低温度（℃）	最高温度（℃）
14	47.2	16.7	26.7
15	52.7	15.6	26.7
16	58.1	14.4	26.7
17	64.0	13.3	26.7
18	70.4	13.3	26.7
19	77.6	13.3	26.7
20	84.9	12.2	26.7
22	97.6	12.2	26.7
24	109.0	11.1	26.7
26	118.0	11.1	26.7
哺乳母猪		15.6	23.9
妊娠母猪		12.8	26.7
公猪		12.8	23.9

中国《规模猪场环境参数及环境管理》（GB/T 17824.3—2008）中猪舍内空气温度和相对湿度的规定见表 6-2。

表 6-2　猪舍内空气温度和相对湿度

猪舍类别	空气温度（℃）			相对湿度（%）		
	舒适范围	高临界	低临界	舒适范围	高临界	低临界
种公猪舍	15~20	25	13	60~70	85	50
空怀妊娠母猪舍	15~20	27	13	60~70	85	50
哺乳母猪舍	18~22	27	16	60~70	80	50
哺乳仔猪保温箱	28~32	35	27	60~70	80	50
保育猪舍	20~25	28	16	60~70	80	50
生长育肥猪舍	15~23	27	13	65~75	85	50

适宜温度的具体范围，除了受猪的品种、日龄、生理状态决定外，也受到畜舍环境、饲养管理、气候条件等诸多因素的影响，其中，地面类型对猪的实感温度影响较大。研究发现，10cm 厚的垫草地面能够提高有效温度 4℃左右，多孔涂层地面升高温度 5℃，实板条地面则会使有效温度降低 5~10℃，此影响尤以仔猪最为明显。在不同的湿度下，猪的舒适温度也有不同，如对于生长育肥猪，在相对湿度为 40%时，28℃为其热应激危险值，但是当相对湿度变为 90%时，26℃即为热应激危险值。

在生产管理中，为了缓解环境温度对猪群生长的不利影响，通常在冬季产房和保育猪舍应做好防寒保暖和供暖。炎热的夏季对育肥猪舍和繁殖猪舍进行降温。在任何季节，猪舍均要通风。

二、猪舍通风参数

在猪舍建造中，温度与通风是密不可分的，猪舍通风量的大小将直接影响舍内环境温度。炎热的夏季，通风有助于猪体散热，对猪的健康和生产性能产生有利影响；冬季，气流会增加猪体散热量，从而加剧了冷应激。20 世纪 80 年代，美国的一些大学及农业部门的相关专家学者编著的《Midwest Plan Service Structures and Environment Handbook，1983》一书给出了不同季节各个阶段猪群所需的适宜通风量大小，见表 6-3，中国《GB T 17824. 3—2008 规模猪场环境参数及环境管理》对通风量参数的推荐值见表 6-4。Seedorf J 等（1998）对部分北欧国家的不同猪舍的通风量推荐值见表 6-5。

表 6-3　美国猪舍不同季节通风量推荐值

猪群	体重（kg）	通风量［m^3/（h·头）］		
		冬季	春秋季节	夏季
成母猪和产仔母猪	181. 6	34	136	850
断奶仔猪	5. 4～13. 6	3. 4	17	42. 5
保育猪	13. 6～34. 1	5. 1	25. 5	59. 5
育成猪	34. 1～68. 1	11. 9	40. 8	127. 5
育肥猪	68. 1～100	17	59. 5	204
妊娠母猪	147. 6	20. 4	68	255
公猪	181. 6	23. 8	85	510

表 6-4　中国猪舍不同季节通风量和风速

猪舍	通风量［m^3/（h·kg）］			风速（m/s）	
	冬季	春秋季	夏季	冬季	夏季
种公猪舍	0. 35	0. 55	0. 70	0. 30	1. 00
空怀妊娠母猪舍	0. 30	0. 45	0. 60	0. 30	1. 00
哺乳猪舍	0. 30	0. 45	0. 60	0. 15	0. 40
保育猪舍	0. 30	0. 45	0. 60	0. 20	0. 60
生长育肥猪舍	0. 35	0. 50	0. 65	0. 30	1. 00

表 6-5　北欧通风量的推荐值　［单位：m^3/（h·500kg）］

猪群	体重	冬季最小值	夏季最大值
育肥猪	200kg	50	500

（续表）

猪群	体重	冬季最小值	夏季最大值
断奶仔猪	20kg	100	1000
妊娠猪	100kg	50	500

由表6-3、表6-4和表6-5可知，猪的不同阶段中国、美国、欧洲的猪舍在冬季、夏季通风量都不同。猪舍内通风量大小直接决定了猪舍内各种有害气体和粉尘颗粒的浓度，通风量不足，会导致猪舍内有害气体和粉尘颗粒浓度过高，影响猪群的健康。猪舍内主要的有害气体是氨气等，氨气浓度过高时，可降低猪的黏膜系统的清除功能，使动物感染呼吸道疾病。粉尘颗粒主要是通过进入动物的呼吸系统来影响健康，长期浓度过高甚至会引起动物死亡。冬季温度较低时，猪舍需要调节合适的通风量。当通风量较高时，维持舍内温度所需的热量必然较高，整栋猪舍的耗能也高。具体中国不同阶段猪、不同季节通风量、不同清粪与养殖工艺和饲养管理方式下的环境适宜参数尚需要进一步研究。

第二节　供暖设备

一、仔猪特殊生理状况

初生仔猪毛稀皮薄，皮下脂肪少，消化器官和造血器官发育不够成熟，对环境的适应能力很差，对冷和湿特别敏感。当猪舍内温度低于仔猪所需要的温度，仔猪便会紧靠母猪腹部或者互相挤卧，因而容易发生母猪压死仔猪的现象。所以初生仔猪死亡率一般高达20%~25%，绝大多数死亡发生在出生后受冻、受压。为了提高仔猪成活率和猪场的生产效益，对初生仔猪的必要保暖措施必不可少。适宜的温度可以促进哺乳仔猪提早开食，增强采食能力，有利于仔猪健康生长。出生仔猪免疫力低，抗病力弱。适当温度的调控对提高仔猪成活率有很大影响，低温能降低仔猪的抵抗力，适宜的温度则能够降低疾病的发生。

对于刚出生头3天的仔猪适宜的局部温度为32~35℃，同时减小贼风、保证良好的通风也很必要，而母猪需要舍内温度一般18~22℃较为适宜，有垫草的母猪舍温度可以维持在16℃。初生仔猪局部位置越是能保证足够温暖和洁净，仔猪越能尽快找到躺卧区和增加存活的概率。饲养管理员需要降低仔猪热量流失以维持其体温，因此很有必要为仔猪提供热源，创造一个适宜的温暖环境，尽量使仔猪在某一特定区域活动，以减少被母猪挤压的概率，可以采取局部供暖的方法。保育仔猪适宜的舍内温度为20~25℃。

一般北方地区的哺乳猪舍和保育猪舍在常见的围护结构保温状况、饲养密度和通风情况下，为给仔猪提供适宜的温度，冬季均需要供暖。妊娠猪舍、育肥猪舍和哺乳猪舍若要维持冬季适宜的舍温，寒冷地区和严寒地区也需要供暖。气候温暖的地区或者寒冷地区有些猪场以猪显热产热量和较低的通风量为前提冬季不对妊娠猪舍和育肥猪舍供暖。是否需要供暖，在不考虑动物福利的前提下，主要需要猪场从供暖的代价与猪舍温度升高节省的饲料和生产性能及猪的健康方面综合考虑。

二、供暖方法

供暖方法有加热灯照射、电加热垫、地暖、风机盘管、翅片管散热器和暖气片供暖方法或者几种方法的综合。下面对几种方法进行介绍。

1. 加热灯加热

为给分娩栏的仔猪局部加热，常用红外线加热灯（图 6-1）。加热灯传统上通过辐射加热，额外提供热源。这种灯外面有一个耐用的金属外罩，外罩内部有保护作用的金属丝，环绕在红外线灯泡周围。一般要求加热灯可以移动，在母猪产仔时加热灯放置在母猪尾部位置，仔猪出生后可以固定在仔猪保温箱的特定位置，为仔猪创造一个温暖的环境。红外线的照射，不仅对仔猪体表加热，而且能穿透皮层，促进新陈代谢。在温度较低的畜舍，给仔猪区加热可用 250W、175W 和 150W 等灯泡。加热灯的放置方法见图 6-1。

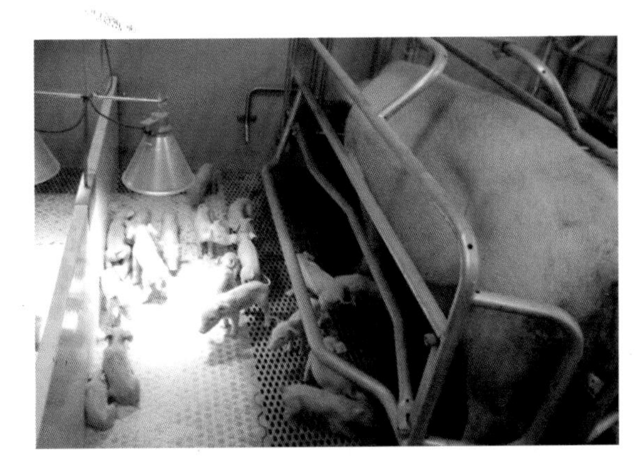

图 6-1　仔猪局部加热用加热灯（无盖板）

由于加热灯是一个潜在的火源，安装和使用应特别加以注意。灯应挂在链上（图 6-2），以防止在灯松脱或电线断裂情况下灯落在猪床上。电线的长度应比地板至天花板的高度少 30cm。加热灯应安装在仔猪区以上 50cm 处。在中国加热灯一般配置仔猪保温箱。仔猪需要的局部温度随着日龄的升高应逐渐降低，仔猪保温箱增加温度调控措施可以节约加热灯电能约 21.7%。

由于仔猪体弱，平衡体热的机能还未发育健全，对仔猪实行局部供热情况下要特别注意防止发生贼风的问题。

加热灯的不足之处就是灯泡使用寿命一般较短，在 1 000h左右，因此哺乳期间需要经常更换。由于这种灯在使用过程中的损耗，如果晚上饲养员不在的情况下灯泡坏掉，这意味着仔猪会在未加热升温的环境下生活数个小时，这常会引发仔猪一系列健康问题，甚至会受寒死亡。加热不均匀，不能贮存热量，但加热灯是所有可用装置中成本最低的。除此之外，加热灯接通简单，可以便利地安装在栏舍之中。

图 6-2　仔猪局部加热用加热灯（带盖板）

2. 加热垫加热

除了使用加热灯，额外加热也可使用加热垫（图 6-3）。随着温度的升高，加热垫中的缝隙会防止温度聚积，这使加热垫的温度维持在一个恒定区域。加热垫主要用电加热。电加热垫可以在水泥地面或者板条地面上使用。这些产品必须经久耐用，卫生，耐热且易清洗。制造商根据哺乳箱形状以及每窝仔猪数、大小不一制作加热垫。不同两窝仔猪数需使用同样大小加热垫，这样的话需稍微调整仔猪数。加热垫面积足够大，热量分布均匀，仔猪就不会窝在一堆。许多加热垫有可调节的恒温控制，饲养管理员可根据仔猪周龄增长逐渐下调温度。

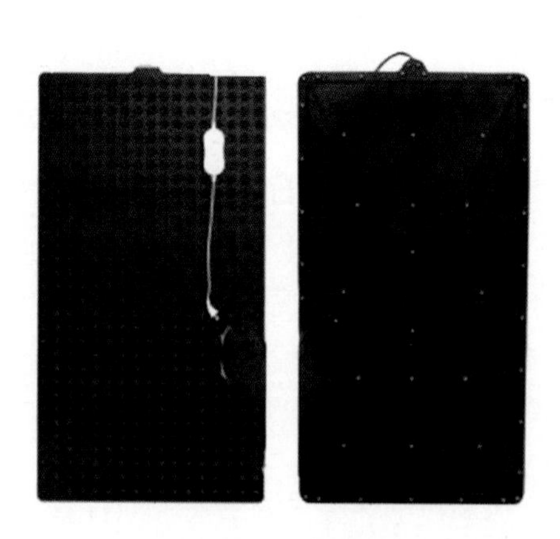

图 6-3　电加热垫

加热垫的优点是能量有效性高。和加热灯相比，加热垫耗电量至少降低 50%。因此，尽管安装加热垫的造价较高，但整个过程使用下来加热垫耗费要少得多。此外，加热垫还有一个优点就是使用寿命可长达 15 年，还没有哪一种加热灯泡可取代它。加热垫的缺点就是它无法固定在任何一种基底材料上。

需考虑的问题是在仔猪出生第 1 周保持一个适宜的生活环境，对仔猪生产健康及断奶非常有必要。任何条件下仔猪饲养都需要额外加热，最关键的是要找到适宜的方法。最初的花费可能考虑得比较多，但是根据生产规模可以在后期过程中节约出来，这也是完全值得的。首要目的是仔猪供暖，因此每种设备的效率需要考虑。加热垫和地暖在节约用电方面比较占优势。除了这几种方法，在产仔和最初几天可用加热灯。猪舍正在更新换代，不管是改善猪舍的实用性还是修建新栏舍都要仔细考虑加热方法。正确评估改变仔猪供暖方法能否提高生产效率，会使每个饲养场都受益匪浅。

3. 地暖加热

地板加热是给仔猪提供温暖而干燥的地板，因而可以免去或少用铺草。在一般情况下，地板加热应当是可以调节的。仔猪舍地面温度为 30~35℃。分娩猪舍地面温度约为 35℃。其他猪地面温度以 25~30℃为宜。地面供暖可以采用热水地暖，也可以采用加热电缆。

一种地暖是热水地暖（图 6-4）。其施工做法为（从上至下）：

20mm 厚 1∶2. 5 水泥砂浆；

水泥浆一道（内掺建筑胶）；

60mm 厚细石混凝土（上下配置 Φ3@ 50 钢丝网片，中间配置散热管，上层网系防止地面开裂用，下层网系固定热水管用，固定时用绑扎或专用塑料卡具）；

散热管 Φ20mm@ 200mm；

0. 2mm 厚真空镀铝聚酯薄膜（铝箔）；

40mm 厚挤塑板（保温层密度大于 $20kg/m^3$）；

1. 5mm 厚聚氨酯防潮层；

20mm 厚 1∶3 水泥砂浆找平层；

（约 250mm 厚 C15 混凝土垫层），保育仔猪高床时选用；

猪舍原有地面或基层。

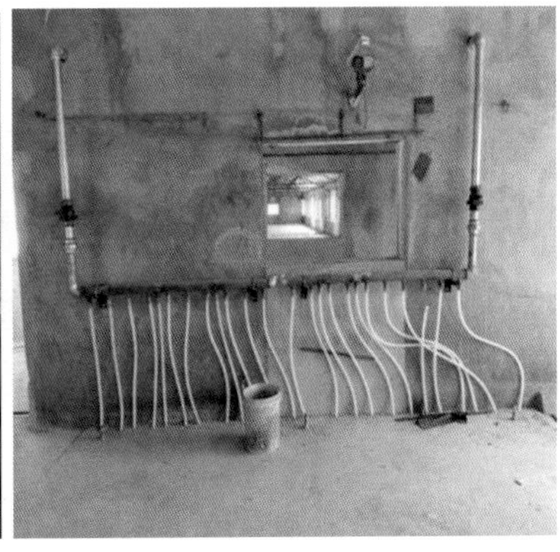

图 6-4　保育猪地暖（水暖）

另一种地暖方法是电地暖。电热地暖加热的特点是加热均匀，能够贮热，但启动时间长。电热可以避免冻结问题，而且也容易实现单栏控制。

根据中华人民共和国行业标准《辐射供暖供冷技术规程》（JGJ 142—2012），在地暖铺设过程中，金属网网眼不应大于 100mm×100mm，金属直径不应小于 1.0mm，每隔 300mm 将加热电缆固定在金属网上；当铺设间距等于 50mm，且加热电缆连续供暖时，加热电缆线功率不宜大于 17W/m，当铺设间距大于 50mm 时，加热电缆线功率不宜大于 20W/m。在实际施工过程中，所选电缆线功率为 18W/m，铺设间距为 70mm，符合行业标准。由于保育猪断奶应激比较活跃，对地面进行破坏，随后在地面 50mm 水泥回填基础上，加 40mm 厚细石混凝土地面修复改造，施工参照《细石混凝土地面施工工艺标准（704—1996）》。一般建议电地暖的温度探头埋置在水泥地面内，距离水泥地面表面 25.4mm，距离加热电缆 50.8mm。有了温度探头，配置上温控器就可以对电地暖进行温度控制。电地暖施工图如图 6-5 所示。

图 6-5　保育猪地暖（电地暖）施工

4. 仔猪覆盖区

覆盖区可以给仔猪们提供温暖的区域，如仔猪保温箱和仔猪局部顶板，如图 6-6 所示。

图 6-6　仔猪保温箱和仔猪区覆盖顶板

塑料或者木质覆盖物可以买到。覆盖范围根据设计要求决定，可以只有顶部这一面，也可以包括顶部和侧面。所用的材料需仔细考虑。让仔猪待在覆盖物之下，可以保护仔猪不遭贼风。但是为防止呼吸问题，通风设备也必须考虑。保持覆盖物的干净也是一个问题，因此需花更多工时进行清洁。

5. 风机盘管、翅片管散热器和暖气片

猪舍内供暖方式还有风机盘管、翅片管和普通暖气片供暖方式，如图 6-7 所示，在配置各种末端供暖设备时，需查询各种末端供暖设备的详细参数并结合猪舍理论热负荷配置。

图 6-7　风机盘管供暖和翅片管散热器供暖

第三节　供暖能源

2017 年发布的《京津冀及周边地区 2017 年大气污染防治工作方案》将北京市、天津市、石家庄等“2+26”城市列为北方地区冬季清洁取暖规划首批实施范围，这些地区将禁止燃煤供暖，猪场也需禁煤供暖。因为目前燃煤供暖仍为比较便宜的能源，在非禁煤地区的猪场，还是以燃煤供暖为主，而在禁煤供暖的地区，将需要煤改电或者煤改气供暖等。

一、煤改电供暖

煤改电供暖主要包括空气源热泵供暖、土壤源热泵供暖、水源热泵供暖、太阳能联合电供暖、直接电供暖等。

1. 空气源热泵供暖

空气源热泵是根据逆卡诺循环原理工作的。热泵系统是通过电能驱动压缩机做功，利用空气中的热量作为低温热源，使吸热工质产生循环相变，经过系统中的冷凝器或蒸发器进行热交换，将能量提取或释放到水中的一个循环过程。众所周知，空气源热泵受环境温度、气候的影响大，随着温度的降低，机组制热量随之衰减，尤其是北方冬季极端恶劣天气。但空气源热泵的技术也在不断提升和改进，在普通空气源热泵的基础上增加了“喷气增焓”系统，在环境温度大幅下降时制热量衰减极小，充分保证制热效果，机组在-25℃可以正常运行，能效比高达 2.0 以上，此机组称为“超低温空气源热泵机组”。空气源热泵具有安装及拆卸简单、直接安装在室外不需要配置设备房建等优点，在北方地区供暖中得以大面积使用。为提高使用效率，在使用空气源热泵对猪舍供暖时需要提前了解空气源热泵的特性及运行控制方法。

空气源热泵采暖系统一般采用空气源热泵机组+地暖方式。其整套系统包括：空气源热泵主机、蓄热水箱、水处理系统、电控系统、循环系统、连接管路及室内地暖管部分。也可以将地暖变更为风机盘管，但是风机盘管供暖时舍内设计温度应较地暖供暖设计舍内温度提高 2℃。空气源热泵机组从其用途区分，有热水机、冷暖机、采暖机、制冷机。图 6-8 为冷暖两用机和采暖机。

图 6-8　冷暖两用和单独供暖用空气源热泵

供暖设计时空气源热泵的选取按照猪舍热负荷，选择供暖地区设计供暖室外温度时空气源热泵的制热量，如北京地区设计供暖室外温度-7.6℃，可以选择空气源热泵工况干球温度为-7℃（A-7℃A-8℃/W9～55℃）时的制热量：型号 WBC-19.5H-A-S（BC-L1），制热量 11.2kW/台；或者型号 WBC-39.5H-A-S（BC-L1），制热量为 22.5kW/台。表 6-6 为超低温空气源热泵机组参数。

表 6-6　超低温空气源热泵机组参数

产品型号			WBC-19.5H-A-S（BC-L1）	WBC-39.5H-A-S（BC-L1）
型号说明		匹	5	10
A20℃A15℃ W15～55℃	制热量	kW	19.5	39.5
	输入功率	kW	4.51	9.08
	输入电流	A	7.52	15.13
	COP 能效比		4.32	4.55
A7℃A6℃ W9～55℃	制热量	kW	15.5	30.5
	输入功率	kW	4.36	9.01
	输入电流	A	7.27	15.02
	COP 能效比		3.55	3.38

（续表）

产品型号			WBC-19.5H-A-S（BC-L1）	WBC-39.5H-A-S（BC-L1）
A2℃ A1℃ W9～55℃	制热量	kW	14.5	29.0
	输入功率	kW	4.25	8.66
	输入电流	A	7.09	14.43
	COP 能效比		3.41	3.35
A-7℃ A-8℃ W9～55℃	制热量	kW	11.2	22.5
	输入功率	kW	4.04	8.30
	输入电流	A	6.73	13.84
	COP 能效比		2.78	2.71
A-15℃ A-16℃ W9～55℃	制热量	kW	10.1	16.1
	输入功率	kW	4.72	7.96
	输入电流	A	7.86	13.27
	COP 能效比		2.15	2.02
最大输入功率		kW	6.8	13.6
最大输入电流		A	11.3	22.7
电源		V/PH/Hz	380V/3PH/50Hz	380V/3PH/50Hz
环境温度		℃	-25～45℃	-25～45℃
循环水量（温差5℃）		m^3/h	3.35	6.80
额定产水量		L/h	420	850
水侧压力损失		kPa	40	80
额定出水温度		℃	55	55
最高出水温度		℃	60	60
水管接口		inch	G1″	G1.5″
水泵数量		台	无	无
压缩机数量		台	1	2
风机数量		台	1	2
噪声		dB（A）	60	65
主机尺寸（L/W/H）		mm	820/820/1160	1570/820/1350
包装尺寸（L/W/H）		mm	840/840/1275	1590/840/1465
净重/毛重		kg	140/154	275/305

注：①以上参数为标准工况：干球温度20℃，湿球温度15℃，进水温度15℃，热水温度55℃时测得。

②本产品适用于-25～45℃的环境温度下使用。

③机型、参数、性能会随着产品的改良有所改变，具体参数以产品铭牌为准。

2. 地源热泵供暖

地源热泵供暖分为土壤源热泵和水源热泵供暖。这两种供暖方式的机组均为热泵机组，热泵工作原理与空气源热泵类似。但是土壤源热泵和水源热泵的能源来源分别为少量电力驱动的从土壤和水中获取的更多的能量。地源热泵机组见图 6-9。

图 6-9　地源热泵机组

3. 太阳能联合电供暖

太阳能供暖是减少化石能源消耗最有效的方法之一。与直接电供暖方式相比，太阳能辅助供暖可以不同限度地降低供暖运行成本，大多数研究是太阳能辅助其他清洁能源供暖。目前有猪场采用太阳能联合燃煤供暖、太阳能联合电供暖和太阳能联合地源热泵或空气源热泵供暖。图 6-10 为太阳能联合燃煤供暖和联合电供暖。

图 6-10　太阳能辅助其他能源供暖

二、液化天然气供暖

液化天然气（LNG）为压力 0.1MPa、温度-162℃条件下液化的天然气，主要由甲烷含量为（90%~98%）及少量的乙烷、丙烷、丁烷及氮气等惰性气体组成，其体积是气态时体积的 1/600，密度为 426kg/m^3，燃点为 650℃，爆炸极限为 5%~15%。一般情况下，1t LNG 体积约为 2.19m^3，气化后体积 1 470m^3。不同厂家 LNG 的气化率不同，一般 1kg 气化率为 1.2～1.5m^3。1kg 的 LNG 的燃烧热值约为 50MJ。

猪场一般分布在远离城市的地区，城市管道天然气难以达到，如果需要使用天然气，需要使用 LNG。LNG 可以大大节约储运空间，可以为猪场提供能源供给。它的特点和优点在于：储存效率高、占地少、使用方便；有利于环境保护，减少城市污染排放，是一种清洁燃料。随着我国对各种能源需求的不断增长，使用 LNG 将对能源结构起到优化作用，可解决能源在生态环保和安全供应上的突出问题。

LNG 供暖时，LNG 为能源，一般需要配置燃气锅炉。《北京市锅炉大气污染物排放标准》规定实施之日起至 2017 年 3 月 31 日，新建的，氮氧化物排放必须低于 80mg/m^3，在用的必须低于 150mg/m^3；自 2017 年 4 月 1 日起，新建锅炉必须低于 30mg/m^3，在用的必须低于 80mg/m^3。

当储罐小于 $2\times10^4m^3$时，LNG 储罐材料用金属罐。储罐的内壁材料一般选用耐低温的金属，目前多采用 9%镍钢或铝合金、不锈钢，外壁材料为不耐低温的碳钢。储罐一般需在四周建造防火（溢）堤，以便在液化天然气泄漏时控制其扩散。

一般大规模猪场使用的 LNG 供暖方式系统见图 6-11。

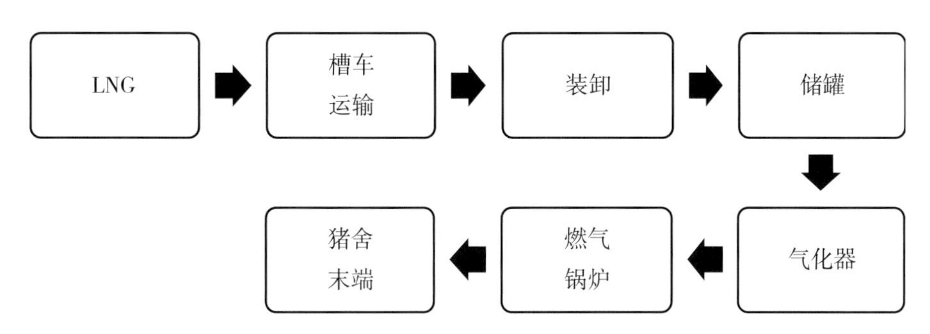

图 6-11　大规模猪场 LNG 供暖系统

大规模猪场 LNG 储罐和 LNG 供应有两种模式：①LNG 储罐和 LNG 供应为不同厂家，储罐投资、LNG 按照当时购买的吨位收费。②LNG 储罐和 LNG 供应为同一厂家，按 LNG 或者气体计量收费。1 槽车 LNG 20t 左右。大规模猪场的 LNG 供暖储罐和气化器见图 6-12。

小规模猪场使用 LNG 供暖时经常为 LNG 供应商使用自己的小容量罐子运输给猪场，罐子内的 LNG 用完供应商再给更换装有 LNG 的罐子。小规模猪场 LNG 供暖系统图见图 6-13。

小规模猪场 LNG 瓶装规格：每瓶 80kg，200kg，LNG 气化后按照计量表收费。小规模猪场的 LNG 气化器、计量表和燃气锅炉见图 6-14。气化器接小的 LNG 罐子，非供暖季节，小的 LNG 储气罐由供应商撤走。

第四节　通风与空气过滤设备

猪舍的通风换气是影响猪只生产性能和养殖场的经济效益的关键因素。猪舍在构造上必须提供空气持续交换的条件，一是为猪提供新鲜空气；二是排出气体的同时带出过

图 6-12　大规模猪场的 LNG 供暖储罐和气化器

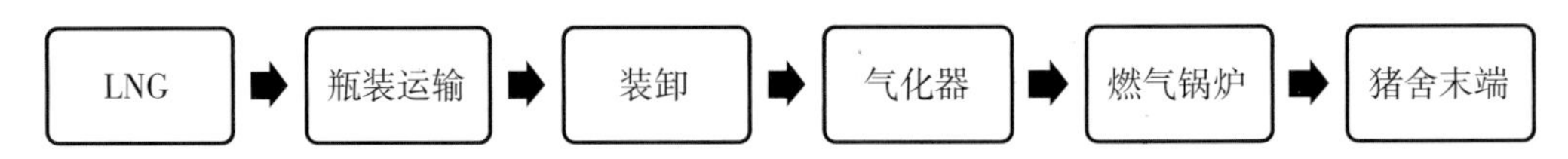

图 6-13　小规模猪场 LNG 供暖系统

图 6-14　小规模猪场 LNG 供暖气化器、计量表和燃气锅炉

量的二氧化碳、水蒸气以及其他有害气体，也即为通风的过程。

猪只在不断吸进新鲜空气的同时，会呼出二氧化碳、水蒸气等废气。同时，随着舍内的粪尿不断的集聚，会释放出氨、硫化氢等有害气体，还会通过猪的皮肤不断散放热量。因此，如果不对猪舍采取一系列通风措施的话，会使猪舍小气候变差严重影响猪的生产性能，而通风换气具有在高温地区或季节通过加大气流促进畜体的散热使其感到舒适，以缓和高温对家畜的不良影响的作用；也可以排出畜舍中的污浊空气、尘埃、微生物和有毒有害气体，防止畜舍内潮湿，保障舍内空气清新，在畜舍密闭的情况下作用更为明显。在持续进行通风过程中，舍内和舍外还进行热量交换，因此也要平衡好寒冷地区保暖和通风的矛盾。

一、常见通风方式

我国猪舍的建筑型式（密闭式、开放式和有窗式）和通风方式因不同地区、不同气候条件而多种多样。按照通风的动力，可分为自然通风和机械通风。机械通风又可分为正压通风、负压通风和零压通风三种。按照舍内气流组织方向，又可分为横向通风和纵向通风两种。横向通风的气流与畜舍长轴垂直，纵向通风气流和畜舍长轴平行。一般密闭式畜舍都采用机械通风，开放式和有窗式畜舍大多采用自然通风。北方寒冷地区猪舍多为有窗式，长江流域的猪场繁殖舍采用有窗式，其他舍多为敞开式，我国南方如湘、粤、海南等地各种猪舍一般都采用敞开式。

研究表明，采用猪舍人工调控通风的方式和利用猪舍自身的建筑结构通风相比，前者对肥育猪场环境状况的影响更为显著，尤其是舍内 NH_3、CO_2浓度变化显著。不论夏季还是冬季都建议打开窗户通风，这种方式虽然不利于冬季舍内温度的累积，但舍内相对湿度、NH_3、CO_2浓度显著下降，有利于提高动物的生产性能和改善动物健康状况。

（一）自然通风

1. 通风原理

自然通风（图 6-15）又称为重力通风或管道通风，是指依靠自然界的风压或热压促使空气流动，同时通过畜舍外围护结构的空隙进行的空气交换。其原理是，舍内空气温度高于舍外空气，所以其密度小于舍外空气，因而具有向上运动的浮力。舍内温热空气在浮力的作用下，向上经排气管道排出，新鲜空气经进气口进入舍内以补充废气的排出。在冬季，由于舍内外温差最大，通风能力也最大，为了保证舍内温度的保持，要求的换气量最小，因此须设置调节挡板进行调节。

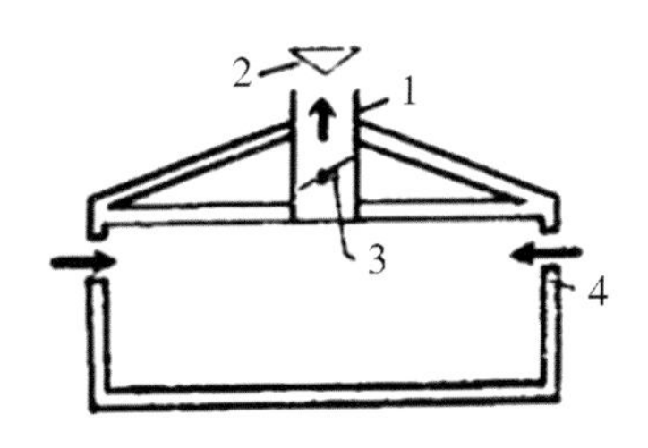

图 6-15　装有通风管道的自然通风

1. 排气管道；2. 风帽；3. 调节挡板；4. 进气口

自然通风的缺点是：受舍内外气温条件变化的影响较大，对家畜换气量的要求不能很好地满足，特别是在舍内密集饲养情况下，更难以满足通风换气要求。

2. 自然通风常用设备

只要有风，就有自然通风现象。风压通风量的大小，取决于风向角、风速、进风口和排风口的面积；舍内气流分布取决于进风口的形状、位置及分布等。

（1）通风管。通风管断面有正方形或圆形。相关注意事项如下。

①制作要求：正方形的每边宽度应不小于500~600mm；圆形的直径不小于500mm。

②为了防止因风力过大而不能进行有效的通风，风管一般要高出房脊 0.5m 以上，

③为防止水汽在管道上部冷凝造成结冰或滴水，在管道外面缠以草绳、毛毡一类隔热材料；或者砌成双层管壁，在壁间填以炉灰渣、锯末等保温材料。管道最好设置在畜舍最高处或离进气口最远的地方，也可考虑设置在粪便通道附近，以便排出污浊空气。

④通风管道的总断面积可按下式计算：

$$S=\frac{W}{3\ 600V}$$

式中，S——所有风管的总断面积，m^2；

W——猪舍每小时的换气量，m^3/h；

V——空气通过管道的流动速度，m/s。

通风管的数目：

$$n=\frac{S}{a}$$

式中，n——通风管数目；

S——通风管总断面积，m^2；

a 表示一个通风管的断面积，m^2。

对于不同的猪群和饲养密度而言，通风管的总断面积不同。可参考表 6-7 当中的经验数值。

表 6-7　通风管总断面积

猪只种类（头）	面积（cm^2）
母猪	150~175
断奶幼猪	25~40
育成猪	45~60
育肥猪	85

（2）风帽。为了防止雨雪进入管道，应该装风帽于通风管的上端，并起阻止强风妨碍排气的作用。图 6-16 表示四种形式风帽的示意图以及各种风帽效果的对比。

（3）空气进口。空气进口用来向畜舍通入空气，它的位置、构造和调整，是影响自然通风效果的关键因素。空气进口有通孔及缝孔两种形式，如图 6-17 所示。

①通孔式空气进口［图 6-17（a）］设在窗间的墙上，在外面有挡风护罩 1，在里面有盖板活门 2。活门的作用，一方面将进来的冷空气引向上方，使之和舍内温热空气混合，并且进行预热，因而避免家畜直接接触冷空气而患病；另一方面可以调节进入的空气数量。每个通孔式进气口面积不大于 400~450cm^2。

②缝孔式空气进口。图 6-17（b）由设在天棚和纵墙接合处的开口 1 和天棚上的缝孔空气进口 2 组成。在建造畜舍时，应预先留出开口。新鲜空气由开口或天窗进入天棚上面的空间，稍加预热，再通过缝孔进口进入舍内，在畜舍四周形成一比较干燥温暖的空气围层，空气进口的断面积必须合适，开口尺寸一般为 40cm×20cm，间距为 2~4m。

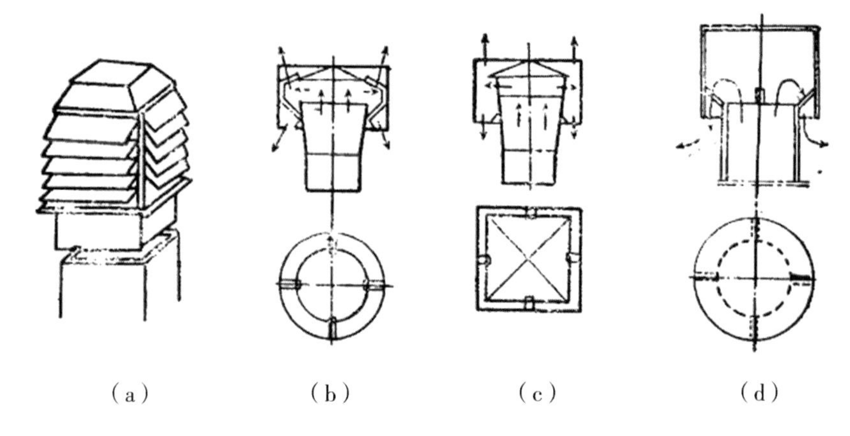

图 6-16　各种形式的风帽

（a）百叶窗式：百叶窗式风帽构造简单，缺点是在冬季容易被冰雪堵塞；

（b）圆形：通风效果良好；

（c）方形：通风效果良好；

（d）罩式：下边缘伸至管道口以下 3~5cm，起到很好的挡风及防雨雪的作用。

如果太小会限制空气进量，迫使空气以较高速度进入畜舍，使舍内局部形成贼风；太大则会使空气进入的速度缓慢，致使冷空气和舍内温热空气的混合作用降低。经验表明，空气进口总断面积等于通风管总断面积的 80%~85%是适宜的。

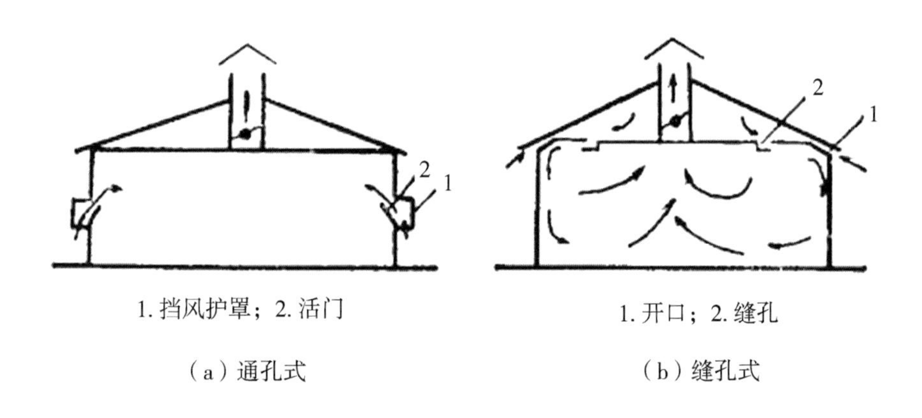

图 6-17　自然通风设备空气进口形式

（二）机械通风

通风原理：机械通风又称为强制通风，依靠风机强制进行舍内外空气的交换。其优点是，可以控制通风机使换气量经常地最适宜地满足不同气候、地区差异和大型密闭式畜舍的通风要求。

1. 常用设备

（1）通风机。通风机为机械通风系统最主要的设备。畜舍常用通风的通风设备应具有一些共同点：较高抗腐蚀性能；为了避免覆盖灰尘会使电机过热，通风机的电动机应采用全封闭式电机尤其用于排气通风系统的电机；电动机应具有超载保护装置；通风机进风口应设置可调节的挡风门（或防倒风帘）；采用密封式轴承能够减轻机械维护和增加使用寿命；应装铁丝网护罩，以防人员受伤和鸟兽接近。常见有轴流式和离心式两种形式。

①轴流式通风机。在畜舍通风要求较小压力和较大空气流量的情况下，大多使用轴流式通风机。轴流式通风机由外壳和叶片组成［图 6-18（a）］，它所吸入和排出的空气的流向和风机叶片轴平行。为了保证所需要的风量和压力，通常应用不少于 4 个叶片的轴流式通风机。轴流式风机的叶片旋转方向可以逆转，气流方向随旋转方向改变而改变，而通风量不减少；通风时所形成的压力低于离心式风机，但输送的空气量却比离心式风机大很多，所以送风和排气两者兼用；此外，轴流式风机还具有压力小、噪声较低的特点，除可获得较大的量，节能效果显著以外，风机之间整个进气的气流分布也较均匀。轴流式通风机的位置应躲开门及窗，在可能的情况下装在畜舍的南边或东边，要避开盛行风。

②离心式通风机。离心式通风机适用于较高压力而送风距离较远的情况，一般空气输送管道贯穿猪舍全长或者半栋猪舍。离心式风机运转时，通过叶片的工作轮转动时所形成的离心力气流被带动。故进风方向和叶片轴平行，离开风机时变成垂直方向。这个特点与通风管道 90°的转弯相适应。

离心式通风机构造包括叶轮、蜗牛形外壳、轴承座、轴和传动皮带轮等部分［图 6-18（b）］。空气从进风口进入风机，由旋转的带叶片的工作轮所形成的离心力作用，流经工作轮而被送入外壳，然后再沿着外壳经出风口送入通风管中。离心式风机不具逆转性、压力较强，在畜舍通风换气系统中，多半在送热风和冷风时使用。离心式通风机按风压可分为：低压（压力≤100mm 水柱）（$1mmH_2O=9.81Pa$。全书同），中压（压力在 100~300mm 水柱之间）和高压（压力>300mm 水柱）3 种形式。用于畜舍通风的则较多使用低、中压形式，只有在大跨度畜舍采用集中通风的系统中才选用高压形式。

除上面介绍的两种常用通风机外，在猪舍内还可以装置循环轴流风机，在墙上每隔 15~20m 设置一台。这样能增强舍内空气循环流通，特别是在冬季可改善空气分布，有助于使各墙角干燥和加热，而在夏季适宜的流动空气绕过畜体，会使家畜感到凉爽舒适。在进气通风系统中，由于在离进气风机大约 6m 以外的地方，难以发生空气的直接混合作用，所以进气风机的间隔应安置在 6m 以内。

（2）空气进口和出口。在机械通风情况下，空气进口与自然通风相似。机械通风系统中，常用缝孔式和管道式两种进气口。缝孔式进气口是沿畜舍长度设置，设在屋檐下或设在台中央。冬季空气进口将天棚上面的新鲜空气引入畜舍，可以利用太阳晒热屋顶的预热作用。夏天空气进口是在热天打开，以便进入大量新鲜空气。

2. 机械通风的方式

（1）如果按畜舍内气压变化分类，机械通风系统则可分为正压通风、负压通风和

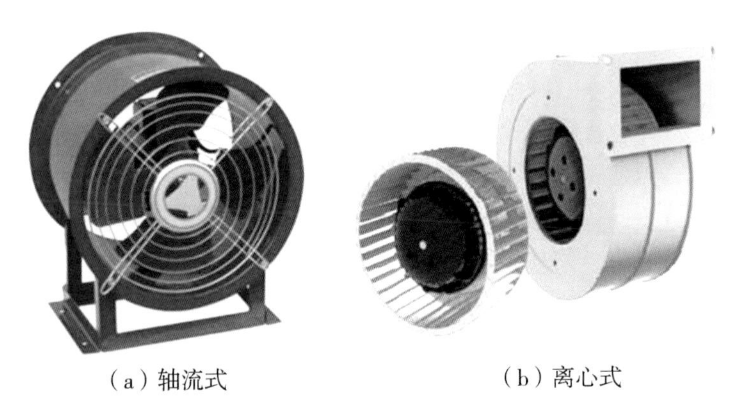

（a）轴流式　　　　（b）离心式

图 6-18　轴离心式风机

联合式通风系统 3 种。

①正压通风。正压通风又称为进气式通风或送风，是指通过风机将舍外新鲜空气强制送入舍内，使舍内气压增高，舍内污浊空气经风口或风管自然排出的换气方式。正压通风的优点在于可对进入的空气进行加热、冷却以及过滤等预处理，从而可有效地保证畜舍内的适宜温湿状况和清洁的空气环境。在严寒、炎热地区适用。但是这种通风方式比较复杂、造价高、管理费用也大。根据风机安装的位置又有单侧壁送风、双侧壁送风和屋顶送风等形式。

猪舍正压通风一般采用屋顶水平管道送风系统，即在屋顶下水平敷设通风孔的送风管道，采用离心式风机将空气送入管道，风经通风孔流入舍内。

②负压通风。负压通风又称为排气式通风或排风，是指通过风机抽出舍内空气，造成舍内空气气压小于舍外，舍外空气通过进气口或进气管流入舍内。畜舍通风多采用负压通风，因其比较简单、投资少、管理费用也较低。负压通风根据风机安装位置可分为两侧排风式、屋顶排风式、横向负压通风和纵向负压通风。

设计建议，一般跨度小于 12m 的猪舍可采用横向负压通风，如果通风距离过长，易致舍内气温不匀、温差大，对猪只不利。跨度大的猪舍可采用屋顶排风式负压通风。

③联合式通风系统。联合式通风也称混合式通风，是一种同时采用机械送风和机械排风的方式，因可保持舍内外压差接近于零，故称作等压通风。大型畜舍（尤其是密闭舍）单靠机械排风或机械送风往往达不到应有的换气效果，故需采用联合式机械通风。联合式通风系统风机安置形式，分为进气口设在下部和进气口设在上部两种形式。零压有利于风机发挥最大功率，但由于风机台数增加，设备投资较高，未能被广泛采用。

（2）如果按舍内气流的流动方向来分类的话，机械通风又可分为横向通风、纵向通风、斜向通风、垂直通风等。

①横向通风是指舍内气流方向与畜舍长轴垂直的机械通风。横向通风工艺结合上面的气压又可分横向正压、负压、零压通风三种。

横向正压通风，其优点是可对进入的空气进行加热、冷却及过滤等处理。严寒、炎热等地区都可适用。缺点是这种通风方式在夏季风机不全开动时，易形成气流短路，从而使局部舍温增高，出现舍内区域环境严重不平衡，使得舍内气流不够均匀，气流速度偏低，尤其死角多，舍内空气不够新鲜。因此横向通风工艺必须缩短窗间距，这样可减少气流死角管理，从而也决定了投资费用较高。

横向负压通风，国内密闭式猪舍大都选用多台轴流式风机进行负压通风，通风机的布置形式按舍内气流方向可分为屋顶排风、侧壁排风和穿堂式排风，按通风机布置可分为单侧抽风、双侧抽风、一侧抽风一侧辅以送风三种。图 6-19 为地沟风机和负压通风风机。

图 6-19　地沟风机和负压通风风机

理论分析和实际调查表明，进气口的设计对舍内空气流速和温度分布具有较大影响，穿堂式排风进气口的布置有两种形式，一种是在纵墙的上部设置若干进气窗口，另一种是在纵墙的檐口下，沿猪舍长轴方向设置多个长条矩形进气口。对比这两种形式，采用檐下设置长条矩形进气口可以均匀送入新鲜空气，并能造成舍内顶棚的升流贴附现象，是较好的进气形式，单侧设置风机可减少一条动力线，便于安装和检修，降低造价。

②纵向通风。纵向通风是指舍内气流方向与畜舍长轴方向平行的机械通风，气流经过的横截面较小，能在饲养面产生较高的风速，不仅能排出舍内的热量，而且增加动物的对流散热量，是非常有效的通风方法。

相比较而言，纵向通风系统具有以下特点：该系统局限应用于密闭式猪舍，其他类型猪舍必须进行密闭改造后方能使用；如果猪舍密闭不严，则会造成短路，降低通风降温效果；动物饲养面的风速高，气流分布均匀；舍内外空气交换充分；系统结构简单，容易安装和维护；投资和运行成本均比自然通风高。

研究表明，对自然通风猪舍，叶轮式风机比螺旋桨式风机的能效更高，而且饲养面上风速大于 1m/s 的面积更大。当风机以小于 20°的水平倾角安装时，饲养面的风速随倾角的增加而增加，随安装高度增加而降低，因此可通过风机风量、安装倾角和高度的优化组合，使动物饲养面上达到理想的风速的同时，减少过高风速的面积。如果风机垂直安装，在不增加能耗的条件下可使动物饲养面高风速面积增加。

畜舍通风方式的选择应根据家畜的种类、饲养工艺、当地的气候条件以及经济条件综合考虑决定。不能机械地生搬硬套，否则就会影响家畜的生产力和健康，或者使生产者经济效益降低。

二、冬季通风的特殊情况

在冬季，猪生产中普遍存在保温能耗与通风换气的矛盾。为保证舍内适宜的温度，如果使猪舍少通风或不通风，则会导致舍内湿度加大，有害气体浓度高，引起猪只呼吸道疾病和皮肤疾病频发；如果对猪舍进行通风换气，则舍内热量快速散失。在寒冷地区更为明显。不仅温度调控成本增加，同时温度大幅波动更容易引起猪患病，尤其是影响仔猪的成活率。因此，如何解决冬季保温能耗与通风换气的矛盾是冬季环境调控的难点之一。

经过研究，热回收通风技术是一种有效的通风换气方式，可以缓解冬季舍内保温能耗与通风的矛盾，节省能耗，改善舍内空气质量。随着热回收通风技术和设备的逐渐成熟，能量利用效率提高，热回收通风技术在畜舍中的应用潜力逐渐增大，实用性和经济效益大大提高。研究人员打破以往民用的一体式热回收设备模式，通过不断完善热回收芯体与风机的类型、配比及连接方式，监测其热回收效率及能效比等得出了以下结论可供参考：

在一定风速范围内，风速越小，热回收设备的显热回收效率、能效比相比较高；热回收设备在猪舍内串联连接时，其热回收效率及通风效果不理想。

猪舍数量在我国畜禽舍中占据大部分比例，猪舍内供暖以及猪只自身产热等途径产生大量的能量；同时由于猪舍产生大量的有害气体，通风量需求必不可少，因此热回收通风设备在猪舍有很大的使用价值。

三、过滤设备

1. 猪舍空气过滤的必要性

随着养猪业集约化和工厂化的发展，猪舍的环境控制问题逐渐被人们重视。养猪规模化程度近年来不断加大，然而不管是在严寒的冬季还是炎热的夏天，由于高密度的饲养，当猪舍通风不良时，猪舍内空气变得污浊，空气中具有生物活性的粉尘和圈内集聚的粪尿散发出来的有毒气体，氨气和硫化氢等，刺激猪上呼吸道黏膜发炎，抵抗力降低，上呼吸道内共栖微生物的比例失调，非致病性的微生物变为致病性微生物而导致呼吸道疾病的发生。同时，通风影响温度和湿度的平衡，温湿环境是影响猪健康生长的关键因素，也是其生产因素的最大环境因素。

从外界环境来说，猪流感病毒、蓝耳病毒一般情况下都是黏附在细小颗粒上侵入感染猪只的群体。而病原微生物极少单个存在，即使存在也极易被紫外线杀死，存活时间及短，大部分只能依附于载体在大气中悬浮，以生物性气溶胶的形式存在。因此，有效减少粉尘颗粒进入猪舍，可阻隔黏附在粉尘上的病菌，降低猪只感染患病的可能性。

因此，外界空气进入猪舍需要进行过滤处理，从源头上减少疫病传染风险。空气过滤是根据可穿透离子大小及过滤微尘数量来区分的。大多数情况下，过滤效率的高低直接取决于：空气阻力、风速、过滤面积等。

2. 过滤设备的原理

（1）碰撞并粘住。尘埃粒子（一般是大于0.4μm的大型颗粒）在空气中做无规则运动或者随气流做惯性运动。当运动中的粒子撞到障碍物，粒子与障碍物表面间存在的范德瓦尔斯力使它们粘在一起。

（2）粒子大小。大粒子在气流中做惯性运动。气流遇障碍绕行，粒子因惯性偏离气流方向并撞到障碍物上。粒子越大，惯性力越强，撞击障碍物的可能性越大，因此过滤效果越好。

（3）扩散原理。小粒子做无规则的布朗运动。粒子越小，无规则运动越剧烈，撞击障碍物的机会越多，因此过滤效果越好。

（4）效率随尘粒大小而异。"过滤效率"是过滤器捕集粉尘的量与未过滤空气中的粉尘量之比。小于0.1μm的粒子主要做扩散运动，粒子越小，效率越高；大于0.5μm的粒子主要做惯性运动，粒子越大，效率越高。在0.1~0.3μm，效率有一处最低点，该粒径大小的风尘最难过滤。

（5）阻力。纤维使气流绕行，产生微小阻力。无数纤维的阻力之和就是过滤器的阻力。过滤器阻力随气流量的增加而提高，通过增大过滤材料面积，可以降低穿过滤料的相对风速，以减小过滤器阻力。

（6）动态性能。被捕捉的粉尘对气流产生附加阻力，于是，使用中过滤器的阻力逐渐增加。被捕捉的粉尘与过滤介质合为一体，形成新的障碍物，于是，过滤效率略有改善。被捕捉的粉尘大都聚集在过滤材料的迎风面上。滤料面积越大，能容纳的粉尘越多，过滤器的使用寿命越长。

（7）过滤器寿命。滤料上积尘越多，阻力越大。当阻力大到设计所不允许的程度时，过滤器的寿命就到头了。有时，过大的阻力会使过滤器上已捕捉到的灰尘飞散，出现这种危险时，过滤器也该报废。

（8）静电。若过滤材料带静电或粉尘带静电，过滤效果可以明显改善。其原因：静电使粉尘改变运动轨迹并撞向障碍物，静电力参与使微粒更牢固地粘在滤料纤维表面上，有效地改善过滤器的过滤效率。

（9）重力效应。微粒通过纤维层时，在重力作用下微粒脱离流线而沉积下来。

（10）膜过滤的机理。膜过滤与传统纤维过滤的区别是，它以表面过滤为机理，过滤过程只发生于膜的表面，通过反吹就可以清除聚集在膜表面的粉尘颗粒，因此其使用寿命较长。膜的选择对于过滤效率非常重要，因为过滤阻力主要集中在膜的表面部分，膜过滤技术具有很高的收尘能力，因此在空气过滤领域具有重要意义。

四、常见过滤方法及设备

（一）过滤方法

专利（CN 201420776289.1[P].2015-05-13）是一种用于猪舍空气过滤的系统，包括安装在猪舍外的风机铺设在猪舍内的通风管道和通风口，进风室，通风室以及空气过滤装置和温度调节装置。

具体的工作流程为：空气通过节能风机以正压形式送入猪舍；通风管道在猪舍内至少铺设一条，通风口采用矩形渐缩形式；在进风室内安装空气过滤装置，空气过滤装置包括初效过滤层、中效过滤层及高效过滤层三层空气过滤层；在通风室内安装空调用来调节进入通风管道的空气温度。

初级过滤方式为粗效可洗式过滤器，采用金属不锈钢过滤网，并将若干层金属不锈钢过滤网以一定角度相互交叉叠合排列；所述金属不锈钢过滤网的材质为铝滤材；中效过滤材为中效折叠式过滤器，采用专用玻璃纤维高效过滤纸；该过滤材料采用密合剂密封以确保滤材四周气密；采用无隔板的热塑性隔胶以确保相同褶层间距；高效过滤层为高效空气过滤器，采用滤料为有机纤维。

（二）空气过滤系统

1. 空气过滤系统的使用现状

保持蓝耳病阴性对于猪场来说具有重要的经济意义，目前大家普遍认为，空气传播是造成阴性猪场重新被感染的常见原因，不论公猪站、母猪场还是断奶—生长—肥育猪场都一样。蓝耳病、猪流感和支原体之类经空气传播的疾病越来越普遍，在这种现实下，任何能够防止病原经气雾传播的方式都非常引人注意。不存在适用于所有猪场的空气过滤系统。

广西农垦永新畜牧集团有限公司在公猪站安装全封闭空气过滤系统、母猪场安装部分空气过滤装置。通过 2 年多的运行后发现，经过实验室多次抗体检测和 PCR 检测发现，公猪站和母猪场内的猪群至今保持猪瘟、蓝耳病、伪狂犬病等阴性，表明空气过滤技术加上严格的消毒防疫措施能维持猪群蓝耳病阴性。

Carmen Alonso 等对北美猪密集地区大型母猪群使用空气过滤系统防控猪繁殖—呼吸道综合征病毒（PRRSV）发现，使用过滤系统的猪场与未过滤的猪场对比来说前者能大大提高生产效益。

北京养猪育种中心种公猪站采用高效空气过滤系统得出结论：过滤 0.3μm 颗粒的效果达 99.5%以上；冬季采用初高效一体过滤机，对 0.3μm 颗粒的过滤效果达 99.8%以上，能有效阻止蓝耳病、猪瘟、伪狂犬病和口蹄疫的传播；空气过滤系统能有效阻挡空气中的微小颗粒进入猪舍，从而有效阻隔疾病传播介质，保证种公猪群健康，保证遗传育种体系塔尖的健康，适宜在生产中推广应用。

2. 空气过滤器的分类

过滤器通常按照过滤效率进行分类，国内一般将过滤器分为“一般通风用过滤器”和“高效过滤器”两类。对一般通风用过滤器，GB 12218—89 和 GB/T 14295—93 分别按大气尘计数法将过滤器分成 5 个和 4 个等级。

高效过滤器，按 GB 6165—85 和 GB 13554—92 规定的钠焰法检测标准，分为 A、B、C、D 四类。A 类过滤器要求在额定风量下效率不低于 99.9%（0.1μm 微粒）；B 类过滤器要求在额定风量和 20%额定风量下分别进行检测，其效率均应不低于 99.99%（0.1μm 微粒）；C 类过滤器要求在额定风量和 20%额定风量下的效率不低于 99.999%（0.1μm 微粒）；D 类过滤器要求在额定风量和 20%额定风量下对粒径大于 0.1μm 微粒的效率均不低于99.999%。

（1）高效空气微粒（HEPA）过滤器的工作特性。HEPA过滤器对于0.3μm颗粒的过滤效率通常都在99.99%以上。颗粒越大，过滤效率越高，颗粒越小，效率越低，但小到一定程度之后，过滤效率反而又会提高；经过一段时间使用之后，“旧”的过滤器过滤效率反而更高，因为过滤沉积下来的颗粒有助于过滤更多的微粒。

（2）静电增强纤维过滤器。静电增强纤维过滤（ESFF）技术综合了静电除尘和纤维过滤除尘的特点，主要利用粉尘预荷电或外加静电场的方式来增强纤维层的过滤效果。

①Apitron静电袋式过滤器。Apitron静电袋式过滤器是一种预荷电增强袋滤器，由传统脉冲滤袋与管线式静电除尘器连接而成。含尘气体从管底进入，粉尘经过电晕放电区荷电后被收集，未被收集的粉尘通过上面的滤袋过滤。电晕放电区的收集主要是因为金属圆筒（正极）与电晕线（负极）的极性相反，带正电的颗粒被吸附到筒的内表面而沉积。这种静电增强袋滤器的特点是粉尘在过滤器内部荷电，喷吹管设在滤袋中心与放电极相连，脉冲喷吹位于滤袋下侧，而不是从滤袋顶部吹出，在清除管壁与电晕线上沉积的粉尘时，由高速射流诱导产生的二次气流使得滤袋得到清灰。此外，放电极位于下部，电晕及反电晕的火花不会破坏滤袋。

②TRI棒帷电极电场增强袋滤器。20世纪80年代初，美国纺织研究所（TRI）的Hmb等开发了一种静电增强结合织物过滤的棒帷电极结构的过滤器，亦称为表面电场袋式除尘器。该过滤器是由一系列沿着布袋长度方向布置的不锈钢丝作为正、负极交错排布，在滤袋外表面形成电场。实验研究表明：当电场方向平行于织物表面而垂直于气流方向时，能获得较好的过滤效果；且电极必须位于滤袋表面的粉尘侧，不用缝纫在滤袋上。

③中心电场袋式除尘器。中心电场袋式除尘器（AESFF）是在脉冲袋式除尘器的滤袋中心同轴地放置高压电极线，与接地的导电滤袋表面形成中心电场；或在脉冲袋式除尘器中，将电晕极布置在导电滤料之间。这种电极布置形式非常类似于静电除尘器，其工作原理是：滤袋中心的电晕极使得粉尘荷电，带电粉尘在电场力作用下沉积在滤袋上，同时，滤料层也会带上与粉尘极性相同的电荷，多数可以通过接地线流走，还有部分会留在纤维层和粉尘层上，如果累积的电荷过多，可能会形成反电晕，烧坏滤袋，因此必须及时清灰。另外，在这种静电增强过滤器中，可以用导电滤料作为接地电极，还可以在普通滤袋的内侧或者外侧安装接地金属网作为电极。结果表明：AESFF改变了粉尘在滤袋上的沉积方式，其运行的压力损失率为70%，低于常规滤袋；在较高气布比下，可以产生和传统滤袋相同的压力降性能；由于电场存在，AESFF滤袋的老化特性低于传统滤袋。

④混合式电袋除尘器。混合式电袋除尘器（AHPC）是20世纪90年代末美国能源与环境中心开发的一种微粒控制新技术，于1999年获得专利。在除尘器内部，电极与滤袋交替排列镶嵌一体，含尘烟气首先通过静电除尘器区，大部分颗粒在到达滤袋之前被去除，减轻了滤袋负荷，延长了滤袋清灰周期。并且，在滤袋进行脉冲清灰时，飞扬的尘粒再次有效地被收尘板捕集。该设备长期运行性能稳定，除尘效率达99.99%以

上，压力降为 1 600~2 000Pa，但目前尚属实验室研究阶段。

⑤静电增强空气过滤器。静电增强空气过滤器（EAA）是韩国 J. K. Lee 等人在 2001 年设计的，它由预荷电器和静电场过滤器两部分组成，静电场过滤器之前设置正极预荷电器，预荷电场强为 4.7kV/cm，使颗粒物带电；静电场过滤器上下游之间由金属网构成两极，其中一极接入直流电压为 1kV，另一极接地（形成场强为 1.4kV/cm），中间填充纤维滤料。结果表明，在标准的 2.5m/s 风速下，对 1.96μm 颗粒的过滤效率达 92.9%，高于传统过滤器 70.0%的过滤效率。静电效应不仅提高了过滤效率，而且降低了阻力。

⑥部分过滤的情况。许多猪场只不过是简单地在每个屋顶进气口上装一个过滤器。这种情况下，如果外部温度在 21℃以下，通风不受影响。但当外部温度达到 21℃以后，阻力就会太大，要么不得不拆除过滤器，要么必须通过降温水帘进行纵向通风。在纵向通风的情况下，空气从猪舍一端进入，从另一端排出。这种情况下就存在一个问题，当白天气温常会很高，不得不采用纵向通风，而夜间温度又会下降到 10~15℃时，很适合蓝耳病病毒的生存。

（3）解决高温与空气过滤之间的矛盾。研究人员通过研究蓝耳病病毒的生存曲线发现：有可能在特定的夏季温度条件下取消过滤系统而同时把蓝耳病病毒经空气传播的风险降到最低。为了能够对夏季通过降温帘的大量空气进行过滤，需要一个过滤器阵列，其面积相当于降温帘面积的 3 倍，成本都很高。一种替代的方法是，当外部气温升高到一定程度之后，比如高于 27℃，就开始采用无过滤通风。这样的话，低通风量的情况下仍旧可以采用过滤通风，需要加大通风量的时候，也可以实现大量通风，而无需额外的设施投资。另一种情况是猪舍全年都通过屋顶进风口通风，这种情况下可以额外再开一排进风口，成本很低。这些额外的进风口同样可以在夏季高温情况下作为通风系统的补充。当外界温度高于 27℃时，可以将这些通风口打开，温度低于 27℃时就将其关闭。这种方案成本低，可应付全年大部分的感染风险，是一种可行方案。但这种方案用在高风险地区可能就不太合适。

（三）滤料的种类

滤料主要包括有纤维滤料、复合滤料、功能性滤料，其中复合滤料与功能性滤料是近年来兴起的研究热点。

1. 纤维滤料

纤维滤料以其比表面积大、体积蓬松、价格低廉、容易加工等特点始终占据着滤料的大部分市场，而其中的非织造纤维材料以其成布工艺短、成本低且过滤性能好的特点，已成为空气过滤材料的主导产品。

2. 复合滤料

为了克服单一滤料性能上的缺陷，将不同纤维交织在一起形成的滤料，即为复合滤料。比如，玻璃纤维与涤纶复合滤料，可兼具玻璃纤维滤料的耐温、耐腐蚀、高强度、低阻力，和涤纶的耐折、耐磨性好的优点。

3. 功能性滤料

功能性滤料，是针对特定行业（如耐高温、耐腐蚀、抗静电、拒水、拒油、阻燃、清除有害气体等）开发的空气过滤材料，正越来越多地应用于工业烟气处理、室内空气净化等领域。

第五节　降温设备

一、高温对猪的影响

炎热季节，猪舍内温度超过舒适区以上，猪会出现皮肤血管扩张、体温升高、心率加快等热应激现象，热应激会直接导致猪采食量的下降。猪体重越重，热应激对采食量和增重的影响越大。研究发现，对于体重15~35kg的猪，在20~27.3℃的温度范围内，温度每升高1℃，采食量下降25g/天。

生长育肥猪在热应激条件下，采食量会显著下降，研究人员于28℃、32℃、36℃的试验条件下的测定表明育肥猪的平均日采食量逐渐下降。在6℃、12℃、18℃、24℃、30℃不同温度条件下对阉割公猪的代谢能进行测量，发现6℃和18℃条件下，猪代谢能值较高，而高温（30℃）条件下，猪代谢能值最低。NRC（2012）数据显示，体重为230kg的哺乳母猪在平均哺乳仔猪头数11.5头、哺乳期21天的条件下，在环境温度分别为18℃、22℃和26℃时，哺乳母猪日采食量（包括浪费量）分别为6.613kg/天、6.190kg/天和5.629kg/天，体重损失分别为276g/天、473g/天和733g/天。

当环境温度低于舒适区时，猪表现出血管收缩、皮温下降，竖毛、肢体蜷缩或群集等冷应激现象。冷应激造成猪体内热量的损失，摄入饲料更多地用于产热，饲料利用率下降。

刚断奶的仔猪应该避免温度波动。每日温度变动超过2℃将会降低仔猪平均日增重，提高仔猪料肉比。有研究表明每日温度变动超过2℃时平均日增重为306g，料肉比为1.45；每日温度变动低于2℃时平均日增重为344g，料肉比为1.17。

1979年，堪萨斯州立大学的工作人员研究了降低环境温度对猪增重和饲料利用率的影响，试验结果说明，猪舍内的温度每下降1℃生长育肥猪每天平均需要增加能量209.2kJ。在12~20℃，每降低1℃每天需要增加能量418.4kJ以上，即每降低1℃每头猪每天将要多消耗15~33g的饲料。

（一）高温对脂肪沉积的影响

在采食量相同的情况下，高温同时增加内脏脂肪和皮下脂肪的沉积，内脏脂肪增加的幅度更大，高温增强了脂肪组织对血浆脂蛋白的摄取和利用，从而促进了猪脂肪的沉积。

（二）高温对猪生产性能的影响

在夏季持续的高温应激中，机体呼吸频率和血液循环加快以促进散热，而这种调节会使体内氧化作用加强，脂肪、蛋白质分解加快，产热量随之增加，而呼吸供氧不足，则导致氧化作用不完全，未完全氧化的代谢物在体内积累，消化道的蠕动、胃液、肠液、胰液的分泌、肝糖原生成等受到破坏，胃肠消化酶的作用和杀菌能力减弱，呼吸道、消化道黏膜抵抗力及肝脏解毒功能减弱，种猪的抵抗力明显降低，体热平衡被破坏，体温升高，猪只昏迷，这种病理现象叫热射病，严重时中枢神经系统失调，心血管系统负担过重，心力衰竭而死。环境温度过高，猪为了散发体热而呼吸频率加快，新陈代谢受到影响，食欲减退，采食量明显下降，导致生产力降低。

1. 高温对母猪的影响

繁殖猪应尽量避免暴露在 28.9℃以上的环境中。高温对母猪的影响主要是受精卵的着床期，极易造成死胚母猪配种后 1 天开始经历 5 天的热应激，胚胎成活率可从 69%下降至 39%。母猪配种后 2~3 周到分娩前为敏感期，这期间热应激可能会对母猪受胎率、产仔数和产仔窝重产生影响如表 6-8 所示（热应激从妊娠第 102 天到第 110 天）。

表 6-8　热应激对母猪产仔性能的影响

产活仔数（头）	10.4	6.0
产死仔数（头）	0.4	5.2
平均初生重（kg）	1.4	1.2
平均窝重（kg）	13.6	8.6

高温下母猪的生产性能下降主要是因为母猪内分泌功能失调，导致排卵的数量和质量都明显下降，同时高温时由于外周血液循环加强，使身体内部的血液供应量减少，影响到蛋白质的合成，使胚胎营养不足。

一定范围内环境温度升高会使母猪的采食量、泌乳量降低而体重损失却会增大，潮湿炎热环境可使青年母猪初情期推迟 22 天，大于 28℃高温时母猪性成熟普遍延迟，出生于最热月份的母猪初配年龄较其他月份的迟 21 天，热应激下的小母猪只有 20%可在 10 月龄发情。中南地区高温高湿的 7—10 月母猪断奶后 7 天内的发情率为 70.6%，而其他月份为 97.7%。

母猪受胎率随季节的变化而变化。基本规律是随着夏季温度的不断上升情期受胎率逐渐下降，7—8 月气温最高，此时受胎率则最低，以后随着温度的下降受胎率又有所回升，在 12 月至 1 月进入冬季气温下降后受胎率并无明显变化。冬季低温对母猪的繁殖力影响不大。

众所周知，环境温度的变化将直接影响到母猪的生产性能，高温会引起母猪体温升高，形成炎热的子宫环境，不利于受精卵的发育和附植，从而影响妊娠母猪的生产性能，最适配种温度 18~24℃。母猪春季配种，妊娠 114 天后夏季生产。夏季生产性能中窝健仔数、窝死胎数和窝总仔数明显高于秋冬两季，出生窝重明显高于秋季（$P<0.05$）。总体生产性能而言，夏季最好、春季次之、秋季最差。

2. 高温对公猪生产性能的影响

对于公猪而言高温使睾丸温度升高，睾丸重量下降，影响精液质量，使精液量减少，精子数减少，精子畸形率上升，精液品质下降。同时，温度升高可使公猪性欲降低。研究发现，在35℃和15℃条件下的公猪，前者射精量比后者低8.6%，精子数量下降11.5%，受胎率下降13.3%。高温对公猪的精液的影响在热应激之后2~3周才表现出来，影响可一直持续8~9周。

在环境温度超过37℃，持续时间超过一周以上时，会使公猪的性欲明显减退，精液品质明显下降，采精量明显减少（公猪深部体温>40℃时），精子体外存活时间即精液的体外保存时间明显缩短，公猪长时间处于热应激生活环境下，还可导致精子发育不良和精子受损，睾丸生精机能发生障碍，进而造成种猪种用年限缩短和种用价值降低，严重时还可造成睾丸生精机能永久性丧失，同时，高温也是诱发公猪发生睾丸炎的重要因素。

二、养殖场常用降温措施

（一）通风降温

在夏季，为排出猪舍内的热量必须进行有效的通风，其方式有自然通风和机械强制通风二种。自然通风是在畜舍建筑中设置合适的进出风口，利用自然风力及温差作用将舍外新鲜空气引入舍内，有些畜舍为了加强温差抽风作用在畜舍屋顶上设置了塔楼结构，为更好地利用自然风力，可根据当地的自然风向等实际状况合理地设置进出风口，组织好舍内气流的流动，近几年在机械通风技术方面将纵向通风理论应用于猪舍，一般将风机安装在畜舍的山墙上组织纵向通风，将舍内高温空气用风机排出而将舍外凉爽新鲜空气引入舍内，对猪舍通风起到较好作用。

在酷暑的日子里，单靠通风仍不能有效降低舍内气温，虽然通风可以驱除猪体的体热，但这只有在气温显著低于猪只体温时才是这样，当空气温度高于25℃时降温效果递减，气温达到30℃以上时就应考虑先将空气冷却后再送入畜舍。在高温夏季增大气流速度可明显改善猪的温热环境，并缓和热应激对猪的不良影响。但在冬季，气流会增加猪体的散热量，使其能耗增多。

1. 地下管道地道及自然洞穴通风降温系统

（1）地道风空调机理。由于地下土壤热容量大和体积巨大，因此夏季地下土层的温度低于地面上大气的温度，在地道壁面温度低于空气露点温度的情况下，空气冷却过程的后期可发生水汽凝结从空气中分离出来的现象，即成为降湿冷却过程。利用这一特点，可在地下一定深度的土层中埋管或者开挖地道，使室外空气从中流通，等到冷却后再引入畜舍内。

（2）地道风空调的优点。蒸发降温与地道风降温空气状态变化过程比较：与目前采用较多的蒸发降温相比较，地道风降温在降温的效果和对空气处理的质量方面具有较明显的优点。蒸发降温时空气的状态变化过程为一等焓加湿冷却过程，在使空气温度降低的同时，将使空气的含湿量增加，同时其降温幅度要受空气湿度的影响，空气湿度大时降温效果变差，并且不能将气温降到湿球温度以下。而空气经过地道降温的状态变化过程近似为一等湿冷却过程。

因此，地道风降温不但不会使空气的含湿量增加，还可能使空气的含湿量减少。并且，地道风降温不受湿球温度的限制，即可以将气温降到湿球温度以下。因此，地道风降温在我国高温高湿地区应用比蒸发降温效果更好。

地道风降温系统结构简单。主要利用自然能源，运行仅消耗少量风机所需的电能，对环境无污染，地道的使用寿命很长，运行管理及维护均极简单，这些都是其显著的优点。同时也可将地道通风用于冬季的加温。可节省冬季用于加温的能源消耗。地道通风系统可夏、冬二季兼用。可以大大提高其经济性。

（3）实际应用。我国早在20世纪70年代就开始在一些公共建筑与工业建筑中应用地道风进行夏季的降温，而在畜牧生产领域，我国利用地道通风降温的猪舍于1985年在深圳建成，取得了较好的效果，经测定舍外空气经地道冷却后气温降低了3~5℃，舍内相对湿度低于85%。但是地道通风降温为了保证土壤与空气间具有足够和稳定的温差及换热面积，使地道周围有足够多的土壤参与换热过程，其地道埋深往往需要深达3~4m，并需具有足够的长度，因此工程量较大，其一次性建设投资较大，接近于人工制冷系统，不过建成后的运行费用大大低于人工制冷系统，如果能利用人防工程、废矿井或天然洞穴等现成地道，将大大降低其工程建设的一次性投资费用。

潍坊地区在冬季12月、1月与2月的平均最低气温为-11~-9℃。冬季通风换气的室外冷空气先经过地道加热后再进入室内，气温可以提高约10℃，再靠一定的保温措施和猪体本身散发的热量，在不用其他加温设备的情况下，即可将猪舍内气温维持在15℃以上。此外，地道通风系统的夏、冬二季兼用还可起到增加其降温、加温效果的作用。由于系统在冬季使用时，地层在对空气加温的同时，自身被空气逐渐冷却。在系统结束冬季的运行时，地层中已积蓄起一定的“冷”量，这将对系统夏季运行前的地温状况产生影响。可在一定程度上降低夏季的地温，提高夏季降温的效果。同样，系统在夏季使用时，又在不断蓄热，将在一定程度上提高冬季地温，提高冬季加热效果。

有研究发现，在北方，太阳能猪舍采用地道通风猪床结构能够提高猪床和猪舍的温度，而且还能降低舍内的相对湿度，在节省能源的同时，也改善了猪舍内的热环境。

（4）性能评价。地道风空调系统是一种结构简单、空调效果好、节省能源、使用寿命长、运行管理和维护简单的空调系统。虽然其一次性建设投资较高，但可从适当减少地道的埋深和对地道的构造、尺寸及运行参数等进行优化设计将其工程量和造价降低。同时系统可以兼用于冬季加温，使用寿命较长。应该指出的是，地道风降温系统虽然一次性建设投资较高。但建成后的使用寿命很长，维护费用也很低。因此，从长远的观点看仍是经济的。

2. 局部通风

对个别圈养的种公猪、怀孕母猪以及泌乳母猪也可采用个别通风的措施保持凉快，根据试验研究结果采用将新鲜空气经过绝热通风管道引入，然后通过口径约100mm的竖直管道，管道悬于个别猪栏的前端上方，将空气向下输送到猪的鼻部，气流流量一般为1.5~2m^3/s，风管口愈近猪只效果愈佳，但要避免遭到猪只的破坏，风管内空气需保持清新凉爽及干燥，这样也可减少各种空气传染病的发生。

（二）接触降温

国外如德国的一些猪场中使用诺廷根猪场系统中的冷枕头设备为猪降温，采用矩形钢管作为猪枕头，内通地下冷水作降温物质，根据在德国的实际使用情况可提高综合经济效益10%以上。目前我国也在引进诺廷根猪场系统，并对该系统的各项技术进行研究和研制适合中国国情的设备。

（三）热泵+风机盘管降温系统

供暖方式为风机盘管的猪舍，如果风机盘管内循环的是冷水，猪舍可以通过风机盘管降温。猪舍供暖设备为冷暖两用空气源热泵或者地源热泵时，夏季可以采用热泵制冷。热泵配置风机盘管为一种猪舍降温系统。该种降温系统中无通风功能，在实际生产中，热泵+风机盘管降温系统上需要配置夏季通风设备，但是该种降温模式下夏季通风量参数上需要进一步研究，因为中国和美国猪舍的夏季通风量差别悬殊。推测美国猪舍夏季通风量适合湿帘—风机降温系统。热泵+风机盘管降温系统配置的夏季通风量应该主要考虑猪舍湿度和 CO_2 浓度、NH_3 浓度不超标。

（四）局部降温

现有的降温系统在发挥降温效果的同时也有一些矛盾，比如会使舍内湿度增加、地面潮湿等，在一定程度上影响了猪群正常生产性能的发挥和健康状况。我国农村地区基本都是简易开放猪舍，通常都不具备降温措施。现有的降温设施一般都不适于简易开放猪舍使用，所以每当夏季时，农村养猪环境问题较为突出，经济效益低下。研究人员为解决农村简易猪舍夏季降温问题，设计了一套利用地下水的地板降温系统，可对猪舍躺卧区实施局部降温效果显著，可供借鉴。

躺卧区地板降温系统具有以下的特点：躺卧区地板降温适用于有地下水源、可以打井的地区。对育肥猪、妊娠母猪等大猪而言，躺卧区地板降温适用于多种建筑形式的猪舍；对于分娩猪舍该系统也适用，是因为其仅对躺卧区地板局部降温，无须整舍温度的调控。可以很好地解决哺乳母猪和新生仔猪对温度要求不同的矛盾；水的流动是在一个封闭式系统中进行的，是通过传导降温来完成的，不会增加猪舍内水汽含量，可以保持舍内清洁、卫生；该系统以地下水为介质，由于地下水水温较为恒定，一般在15℃左右，所以适合于夏季降温和冬季地面保温，使躺卧区地板始终维持在较为适宜的温度范围，满足猪的躺卧行为需要；地下水经过该系统后，其水质不会发生变化，水温一般可维持在20~25℃，出口端流出的水可以作为清洁用水、田间灌溉用水加以利用，检测合格的话可以作为饮用水使用，是一环保的措施；猪只的休息躺卧行为也不会因外界环境温度变化而受到影响。

（五）水蒸发式降温

利用水蒸发吸热的蒸发降温技术已在农业建筑夏季生产环境控制中广泛运用，蒸发降温方式效果显著，并且运行可靠、维护方便、费用较少，是一种较经济的降温方式，而且实践表明，蒸发降温不仅适于我国气候干燥的北方地区，同时也适合于我国夏季炎热、潮湿的南方大多数地区，是目前应用范围很广的一种降温措施。从水与空气的接触方式看，蒸发降温有直接蒸发降温和间接蒸发降温两种方式。前者是水与空气直接接触，空气冷却的同时也被加湿，后者是要降温的空气不与水直接接触，而通过热交换器与直接蒸发降温的水或空气热交换而得到冷却。在农业环境工程领域主要采用的是直接蒸发降温方式，按照是否打湿畜体又可分为直接降温（打湿畜体）和降低环境温度（不打湿畜体）以及二者兼而有之等多种实现方式。

1. 湿垫风机降温系统

（1）降温机理。湿帘—风机降温系统利用水蒸气吸热实现冷却。湿帘—风机降温技术是温室多种降温技术中最有效而且最为经济的降温方式，是目前最为成熟的蒸发降温系统。图 6-20、图 6-21 为常见的湿帘—风机降温系统。其蒸发降温效率一般达到 75%~90%，通风阻力损失为 10~40Pa。

图 6-20　湿帘—风机降温系统（墙上湿帘）

图 6-21　屋顶湿帘

（2）技术应用。自 20 世纪 50 年代美国的学者开始研究以来，湿垫风机系统逐步推广开来。我国在 80 年代初自国外引进湿垫风机降温系统，在对该技术消化吸收的基础上进一步从设计方法、结构及运用等方面进行了大量而深入的研究工作，取得了很大的成功。1988 年原北京农业工程大学研制成功了适合我国条件的湿垫风机降温系统，通过了农业部新产品鉴定并投入了批量生产。近年来在我国推广的纵向通风技术和湿垫降温装置相配合，在农业建筑夏季降温中发挥了它的优势，以实践证明了这种方式是一种很好的降温模式。

（3）缺点及解决措施。以纸质为材料的湿垫在使用过程中会产生收缩和变形，在不使用时保存中易受损坏，纸质湿垫的寿命仅 3~5 年，价格也较高。由于空气中存在着的灰尘以及水中的盐类会产生沉淀附着于湿垫上，这样就会使气流通过时的阻力增大甚至造成堵塞。

在国内，有采用麻纱、塑料、棉、化纤织物作湿垫材料。在国外，法国一家公司用多孔空心砖砌成墙体然后喷水打湿来代替湿垫，有较好的效果。其他国家也开发研制成功一些耐久的材料如塑料水泥等材料的湿垫，其降温效果较好，但价格较高。另外将湿垫系统制作成湿垫冷风机系统（目前已有产品问世）使之可应用于开放型农业建筑及自然通风的场合。

2. 直接降温法

如果空气相对湿度较高，采用湿垫等降低环境温度的方法，由于受到水分蒸发的限制其降温效果就较差，这时较好的降温方法应是直接降温法。

（1）喷淋降温系统。喷淋降温装置适于在育成（育肥）猪栏内使用。喷洒的水直接打湿猪体，水在猪身体表面蒸发直接将体热带走。该系统装置简单，效果明显，能适用于机械或自然通风的猪舍，很容易在现有畜舍内加装。

目前国外对此法研究较多，应用也较普遍，根据研究，在具体使用时一般喷水压力为 70~250kPa，出水量为：断奶猪每猪每小时 65ml，对大一些的猪每小时每猪 300ml，因此设备投资和运行费用都很低。但喷淋降温会打湿地面造成地面积水，并且使畜舍长时间处于高湿环境，这样对畜舍内的环境卫生造成危害，所以在使用喷淋装置进行降温时要注意使用方法，如可以避开猪只的躺卧休息区域进行喷淋。采取间断运行的工作方式，喷淋器开启 1~2min 然后关闭，间隔 45~60min，这要视气温、湿度、通风等条件而定。为了减少浪费水源和控制舍内湿度，在喷水时首先是不应造成地面有聚水或汇流的现象，其次是让地面有干燥的空档。

（2）滴水降温系统。对于泌乳母猪的降温问题，若也用喷淋的方法因容易溅湿小猪，所以在泌乳栏内不宜喷水而应改用滴水降温的方法。采用滴水器将水滴到泌乳母猪的颈肩部，这样滴水可以保持泌乳母猪凉快缓解母猪的热应激，而不易弄湿小猪身体，也不弄湿地板。

水滴管口一般应置于距离栏前端 50cm 的正上方 30cm 处，水量每小时 2~3L。按目前在猪场的实际使用情况，滴水管的大小、水滴数的多少等应调整到水分不湿至前蹄为原则，若湿至地面应立即中止或调整滴量和滴数。保持地面干燥不滴水入耳及避免溅湿腹部乳房区，这些是采用滴水降温方法应遵守的基本要求。

实验和使用结果表明，滴水降温可获得更高的日进食量，小猪的断奶体重明显增大，泌乳期间母猪的体重损失小。滴水降温从理论上也可适用于公猪，但一般的公猪栏较宽敞，水滴常滴于地面，这样就无法进行散热，另外公猪也喜欢将头部躺于潮湿区，如此水滴容易滴水入耳造成危害。所以滴水降温一般应用在定位饲喂的猪舍内，主要是泌乳母猪栏。

3. 细雾蒸发降温系统

该方法多采用水力或气力雾化的方法向要降温的空间直接喷入细雾使之蒸发冷却空气。要求雾滴直径应该小于50μm，这样可以避免较粗的雾滴不能完全蒸发时落下淋湿猪只体表并造成地面积水，使畜舍内湿度较高，造成微生物病菌繁殖及传播，同时也使雾滴与空气间有较大的接触面积，从而强化了水雾和空气间的换热强度，提高了蒸发效率。这就要求雾化喷嘴有较高的喷雾压力，但是却增加了设备投资和运行费用，根据实验和分析结果表明，降温效率低主要是因为雾滴分布不均匀，有些空间雾滴分布稀少而没能充分降温。

细雾降温投资比较低，适应性广，可应用在密闭、开放猪舍，机械和自然通风猪舍，在现有畜舍内加装容易，在美国等发达国家喷雾装置还可兼作消毒，该系统应用较广泛。在我国由于喷嘴性能、产品质量等原因使降温效果不很理想，且研究、应用的也较少，因此没有获得广泛的推广应用。从现有的实验和使用效果来看，这种系统同样适应于我国的情况，现在的主要问题是雾化装置的问题。

4. 集中式雾化降温系统

集中式雾化降温系统是在建筑的进风口处设置雾化室，在雾化室内集中设置喷雾装置，高温下，育肥猪将通过对生产性能不利的热调节机制包括行为、生理和代谢等调整来维持其体温，比如通过减少采食量减少产热量，由此带来生长速率的下降。

生长育肥猪在热应激条件下，采食量会显著下降，前人研究发现，试验测定28℃，32℃，36℃温度下育肥猪的平均日采食量逐渐下降。同时，猪舍内温度越高，氨气排放量越高。

研究表明，在上海等湿度较大地区，在室外相对湿度大于80%时，湿帘—风机和遮阳综合室外空气经过雾化室时，雾滴和空气之间产生热质交换，空气经蒸发降温后进入室内。在这种降温系统中，由于雾滴与空气的接触和热交换集中在狭小的空间中，在较短的时间内需处理全部进入猪舍内的空气，所以要求有很高的热、湿交换效率。集中雾化降温系统在国内已开展研究，并已成功地应用于温室的夏季降温。试验结果表明，依靠集中雾化降温系统，在夏季晴朗天气下，温室内平均气温比室外低2~5.5℃，比单纯采用机械通风时低4~7.5℃，系统运行期间室内相对湿度为70%~95%。所采用的喷水压力为0.06~0.2MPa，所需水量与气流量的比值即水气比为0.2~0.3，降温效率达到80%以上。

（六）绿化遮阴

绿化遮阴和荫棚遮阴都能有效阻挡太阳辐射能，在夏季太阳辐射强烈、湿度不大的地区，遮阴是简单有效的降温方法。绿化遮阴不仅可以遮挡强烈的阳光、绿化环境，通过绿化，能够实现对小气候的改善，主要是由于树木能够遮阴，从而减少了太阳光照的辐射。除了遮阴外，绿化还能够实现对气温、温度与气流等多方面的调节，具体作用如下。

大片绿色植物通过对多种有害气体的吸附能起到减少空气中的有毒有害气体和过滤、净化空气的作用。进一步缓解养殖场对环境的危害；充分利用绿化树木的减尘作用以及树木本身所分泌的挥发性植物杀菌素，使猪养殖场在运营的过程中产生大量的粉尘与细菌含量大大减少，可杀灭一些人畜共患的病原微生物；因为绿色植物有较为显著的阻隔和吸收噪声作用，能够对养殖场产生的噪声进行散射与吸收，降低噪音的强度；绿化植物可以减少土壤里面氮、磷、钾等物质的含量，加之以树木对水源的过滤作用从而使土壤与水源的富营养化的情况得到改善。

三、与猪舍温度有关的关键因素

在中国的大部分地区，建筑物应满足防热要求。太阳辐射热是夏季猪舍内热量的主要来源，猪舍的隔热性能主要取决于建筑材料和猪舍的建筑结构。猪舍建筑类型及围护结构是为猪只提供良好生长和繁殖环境的基础条件，猪舍建筑及围护结构类型直接影响猪舍的热环境状况。由于受畜舍外围护结构和舍内家畜散热的影响，畜舍内的气温表现出受外界气温和太阳直接辐射的影响不同，中国大部分养猪场建筑都采用双坡式屋顶，有的猪舍设有吊顶，有的猪会无吊顶。吊顶主要用来增加房屋屋顶的保温隔热功能。

常见墙体结构中，实体砖墙外贴聚苯板的墙体隔热性能最好。猪舍屋顶也应采用下部为蓄热性能较好的重质材料、上部采用隔热性能好的轻质材料的复合结构。温室方面的研究资料也证明，聚苯板作为墙体的隔热材料、砖作为墙体的蓄热材料较为合理。在建筑物外墙中应用隔热材料是最有效的节能措施之一。

相关试验表明，“瓦屋顶+聚苯板吊顶”的猪舍较“彩钢夹芯板屋顶+聚苯板吊顶”猪舍的吊顶内表面温度低 2. 6℃，较黏土瓦屋顶上覆盖彩钢夹芯板猪舍和黏土瓦屋顶猪舍内表面温度最高值低 7. 4℃。由此，黏土瓦屋顶（重质材料）和轻质保温材料复合的隔热效果较好，二者在屋顶的上、下顺序对隔热效果影响不大。

四、一些降温方法的比较和具体应用

1. 湿帘—风机系统和单纯风机降温方法的对比

湿帘—风机系统和单纯风机降温方法的对比在北京地区育肥猪舍的对照实验发现：

在猪舍通风量和湿帘配置基本合理情况下，猪舍是否使用湿帘对猪舍整体风速无显著影响；湿帘—风机系统降温系统能够显著改善北京市育肥猪舍的环境条件；湿帘—风机系统降温系统可显著减少高温时间段；湿帘—风机系统降温系统会改变猪舍内部温度分布的均匀度，但不会对断面温度造成较大的影响。相比于湿帘，无论什么时间段，只使用风机时各断面温度值较为均匀；湿帘—风机系统降温系统能够显著改善育肥猪的生理状况；湿帘—风机系统降温系统的最大降温幅度不一定随着湿帘用水量的增加而增大。

2. 北京地区发酵床猪舍使用湿帘—风机系统的启示

北京地区发酵床猪舍系统存在严重的夏季热应激以及冬季通风不足的问题，研究人员通过对发酵床猪舍的改造，安装湿帘—风机系统负压通风降温系统，实验结果表明：发酵床猪舍使用湿帘—风机系统既能满足夏季降温通风的需要，还能在冬季潮湿环境中改善空气质量，但冬季在适宜的相对湿度条件下应控制较小的气流速度。

3. 妊娠猪舍采用湿帘—风机系统降温系统的效果

对妊娠猪舍采用湿帘—风机系统在高温季节的降温效果分析得出：舍外热空气经湿帘后，温度可降低 7.06℃，湿度上升 37.20 个百分点。当湿帘与风机距离相同时，风机安装于横墙或纵墙不影响降温效果。距离湿帘越远，舍内温度越高，湿度越低。猪舍环境温度受外界温度变化影响较小；二氧化碳、氨气、硫化氢气体浓度均在各标准范围内。综合得出，高温季节采用湿帘—风机系统降温系统，可改善妊娠猪舍内环境。

4. 自然通风和湿帘—风机系统模式的对比

研究人员对自然通风和湿帘—风机系统模式下妊娠舍和产仔舍的空气细菌气溶胶检测得出：2 种通风模式下产仔舍的细菌气溶胶浓度均显著低于妊娠舍；对于妊娠舍而言，与自然通风模式相比较湿帘—风机系统可以显著减少其舍内细菌气溶胶的浓度，产仔舍无明显表现。

5. 中国东南部地区降温方法的应用

研究发现，在猪舍环境应用铝箔遮阳网能降低环境湿热程度和减轻猪的热应激且效果显著，如果在高温时段直接对猪颈部每 2h 喷水 1min，则降温和缓解猪的热应激效果更佳。遮阳网适合现有的各类猪舍，易于改造、安装，投资小，见效快，可重复使用多次。在夏季高温、高湿的东南地区，不适宜使用湿帘—风机系统降温方式和屋顶喷淋方式。在建设大型集约化养猪场时，可考虑在屋顶采用各种新型保温材料，夏季能有效降低猪舍的湿热程度，同时能满足低温季节猪舍保温要求。

综上所述，为了保证猪场更有经济效益，与此同时减少对环境的污染等，对猪舍环境采取一系列的宏观调控措施。通过对猪舍环境的控制，即寒冷地区或季节的保温、通风和空气的过滤，炎热季节或者地区的降温，以及正确处理猪舍保温与通风的矛盾、空气过滤与通风的矛盾等来辅助提高不同年龄阶段、不同用途猪的生产性能，或者保证其尽可能不受环境的影响，从而使生产性能达到最大、饲料利用效率达到最大，使猪场的运营效率达到更好。

第七章 环境控制与监测技术

第一节 猪场通风新技术

畜舍的通风换气是畜舍环境控制的第一要素。其目的：在气温高的夏季通过加大气流促进畜体的散热使其感到舒适，以缓解高温对家畜的不良影响；可以排出畜舍中的污浊空气、尘埃、微生物和有毒有害气体，防止舍内潮湿，保障舍内空气清新。畜舍的通风换气在任何季节都是必要的，它的效果直接影响畜舍空气的温度、湿度及空气环境等。畜舍的通风换气一般以通风量（m^3/h）和风速（m/s）来衡量。

畜舍的通风方式分为：自然通风，是设进、排风口（主要是门窗），靠风压和热压为动力的通风。机械通风，是靠通风机械为动力的通风。

一、自然通风

畜舍的自然通风是指依靠自然界的热压或者风压，产生空气流动，通过畜舍外围护结构的空隙所形成的空气交换。

热压通风是利用建筑物内外部空气温度差产生的压差进而形成建筑物内部空气流动。建筑物外部空气温度低、密度大，而内部热空气温度高、密度小，由于温度、密度不同热空气上升，冷空气进入建筑物内部，进而在建筑物内部形成空气流动。因此，利用该原理在建筑物上部和下部分别设置排风口和进风口，以便在建筑物内部形成对流，从而将内部的污浊空气排出。热压通风受建筑物进、出风口的高差和内外温差的影响，进、出风口的高差和内外温差越大，热压作用越明显。对畜舍而言，畜舍外部空气温度低于舍内空气温度，舍内的热空气上升通过排风口排出，舍外低温空气由于压力通过进风口进入舍内。

风压通风是由于气流在建筑物的迎风面与背风面形成空气压力差而造成的空气流动，这是最常见的自然通风方式。当空气流经建筑物时，由于建筑物的阻挡，建筑物迎风面的空气压力增高而产生正压力，背风面的空气压力降低而产生负压力。此时，如果建筑物开有通风口，气流就会从正压区流向负压区。气流在流动过程中正压区压力会逐渐减小，并逐渐形成低压区，这时由于压力的降低周围高压区的空气就会向低压区流动而形成空气流，这就是建筑内部空气对流换气的基本原理。根据该原理，在畜舍设计过程中在畜舍的迎风面和背风面分别开有通风口，使舍内形成贯通的风道，在气流流经风道时，会在该区域形成负压区，从而带动整个畜舍内部的空气流动。因此，气流通过畜舍迎风面的通风口进风流经舍内，从负压区的通风口流出。

二、机械通风

机械通风也叫强制通风，是依靠风机强制进行舍内外空气交换的通风方式，克服了自然通风受外界风速变化、舍内外温差等因素的限制，可依据不同气候、不同畜禽种类设计理想的通风量和舍内气流速度，尤其是对大型密闭式畜舍，为其创造良好的环境提供了可靠的保证。

如果按照畜舍内气压变化分类，机械通风可分为正压通风、负压通风、联合式通风3种。

1. 正压通风

正压通风是指用风机强行将外界的清洁空气送入猪舍，适用于开放、半开放或者封闭的猪舍，正压通风可以将猪舍内部的氨气、硫化氢等有害气体以正压的形式通过敞开或半敞开的门和窗排出，确保猪舍猪群有一个洁净、清新的环境，降低疾病感染风险，减少用药。降温、通风、换气一次性解决。正压通风机组的使用寿命一般是8年，如果时间过长可能对猪舍内空气的质量和通风范围有一定影响。正压通风使用的局限性在于设备安装成本较高，且在夏季高温季节如果猪舍内温度达到35℃以上后，正压通风的降温效果不再明显。

畜舍正压通风一般采用屋顶水平管道送风系统，即在屋顶下水平敷设有通风孔的送风管道，采用离心式风机将空气送入管道，风经通风孔流入舍内。送风管道一般用铁皮、玻璃钢或编织布等材料制作，畜舍跨度在9m以内时可设一条风管，超过9m时设两条。这种送风系统因其可以在进风口附加设备，进行空气预热、冷却及过滤处理，因此对畜舍冬季环境控制效果良好。

2. 负压通风

负压通风是指通过风机抽出舍内气体，造成舍内空气气压小于舍外，舍外空气通过进气口流入舍内。畜舍中用负压通风较多，因其较为简单、投资少、管理费用也较低。负压通风根据风机位置可分为两侧排风、屋顶排风、横向负压通风和纵向负压通风。

负压通风通常与水帘降温联合应用，风机一般安置在猪舍一侧墙上，风机的运作可以将猪舍内的污浊空气抽出到舍外，使近风机一侧的空气减少，外部清洁空气从安置风机的相对一侧经过水帘进入，从而达到降温换气的目的。这种通风换气的方式北方地区应用较多，一些猪舍采用负压通风，猪舍内通风风速控制在0.1~5m/s，换气时间控制在30s到25min，可以将猪舍内温度控制在28℃以下，换气率也可控制在98%。负压通风的优势在于外界空气经过降温水帘才可进入猪舍，并且空气经过水帘可以降低5~10℃，在通风的同时达到降温；可以有效减少猪群间疾病的传播，可以减少飞禽、蚊、蝇等病原传播媒介的传播概率，负压通风可以明显改善养猪场的生产效率。

3. 联合通风

联合通风是一种同时采用机械送风和机械排风的方式，因可保持舍内外压差接近于0，也称作等压通风。大型畜舍单靠机械通风或机械送风往往达不到应有的换气效果，故需采用联合式机械通风。联合式通风系统风机安装形式分为进气口设在下部和进气口设在上部两种形式。等压通风由于风机台数较多，设备投资较大，因此没有被广泛应用。

4. 地沟风机通风

采用地沟通风这种模式是希望减少猪只活动区域的有害气体含量，而只有让地沟内保持相对负压，才能使地沟内的 NH_3、H_2S 气体更少地挥发到猪的活动区域。

根据猪舍地板类型的不同、清粪方式不同、新建或改造，常采用的方式有所不同。

（1）清粪口设置风机需满足最小通风量，这种模式漏缝地板下的通风高度至少要保证 0.6m，高度越大通风效果越好。

（2）中部位置设置通风道，侧壁上留 PVC 导流管，国内很多保育舍、产房有采用这种模式。若猪舍长度不超过 30m，只在一端装风机；若超过 30m，在 60m 以内的猪舍则可以选择两端均装上风机。见图 7-1。风道面积、总开孔面积、开孔的布置要经过严格计算，才能保障通风效果。一般建议开孔总面积和风道截面积的比为 0.8，通过漏缝地板的风速不小于 0.2m/s 以形成稳定气流。

（3）在地沟内吊挂 PVC 通风管的方式，见图 7-2。

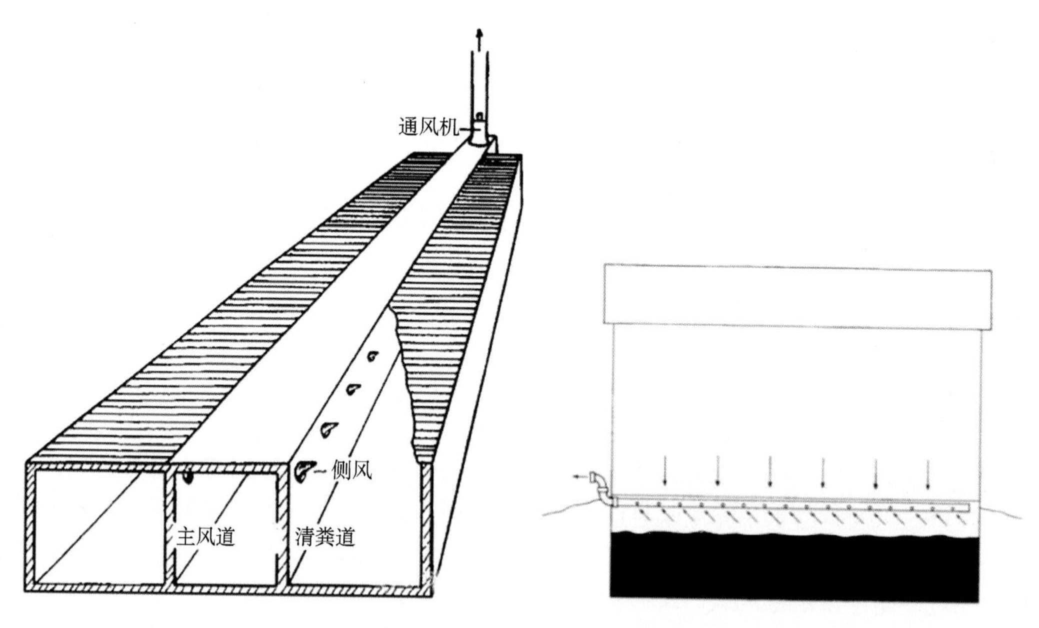

图 7-1　中部设置通风道，侧壁设置导流管

图 7-2　地沟内吊挂 PVC 管

第二节　猪舍降温技术

猪在高温炎热的环境中散热困难，体温升高、采食量下降，导致生产力下降。当环境温度达到 30℃以上，除哺乳仔猪外，母猪及育肥猪都已处于热应激状态。长期处于热应激状态下青年母猪性成熟及初情期延迟，经产母猪发情推迟、隐性发情甚至不发情，卵巢机能减退，受胎率显著下降。当气温达到 32℃以上时，约 20%的母猪不孕或重复发情，流产率增加。热应激会使妊娠母猪分娩时烦躁，采食量下降，泌乳减少，哺乳期体重损失较大，种公猪也会出现精液品质下降等问题。

为了保证猪舍内部的空气质量和环境温度，有必要对猪舍内部进行环境调控及采取一定的降温措施，而降温设施的使用必须要符合猪只的需求。主要的降温方式有以下几种：建筑隔热降温、蒸发降温、利用水对猪体降温、利用地下水降温。

在对猪舍采用降温措施之前，应明确以下几个问题。

（1）首先分析既有猪舍的建筑形式和养殖工艺，判断采用降温的适宜方式。

（2）了解适宜的降温方式的初期投资和运行费用。根据不同设备的技术参数、价格和功率的不同，综合考虑。

（3）在了解到投资和运行费用之后，应考虑降温可能带来的经济效益，并进行经济技术分析。理论上，猪舍热环境经过降温后舒适度会提高，生产性能会提高，但是猪的生产性能不仅受到环境条件的影响，还受营养、疾病、管理等多种因素的影响，环境条件的改善不一定能够明显提高生产性能。但是，从动物福利的角度考虑，通过降温之后，猪的舒适度必定提高。

一、蒸发降温

对整栋猪舍进行蒸发降温时温度越高、湿度越低降温效果越明显，在温度高于30℃，相对湿度小于70%的条件下，整栋猪舍蒸发降温技术通常可以达到2～3℃甚至更高的降温效果。

1. 湿帘—风机降温系统

湿帘风机系统是将湿帘蒸发系统与负压机械通风联用的降温技术，一般用于有窗密闭舍。该系统一端是湿帘（进气口），另一端是风机（出气口）。开始工作时，通过多孔湿润的湿帘表面吸附大量水分的空气不断进入猪舍内（循环泵周而复始地将水不断送到水槽内），舍内空气在风机的作用下高速流动，从进气口到出气口，依据风机的负压，将舍内带有热能的空气传送至舍外而降温。当温度低于（升高）到预定值后，通过关闭（开启）风机数量和减少（增加）湿帘进水量控制舍温不再降低（升高）。

湿帘—风机降温系统的风机配置按照通风量的要求配置，通风量的配置方式主要有两种：一种是根据猪舍通风换气次数计算，夏季的换气次数为1次/min或者1次/2min。另一种是根据猪的头数和每头猪夏季所需通风量计算，湿帘—风机的距离以30～60m为宜。湿帘的面积=通风量/过帘风速。一般取1～1.5m/s的过帘风速。

2. 湿帘冷风机

在不便于安装湿帘—风机系统的有窗式猪舍，可以考虑采用正压送冷风的湿帘冷风机降温系统，该降温设备又名环保空调，湿帘冷风机将湿帘、风机组装为一体设备，可直接对猪舍降温或者将降温后的冷风通过风管送入猪舍。湿帘冷风机是由表面积很大的特种纸质制成的波纹蜂窝状湿帘、高效节能风机、水循环系统、浮球阀补水装置、机壳及电器元件制成。当风机运行时，冷风机腔内产生负压，机外空气通过多孔湿润的湿帘表面进入腔内，湿帘上的水在绝热状态下蒸发，带走大量潜热，迫使过帘空气的干球温度降至接近于机外空气的湿球温度。即冷风机出风口的干球温度比室外干球温度低5～12℃，空气越干热，其温差越大，从出风口出来的冷风不断送入室内，驱赶室内的热空气，使其从墙洞或门窗排出室外，降低室内温度。

该降温形式克服了负压通风降温对畜舍气密性要求高的缺点，可使畜舍建筑较为简单、成本降低，而且安装、维护和保养方便，适用于各种畜禽舍的降温。

3. 喷雾冷风机

喷雾冷风机降温的基本原理是普通的自来水在不需要任何的高压泵和喷嘴的情况下，经过过滤系统后，直接进入冷风机中，经冷风机扇叶的顶部通过扇叶高速旋转产生的离心力喷出，形成直径为 20~50μm 的细雾滴，雾滴与冷风机产生的风一起向前运动，弥漫在整个猪舍并与空气混合，利用水的蒸发，大量吸收空气中的热量，从而达到降温的目的。本系统不需要围护结构密闭，不需要改动原有的建筑，且水雾在到达猪身体前就蒸发，不淋湿猪体表面和地面。该降温方式降低的是猪舍整体温度，适用于有窗式猪舍和半开放式猪舍。

冷风机降温系统既可作单独通风，也可以喷雾与通风联合使用。当猪舍内温度超过控制器设定的温度值时，控制器系统自动开启供水电磁阀进行喷雾降温；当猪舍内的温度降到控制器设定的温度值时，系统就自动关闭电磁阀，停止喷雾，只进行通风换气。当舍外环境温度很高，喷雾降温不能达到控制器设定的低限温度值时，也可以根据定时器的设定，按一定时间间隔进行间歇性喷雾降温。

喷雾冷风机有手推式和悬挂式之分，悬挂式冷风机的安装高度和距离即安装位置直接影响冷风机需要安装的台数和运行效果。一般冷风机的安装高度为猪体高度与雾滴下落高度之和，安装间距约 10m，具体安装间距可根据设备厂家的技术参数确定。

目前，喷雾冷风机广泛用于奶牛和肉牛舍的夏季降温，在猪舍应用还不多，在半开放式猪舍不进行改造的情况下，喷雾冷风机是猪舍降温方式的一种选择。

4. 喷雾降温

喷雾降温是通过喷射超细粒水雾，水雾汽化吸收空气热量，从而降低环境空气温度，达到降温效果的一种技术。压力越大，雾滴直径越细，降温效果越好。喷雾降温系统由高压喷雾主机、自动控制器、过滤器、杆开关、喷头、喷座、管线、储水箱等组成，适用于有窗式或半开放式猪舍。

当猪舍内温度超过控制器设定的温度值时，控制器系统自动开启供水电磁阀进行喷雾降温；当舍内温度低于设定温度时，喷雾设备停止工作；当舍外温度很高时，喷雾降温不能达到控制器设定的低限温度值时，也可根据定时器的设定，按一定时间间隔进行间歇性喷雾降温。

安装要求：喷头的流量选择，高压喷雾的喷头流量有多种型号，猪舍可以选择 2 号（49~89ml/min）和 3 号（80~145ml/min）。喷头工作压力为喷嘴压力要求为 5~6MPa。产生的雾滴直径小于 20μm。

喷雾降温系统可兼做消毒使用。喷雾降温如不增加强制通风设施，舍内的湿度将较大。即存在着雾化不均匀、不彻底的缺点。喷雾降温适用于有窗封闭式猪舍和半开放式猪舍。

二、利用水对猪体降温

1. 滴水降温

滴水降温通常是猪的颈部前上方装置一个滴水头，靠水的间隔滴漏来降低局部温度，它不仅可以直接降低体温，改善采食量，还可降低舍温，减少体重流失。

滴水降温系统是利用滴水器将水滴滴在母猪肩部，这样可以保持母猪凉爽缓解热应激。滴水管一般设置在距离栏前段 50cm 的正上方 34～40cm 处。滴水量控制在每头 2L/h，生产中应根据实际情况调节滴水量，以水不湿至乳房、不湿至前蹄为宜，如果水滴过快导致地面大片潮湿应立即调整水滴速度。

滴水降温系统最好配置强制通风系统，即在舍内布置正压送风管道，送风管道将新风送到每头母猪头颈部，每头母猪通风量为 120m^3/h，到达母猪头颈部的风速为 0.6～1.0m/s，滴水降温系统中单独的滴水系统投资较小，风机投资和运行费用较高。

2. 喷淋降温

喷淋降温由于装置简单、工艺要求不高，在实际生产中应用较多。

普通的喷淋降温系统由水泵、管路、喷头 3 部分组成。喷淋降温系统与喷雾降温最大的区别就是雾滴直径，由于对于喷淋水滴直径要求不高使得降温设备运行成本进一步降低。由于水滴直径较大喷淋在动物体上水直接将动物体打湿，水分蒸发带走动物体热量，此装置易于安装、结构简单，而且效果明显。喷淋降温系统对猪舍结构没有要求，在密闭舍、开放舍、半开放舍使用均能取得良好的效果。喷淋降温也有一定的缺点，要控制喷淋的频率不要出现地面水汇流的现象，其技术要求为：水滴在喷到动物体之前不蒸发，喷湿动物背部而不让水流到地面。在安装喷淋设备时喷头要避开猪群的集中躺卧区，水泥地面要安装在靠近粪尿沟一侧的墙上，对于密闭舍使用喷淋降温要保持良好的通风，通风不畅导致舍内长时间高温高湿将对动物产生更加不利的影响。

猪舍内的饲养工艺不同，喷淋降温的技术参数也不同，因此，适用于不同养殖工艺的猪舍喷淋降温的技术参数还有待于进一步通过试验研究确定。喷淋降温不适用于高温高湿地区或者高温高湿时段。

三、利用地下水降温

北京市地下水温度约 15℃，利用地下水的冷量将猪舍内热量带走的降温称为地下水降温，该降温方式不增加猪舍内湿度。利用地下水降温时猪舍的末端方式主要有 2 种：一种是利用地下水对猪舍进行地板降温，利用地下水作为介质的地面降温系统具有良好的局部降温效果，为减轻夏季热应激给养猪生产造成的影响提供了又一途径；另一种直接利用地下水降温的方式是猪舍内采用风机盘管（水空调）对猪舍降温，其工作原理是机组内不断地再循环所在房间的空气，使空气通过冷水盘管后被冷却，以维持舍内设计温度。

水空调系统与传统的压缩机制冷相比，具有能耗和运行成本低、结构简单、安装维修方便等优点，符合目前畜牧业生产对畜舍温度调控设备的要求。此外，水空调的水在封闭系统中流动，降温过程中不会增加舍内湿度并且理论上不会受到污染，可以继续用于灌溉等。

第三节　猪舍取暖新技术

一、哺乳仔猪智能型保温箱保温技术

1. 哺乳仔猪环境需求特点

哺乳仔猪是指从出生到断奶阶段的仔猪，哺乳期长短因猪场而异，以周为生产节律的通常为 21~35 天。哺乳仔猪是生长发育最快的时期，也是抵抗力最弱的时期，哺乳仔猪的主要特点是生长发育快和生理上不成熟，对生长环境要求高，其环境需求特点如下。

（1）对温度要求较高。新生仔猪体内能量储备不多及能量代谢的激素调节功能不全，对环境温度下降极为敏感。新生仔猪体型小，单位体重的体表面积相对较大，且又缺少浓密的被毛以及皮下脂肪不发达，故处于低温环境中体温散失较快而恢复较慢，如不及时吃到初乳很难成活。仔猪正常体温约 39℃，刚出生仔猪在产后 6h 内最适宜的温度为 35℃左右，2 日内为 32~34℃，7 日龄后可从 30℃逐渐降至 25℃。仔猪生后体温下降的幅度及恢复所用时间视环境温度而变化，环境温度越低则体温下降的幅度越大，恢复所用的时间越长。

（2）哺乳仔猪耐寒能力差。刚出生仔猪被毛少，特别怕冷，当环境温度低到一定范围时，仔猪则会冻僵、冻死。据研究，出生仔猪如处于 13~24℃的环境中，体温在生后第一小时可降 1.7~7.2℃，尤其 20min 内，由于羊水的蒸发，降低更快。仔猪体温下降的幅度与仔猪体重大小和环境温度有关。吃上初乳的健壮仔猪，在 18~24℃的环境中，约两日后可恢复到正常，在 0℃（-4~2℃）左右的环境条件下，经 10 天尚难达到正常体温。出生仔猪如果裸露在 1℃环境中 2h 可冻昏、冻僵，甚至冻死。

2. 智能型哺乳仔猪保温箱特点

与普通的哺乳仔猪保温箱设计不同，生猪产业技术体系北京创新团队健康养殖与环境控制功能室岗位专家通过细致的观察和分析，设计出智能型哺乳仔猪保温控制箱，该箱体设计具有如下特点。

（1）阻燃保温。保温箱的作用是防止箱体内的热量散失并阻止外围冷凉气体进入，从而起到保温的效果。相对于现存的哺乳仔猪保温箱（玻璃钢、塑料板等），新型保温箱应用具有阻燃保温效果的材料——挤塑板作为箱体板材，这种板材常用于民宅的外墙保温，具有较好的防火阻燃性能。

（2）发热节能材料。保温箱底板和顶板上的发热材料采用新型发热碳纤维红外发热材料，该材料热能转化效率超过 80%，网状结构交错连接，断点续传不影响其余部位发热增温，较普通 250W 暖灯节能 60%以上。

（3）智能控制器操作简易。配套的智能型控制器是一款多功能型的仔猪保温箱智能空气质量、温度控制产品，能实时有效地监测室内空气质量及温度的实时变化情况，并智能控制新风系统对室内空气质量及环境温度进行调节，始终保持室内空气质量及环境的最佳状态。控制器实时数字显示室内 VOC 气体浓度和温度数值，让用户可以随时掌控室内空气环境质量。用户也可以根据仔猪生长要求自行或手动设定 VOC 浓度及温度报警参数，控制器可以根据用户设定的参数智能运行新风和加热设备，使室内空气质量及温度环境更适合仔猪生长特定要求。

3. 智能型哺乳仔猪保温箱应用功效

（1）保温箱主要实现的功能。主要有智能调节箱内温度变化、智能调节箱体空气质量、节能节电、智能液晶操作显示和防疫消毒程序提醒（图 7-3）。

图 7-3　智能型保温箱及操控结构

照明控制箱体前端面下部设有入口，所述箱体内底部和顶部均设有远红外发热板，所述箱体内顶部设有照明灯、温度传感器和 VOC（挥发性有机化合物）浓度传感器，箱体顶端面上设有观察口、风机和可编程控制器，控制器设有 LED 显示屏，所述可编程控制器与照明灯、温度传感器、VOC 浓度传感器和风机相连。

实时监测箱内温度，按照预设程序定时控制箱内温度和照明，实时排出空气中有害成分，箱体耐腐防水，保温性能好，箱体装配拆卸方便，易于保存。

仔猪保温箱在箱盖上安装的远红外发热板为远红外碳纤维网状电热膜，通电即热，升温快；分布密度高，发热均匀。远红外线被医学界奉为“生命之光”，它可激活畜禽体内的组织细胞，促进畜禽的新陈代谢，使有害物质及毒素得以迅速排出，对仔猪的生长及疾病的预防有一定的效果。控制器通过温度传感器和半导体 VOC 浓度传感器实时监测箱内温度和有机挥发物（VOC）的浓度（图 7-4）。然后根据预设程序控制远红外发热板使箱内温度恒定或按预设温度曲线控制；控制器可通过调节风机的运行状态实时控制箱内有机挥发物（VOC）的浓度；按预设程序控制照明灯。控制器将上述值实时显示在 LED 显示屏上，LED 显示屏还实时显示仔猪的日龄，并显示相应的防疫提醒。

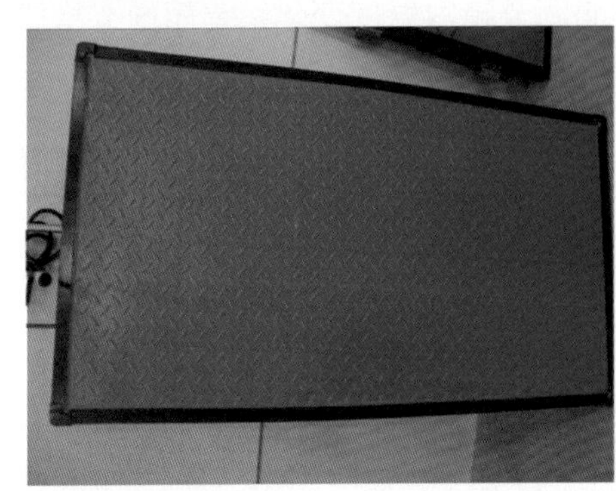
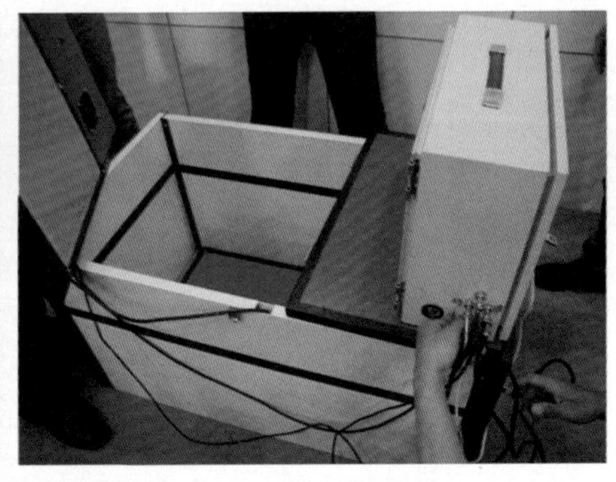

图 7-4　智能型控制器

（2）使用效果。该技术成果已取得一定程度的应用，在节能方面，智能型控制保温的日耗电量平均为 2.2 度，较传统 250W 玻璃钢保温箱省电超过（6.19 度）60%；在耐用程度上可以使用 5～8 年，较传统保温箱多使用 2～3 年；在仔猪成活率提高方面，该技术成果平均仔猪 28 日龄成活率为 93.47%。

二、发酵薄床仔猪保育养殖技术

（一）发酵薄床养殖构思

发酵床养猪技术是近 10 年来因养殖环保压力逐步增大而在国内兴起的一种生猪养殖模式。该养殖方式在有效减少粪污排放、节约用水等方面得到了广泛的认可，在国内一度迅猛发展，但因在生猪疫病防控、猪场消毒、畜舍环境控制等方面与行业现行养猪安全生产理念存在差异，以及垫料成本的不断上涨等原因，使得该养殖模式一直未能作为新的养殖模式获得行业部门推荐。结合项目组多年对发酵床养殖进行的跟踪和研究，认为发酵床养猪模式在技术上不存在问题，考虑到垫料、菌种、人工成本等因素，发酵床养猪技术不适宜于规模化程度相对较高、存栏量大的猪场使用，对中小散户生猪养殖者较为经济实用。

与常规发酵深床（80～100cm）相比，发酵薄床（厚度 40cm 左右）在为断奶仔猪提供舒适的生长环境方面优势突出（图 7-5）。刚断奶的仔猪由于机体自我应对环境的温度变化调节能力差，易出现着凉、感冒、腹泻、发病等情况，死亡率高一直是困扰养殖场户的难题，40cm 厚的发酵薄床一方面能保证发酵床的正常发酵运行，另一方面可以为仔猪提供温暖舒适的活动生长环境，较常规的地板或高床养殖方法，成活率提高 5%以上，受到中小养殖场的喜爱和接受。在成本方面较发酵厚床节省 50%以上。另外，该技术建议只在保育猪上应用，因此，发酵薄床使用年限较深床延长 2 倍以上，有效节约了成本，与果园种植结合效果更佳，果园利用冬春季节果树修剪枝条和农副作物秸秆作为发酵薄床垫料（垫料厚度 40cm），发酵薄床运行周期与生猪生产周期相吻合，猪粪垫料发酵作为果园果树需要的有机肥，生产有机水果，从而形成良性生态种养循环。

图 7-5　发酵薄床

（二）发酵薄床特点

1. 发酵床体薄

发酵薄床顾名思义就是床体薄，厚度仅有 40cm，较传统深床厚度减少 30~60cm。

2. 畜禽粪便原地消解零外排

发酵薄床养猪不需要对猪粪采用清扫排放，也不会形成大量的冲圈污水，从而没有任何废弃物、排泄物排出养猪场，基本上实现了污染物的原地消解，实现“零排放”标准，大大减轻了养猪业对环境的污染。节约水和能源，常规养猪，需大量的水来冲洗，而采用此法只需提供猪只的饮用水，能省水 80%~90%，发酵床产生热量，猪舍冬季无须耗煤耗电加温，节省能源支出。

3. 节省成本

由于不需要清粪，按常规饲养，能增加每个工人饲养猪的数量，而且发酵薄床垫料的使用量较深床节省 50%以上，在床体维护和管理上节省成本。

4. 种养结合

发酵薄床是针对发酵深床的诸多弊端和北京市部分郊区果园对有机肥的需要而研发

推广的实用技术，发酵薄床在40cm厚度的情况下，通过垫料配方的调配、菌种的选择及果园施肥节律的耦合，可以实现作为果园有机肥资源化利用及果园施肥节律的合理耦合的目的，实现种养结合。

5. 适合仔培

本技术对弱仔及饲养过程中由于细菌性疾病导致的生长缓慢的仔猪效果最为突出，特别适合仔培阶段使用。应用结果显示，养殖户积极应用该技术来提高仔猪的成活率，减少腹泻。

（三）发酵薄床养殖试验

发酵薄床（床体深度35~40cm）是相对于发酵深床（床体深度80~120cm）来说的一种发酵床体。发酵薄床以运行成本低、防疫消毒方式可匹配现行兽医防疫条例、满足果园施肥节律等优点受到养殖户的青睐，本试验是在对发酵薄床进行垫料厚度和垫料组合筛选的基础上开展的生产应用效果研究（崔晓东和陈余，2012）旨在实证40cm厚度发酵薄床在保育猪上的养殖生产应用效果。

实验在北京市房山区选取3个应用发酵薄床进行生猪养殖的中小猪场，猪场发酵薄床尺寸长3.5m，宽1.8m，深度0.4m（图7-6），共计20个圈舍。

图7-6　保育猪发酵薄床设计与使用

选取28日龄健康保育猪（外三元商品猪）作为试验动物，70日龄保育结束，仔猪28日龄断奶，断奶平均体重8.0~8.1kg。

结果显示发酵薄床养殖技术对降低仔猪保育期间腹泻发生率具有显著效果（$P<0.05$）（表7-1）。对照组仔猪在保育期间腹泻发生率达到43.43%，而试验组仔猪腹泻发生率降低到3.26%。保育猪死亡率则由11.11%下降到2.00%，此结果与仔猪对温度较为敏感有关，由于机体机能还未能发育完全，特别是从出生到保育期的仔猪对环境温度的变化尤为敏感，腹泻病更是常见，而发酵薄床的正常运行则能为保育猪躺卧时提供舒适的腹感温度，避免因小猪直接躺卧在水泥地面上腹部着凉而发生感冒性腹泻，提高仔猪的成活率。

发酵薄床显著提高保育猪在保育期间日增重（297g/d VS 213g/d），效果显著（$P<$

0.05)。这可能与发酵薄床改善猪只健康状况有关，保育猪保育期间腹泻状况得到显著改善，因此，仔猪体况较为良好，生长迅速，而对照组仔猪腹泻发病率较高影响了正常的生长节奏。

表 7-1　发酵床应用效果统计

项目	试验组	对照组
试验期（d）	42	42
进床头数（头）	306	99
转群头数（头）	300	89
腹泻头数（头）	10	43
腹泻率（%）	3.26a	43.43b
死亡头数（头）	6	10
死亡率（%）	2.0a	11.11b
平均断奶体重（kg）	8.026±0.52	8.145±0.48
平均保育期末体重（kg）	20.50±0.34	17.125±0.29
平均日增重（kg）	297.02±34.15a	213.81±23.21b

注：字母相同表示差异不显著，不相同表示差异显著。

因此，发酵薄床在降低保育猪腹泻率和提高日增重方面效果显著，建议中小户养殖者积极开展降低保育猪降低腹泻、提高增重的发酵薄床技术应用，以提高生猪养殖收益。

（四）发酵薄床与果园养殖技术耦合

1. 果园施肥节律与发酵薄床运行周期的耦合与果树有机肥的调配

利用发酵薄床饲养保育猪的条件下，全年可实现均衡有序使用，垫料可实现 4 批次更换（每 2 个月垫料可清理 1 次，中间消毒 1~2 周），更换的垫料可经自然堆肥发酵熟化后施用（每批次垫料至少有 72 天堆肥时间，可以满足果园施肥时间上的需要）。发酵薄床相对更适合于垫料原料比较丰富、周边地区果园和种植业比较发达的地区，利用各种作物秸秆、各类果树园林的剪枝做发酵床垫料，使用后的发酵床垫料经堆肥发酵后生成有机肥，生产有机果品及食品，实现粪污的循环还田，达到废弃物的资源化利用，带动生猪养殖业的健康发展。

在北京周边各区，果园一般在每年 4 月初和 11 月初进行施肥，根据发酵薄床的运行周期（72 天），可设计果园施肥节律与发酵薄床运行周期耦合的有效方式。

建议断奶后的仔猪进入发酵薄床生长的时间为 72 天，若消毒时间为 1~2 周（14 天），72+14=86≈90 天=3 个月（图 7-7）；根据猪场的生产规模，一年最多可饲养

12÷3＝4 批猪。猪生长期安排如下。

0～28 日龄：产房

28～85 日龄：发酵薄床

85～155 日龄：育肥舍

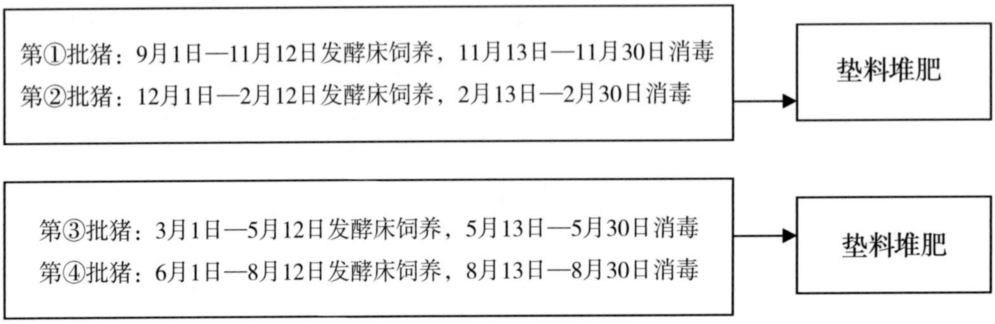

第①批猪：9月1日—11月12日发酵床饲养，11月13日—11月30日消毒
第②批猪：12月1日—2月12日发酵床饲养，2月13日—2月30日消毒
→ 垫料堆肥

第③批猪：3月1日—5月12日发酵床饲养，5月13日—5月30日消毒
第④批猪：6月1日—8月12日发酵床饲养，8月13日—8月30日消毒
→ 垫料堆肥

图 7-7　发酵床周年使用安排

2. 果树有机肥配制

翻堆堆肥处理技术是较为传统的堆肥方法之一，有着广泛的应用。它采用机械翻堆的手段使堆肥物料与空气接触而补给氧气。利用翻堆式堆肥的方式，先将发酵床垫料从猪舍取出堆制成一定形状堆体，堆肥过程中的温度可达 60～70℃，通过机械翻堆保证堆体内氧气供应，翻堆频率为每周两次，堆肥时间以是否腐熟为依据（图 7-8）。

图 7-8　垫料常规堆肥监测试验现场

课题组先后开展了发酵厚床和薄床模式的生猪养殖（图 7-9），由于发酵床养殖技术在对河流周边（通州北运河沿线 20 个猪场）猪场粪污处理和环境保护上取得了显著效果，此项技术在减排粪污方面成效得到北京市环保局的认同，在 2012 年度北京市登记备案规模畜禽养殖场（养殖小区）的粪污处理和环境监测治理中，引入了发酵床作为畜禽场环境治理的技术之一，为此还专门听取了岗位专家的意见和建议，最终取得了

一系列成果。

图 7-9　发酵床养猪和垫料二次发酵试验现场（应用发酵素）

垫料有机肥堆制腐熟后，检测其营养元素含量。YJ1203-110-3 为秸秆、稻壳、锯末含量分别为 40%、36%、24% 的垫料组合堆制有机肥的营养元素检测结果（表 7-2）。根据有机肥的标准要求（表 7-3），总养分（氮磷钾）含量 4.16%≥4.0%，有机质含量 32.6%≥30.0%，发芽率 95%≥80%，水分含量 18.92%≤20%，满足有机肥的要求。

表 7-2 垫料有机肥营养元素含量检测结果

编号	原编号	全氮（%）	全磷（%）	全钾（%）	有机质（%）	水分（%）	全碳（%）	锌（mg/kg）	铜（mg/kg）	电导率［μS/cm（1∶5）］	铵态氮（mg/kg）	发芽率（%）	大肠杆菌
YJ1203-108	#1	1.06	1.22	1.46	32.8	18.74	15.0	195.0	137.8	1 143	397.6	98	>0.111
YJ1203-109	#2	0.98	1.17	1.34	25.1	20.27	10.5	171.4	113.0	1 357	346.5	100	>0.111
YJ1203-110	#3	1.44	1.09	1.63	32.6	18.92	10.8	183.8	146.1	1 017	576.4	95	>0.111
YJ1203-111	#4	1.39	1.21	1.64	33.5	18.37	15.4	242.3	162.6	1 523	796.6	100	>0.111
YJ1203-112	#5	1.29	1.42	1.68	31.9	24.97	14.4	246.8	186.2	1 230	688.5	95	>0.111

注："原编号"中的1、2、3、4、5分别为垫料组合筛选试验中秸秆含量分别为0%、20%、40%、60%、80%的垫料组合

表 7-3 有机肥料的技术指标

项目	指标
有机质含量	≥30%
总养分（氮磷钾）含量	≥4.0%
发芽率	≥80%
水分（游离水）含量	≤20%

3. 果树施肥配方

有机肥总替代率=（单施化肥的总质量-同施有机肥时施用化肥的总质量）/单施化肥的总质量

（1）苹果树施肥配方（单位：亩。1亩≈667m^2，全书同）（表7-4）。

表 7-4 苹果树不同生长期施肥配方

	苹果幼树				苹果成树（目标产量 3 000kg）			
阶段	单施化肥	有机肥+化肥		替代率	单施化肥	有机肥+化肥		替代率
芽前	尿素 8.7kg＋过磷酸钙（18%）44.4kg	尿素 6.5kg＋过磷酸钙 36.11kg		—	尿素 14.35kg＋过磷酸钙（18%）48.9kg	尿素 13kg＋过磷酸钙 44.44kg		—
开花	$N-P_2O_5-K_2O$（17－17－17）复合肥 23.5kg	$N-P_2O_5-K_2O$（17－17－17）复合肥 20kg		—	尿素 14.35kg＋过磷酸钙（18%）24.5kg＋K_2SO_4（50%）11kg	复合肥（17－17－17）的 23.53kg+尿素 4.35kg+硫酸钾 2kg		—
果实膨大	K_2SO_4（50%）20kg＋尿素 8.7kg	K_2SO_4（50%）18kg＋尿素 7.5kg		—	尿素 14.35kg＋K_2SO_4（50%）27kg	尿素 13kg+硫酸钾 25kg		—
秋后	$N-P_2O_5-K_2O$（17－17－17）复合肥 35.3kg+尿素 4.4kg＋过磷酸钙（18%）11kg	垫料有机肥 715.6kg	总	43.5%	尿素 28.7kg＋过磷酸钙（18%）48.9kg＋K_2SO_4（50%）16kg	垫料有机肥 871.5kg	总	49.47%

（2）草莓施肥配方（单位：亩）（表 7-5）。

表 7-5 每亩大棚草莓、露地草莓施肥配方

	大棚草莓推荐施肥（目标产量 2 500kg）				露地草莓推荐施肥（目标产量 2 000kg）			
阶段	单施化肥	有机肥+化肥		替代率	单施化肥	有机肥+化肥		替代率
芽前	复合肥（17－17－17）53kg＋尿素 2.2kg＋硫酸钾 4kg	$N-P_2O_5-K_2O$（17－17－17）复合肥 44kg		—	尿素 22.8kg，过磷酸钙（18%）26.1kg，硫酸钾（50%）7.3kg	加入尿素 10kg、二铵（18-46-0）3kg、硝酸钾（13-0-46）4.3kg		—
秋后	$N-P_2O_5-K_2O$（16－16－17）复合肥 56kg，+尿素 2kg+硫酸钾（50%）2.8kg	垫料有机肥 2744.03kg	总	63.0%	尿素 22.83kg，过磷酸钙（18%）26kg＋硫酸钾（50%）14.6kg	垫料有机肥 877.78kg	总	85%

（3）梨树施肥配方（单位：亩）（表 7-6）。

表 7-6　每亩梨树不同生长期施肥配方

梨幼树					梨成树（目标产量 2 000~2 500kg）			
阶段	单施化肥	有机肥+化肥		替代率	单施化肥	有机肥+化肥		替代率
花期	氮磷钾含量为 25-12.5-12.5 的复合肥 16kg	氮磷钾含量为 25-12.5-12.5 的复合肥 15kg		—	—	—		—
果实膨大	—	—		—	氮磷钾含量为 20-10-20 的复合肥 40kg	氮磷钾含量为 20-10-20 的复合肥 40kg		—
采后	氮磷钾含量为 25-12.5-12.5 的复合肥 8kg。	垫料有机肥 122.02kg	总	37.5%	施用氮磷钾含量为 25-12.5-12.5 的复合肥 32kg	垫料有机肥 596.52kg	总	44.4%

（4）桃树施肥配方（单位：亩）（表 7-7）。

表 7-7　每亩桃树不同生长期施肥配方

桃幼树					桃成树（目标产量 2 500kg）			
阶段	单施化肥	有机肥+化肥		替代率	单施化肥	有机肥+化肥		替代率
芽前	—	—		—	氮磷钾含量为 20-10-20 复合肥 10kg	施用氮磷钾含量为 20-10-10 的复合肥 10kg		—
开花	氮磷钾含量为 20-10-10 复合肥 18.75kg	施用氮磷钾含量为 25-12.5-12.5 的复合肥 16kg		—	—	—		—
果实膨大	—	—		—	施用氮磷钾含量为 20-10-20 的复合肥 40kg	氮磷钾含量为 20-10-20 的复合肥 40kg		—
秋后	尿素 4.35kg，过磷酸钙 5.56kg，硫酸钾 2kg	垫料有机肥 171.53kg	总	47.8%	氮磷钾含量为 20-10-10 复合肥 30kg	垫料有机肥 475.70kg	总	37.5%

（5）成本计算（表 7-8）

表 7-8　不同施肥形式下果树成本对照表

（单位：元/亩）

项目	苹果幼树（树龄 5 年以下）	苹果成树（树龄 5 年以上）	大棚草莓	露地草莓	梨幼树（树龄 5 年以下）	梨成树（树龄 5 年以上）	桃幼树（树龄 5 年以上）	桃成树（树龄 5 年以上）
单施化肥	400.1	521.9	449.2	258.9	86.4	267.2	90.3	304.0
有机肥+追肥	290.4	320.7	26.6	62.5	53.9	152.0	57.5	189.9
节约成本	109.7	201.2	422.6	196.4	32.5	115.2	32.8	114.1
节约	27.4%	38.5%	94.0%	75.9%	37.6%	43.1%	36.3%	37.5%

三、仔猪标准化地暖板养殖技术

1. 碳纤维材料及特点

碳纤维兼具碳材料强抗拉力和纤维柔软可加工性两大特征，是一种力学性能优异的新材料。同钛、钢、铝等金属材料相比，碳纤维在物理性能上具有强度大、模量高、密度低、线膨胀系数小等特点，可以称为新材料之王。

碳纤维除了具有一般碳素材料的特性外，其外形有显著的各向异性，柔软，可加工成各种织物，又由于比重小，沿纤维轴方向表现出很高的强度，碳纤维增强环氧树脂复合材料，其比强度、比模量综合指标在现有结构材料中是最高的。

碳纤维还具有极好的纤度，几乎没有其他材料像碳纤维那样具有那么多一系列的优异性能，因此在旨度、刚度、重度、疲劳特性等有严格要求的领域。在不接触空气和氧化剂时，碳纤维能够耐受3 000℃以上的高温，具有突出的耐热性能，与其他材料相比，碳纤维要温度高于1 500℃时强度才开始下降，而且温度越高，纤维强度越大。碳纤维的径向强度不如轴向强度，因而碳纤维忌径向强力（即不能打结）而其他材料的晶须性能也早已大大的下降。另外碳纤维还具有良好的耐低温性能，如在液氮温度下也不脆化。

2. 碳纤维标准化地暖板设计

考虑目前养殖工艺特点及实用性，有两种标准化的碳纤维材料保温地板，一种是与现有漏粪地板尺寸相吻合（40cm×60cm），能替代漏粪地板安装在仔猪躺卧区域，该设计既能节约漏粪地板，又能与现有工艺进行配套，不影响现有设施的安装与运行，缺点是安装的板块较多，线路连接稍有复杂；在此基础上课题组又进行了板块的改进，设计出另一种保温板块，尺寸规格为1m×2m，直接放置在仔猪圈舍上面，小猪直接躺卧，该工艺板块可以直接拿下清洗，在夏季也可取出，方便拆卸和清洗，热域面积大，效能高。

3. 碳纤维材料标准化地暖板应用效果

幼猪能否健康发育生长及成活率的高低，是养猪业非常重视的问题，其直接影响养猪业的经济效益。其中，温度是影响仔猪成活和生长的关键因素，特别是在冬季，受低温寒冷干燥天气影响，仔猪易受风寒着凉而感冒、拉稀、咳嗽等，尤其是保育阶段的猪，对温度条件要求高，目前条件下，北京市保育猪猪舍以水泥地面圈、地面床养殖方式居多，供暖采用燃煤热风炉、水暖、电地暖供热。随着节能环保政策措施的实施，燃煤以及高耗能的供热方式的缺点存在，使传统的供热方式面临淘汰的危险。因此，新型的仔猪保暖供热方式和技术是未来仔猪保育提活技术的重点，为此，项目组利用现行条件下新材料开展了保育仔猪地暖板的研制和应用效果研究（图7-10），以期减少北京市生猪冬季仔猪保育中燃煤的用量，节能减排，提高仔猪成活率。

新型保温板对降低仔猪保育期间腹泻发生率具有显著效果，对照组仔猪在保育期间腹泻发生率达到27.78%，而试验组仔猪腹泻发生率降低到3.75%，仔猪死亡率减少10.95%。

仔猪对环境及腹感温度最为敏感，由于保育猪机体机能尚未发育完全，还不能有效

图 7-10　标准化地暖板示范应用

应对环境温度变化，因此，腹感温度是衡量仔猪所处环境温度指标的关键，在本冬季的试验中，试验小猪的腹感温度却达到 24℃左右（保温板设定温度为 35℃），而对照组室温为 20℃，但仔猪腹感温度仅能达到 16℃，由此可以看出，保温板能为仔猪提供舒适的躺卧区温度保障，在温度均匀的情况下，仔猪发生腹泻的情况减少明显，死亡率得到有效降低。

标准化地暖板（100cm×200cm）节能效果与传统燃煤方式相当（表 7-9），以圈为独立单位统计，试验组猪群每天的用电量为 11.52 度，对照组燃煤的电当量为 11.84 度，两者在用电方面能耗相当，但新型电热板在替代燃煤、减少空气污染方面具有积极的作用。

表 7-9　保育舍标准化保温板效果

组别	组 1	组 2	对照组
保育开始数量（头）	40	40	41
保育结束数量（头）	40	39	36
死亡数（头）	0	1	5
死亡率（%）	0	1.25	12.20

（续表）

组别	组 1	组 2	对照组
腹泻发生数（头）	0	3	10
腹泻发生率（%）	0	3.75	27.78
舍内温度（℃）	16	16	20
舍外温度（℃）	24	24	16
耗能（kW·h/天）	11.52	11.52	11.84

4. 应用建议

（1）新型标准化地暖板应用新型发热碳纤维材料作为发热体，该技术应用于断奶仔猪的保暖，减少仔猪腹泻发生率和死亡率效果明显。

（2）新型标准化地暖板能有效提高保育猪躺卧区的腹感温度，是减少仔猪腹泻和死亡的关键点。

（3）在北京市提倡绿色能源和节能减排的大背景下，新型标准化地暖板在替代燃煤方面具有重要的参考作用。

四、碳纤维材料地暖养殖技术

1. 猪舍采暖的现状与发展

冬季，北方气温较低，猪的生长性能降低，料重比升高，猪如果受凉会引起感冒、拉稀、咳嗽等问题，保暖差严重影响猪场的经济效益，因此必须做好猪场的采暖措施。实际生产中最好将局部采暖保温和全部采暖保温两者结合，从而达到经济实用效果好的目的。

保温方面关键问题是猪舍结构的保暖性能，最简单的保温方法就是封闭猪舍，比如关闭门窗、放下帘子、堵住漏风处。使用材料可根据室外温度进行选择，如果气温很低，可使用双层门帘，窗户外钉一层木板或者塑料膜，提高保暖效果。

采暖设施有多种选择，可以根据猪舍实际情况和经济情况综合选择。常用的有：发酵床养殖、煤炉采暖、火墙、地暖、水暖、气暖、塑料大棚、热风炉、空调和红外灯等方式。

2. 远红外发热软板的发热原理

远红外线发热纤维软板是以非金属材料复合成型的网状发热电阻，在高真空状态下绝缘压膜成型而制造的。它利用电流激发碳分子剧烈运动产生热量，并以大量释放的远红外线向外传递热能。该产品克服了常规电热产品电热转化率不理想、发热不均匀、接线复杂、耐用程度差等诸多缺陷，并持续大量释放远红外线，是具有国际先进水平的现代化电采暖换代产品。该发热材料以电为能源，但是功率很低，大面积低温触发远红外线辐射采暖，具有恒温可调、单室可控、节能、环保、安全、寿命高、利于维护等特点。

3. 不同采暖方式效果比较（表 7–10）

表 7–10　各种供暖方式特点比较

措施	是否易办理	效果	成本	使用方便程度
煤炉	是	一般	低	难
蜂窝煤炉	是	不好	低	难
火墙	猪舍设计好	好	中	难
地炕	猪舍设计好	很好	中	中等
地暖	猪舍设计好	很好	中	中等
暖气	是	一般	高	中等
塑料大棚	是	不好	低	方便
电空调	是	最好	高	方便
热风机	是	最好	高	方便

以下是几种常用采暖设施及特点。

（1）煤炉。普通燃煤取暖设施，常使用于天气寒冷而且块煤供应充足的地区，使用的燃料是块煤，优点是加热速度快，移动方便，可随时安装使用；在猪舍使用时用于应急较好。

（2）蜂窝煤炉。使用燃料为蜂窝煤，供热速度和量较煤炉慢而少，但因无烟使用方便，在全国许多地区使用；优点是移动方便，可随时安装使用，应急时有时不必安装烟囱，比煤炉更方便。

（3）火墙。在猪舍靠墙处用砖等材料砌成的火道，因墙较厚，保温性能更好些；火墙在较寒冷地区多用；如果将添火口设在猪舍外，还可以防止煤烟火或灰尘等的不利影响。

（4）地炕。将猪舍下方设计成火道，火在下方燃烧时，地面保持一定的温度；因为热量是由下向上散发的，火炕既可保持适宜的温度，还可在猪舍温度较低时猪的有效温度较高，大大节约成本。另外，还可以把地炕设计成烧柴草形式，燃料为廉价的杂草或庄稼秸秆。

（5）地暖。类似地炕，但不同之处是在水泥地面中埋设循环水管，需要供暖时，将锅炉水加热，通过循环泵将热水打进水泥地面中的循环水管，使地面温度升高；这一方法在许多猪场使用，效果非常好；而且不占用地面面积，老式猪舍也很容易改建。如果在水泥地面下铺设隔热垫层，防止热量向下面散发，可节约部分燃煤成本。

（6）水暖。同居民使用的水暖，但因猪一般都处于低位，水暖气片的热量是向上升的，取暖效果一般，而且投资大，占地面积也大，使用量正在减少。

（7）气暖。同水暖，供热速度更快，容易达到各种猪舍对温度的要求；不足之处是对锅炉工要求较高，不适于小型猪场使用。

（8）塑料大棚。这是农户养猪使用最普遍的设施，投资少，使用方便。

(9）空调。投资大，费用高，只能应急使用。

(10）热风机。也叫畜禽空调，是将锅炉的热量通过风机吹到猪舍，舍内温度均匀，而且干净卫生，价格也较空调便宜得多，许多大型猪场使用。

(11）红外线灯。是局部供暖的不错选择，适用于应急使用；特别是在新转入猪群中使用，容易操作，很受饲养者欢迎。

(12）电热板。是一种恒温辐射式采暖设备，适用于刚出生仔猪取暖，具有防仔猪扎堆睡觉，提高仔猪存活率的优点，其使用效果远比红外线灯好，是当下最受欢迎的仔猪保暖设备。

4. 远红外电采暖系统优势

使用远红外线发热纤维软板采暖，当软板表面设定温度达到 16℃时，能达到传统发热元件表面 20℃的采暖效果，远红外线辐射采暖，室内周围物体温度高于空气温度，短期关闭发热系统时，室内周围物体散发的热量会起到保持室温稳定的作用。实验表明，在国家规定标准建筑节能房间内，发热系统停电 8h，室温仅下降 2℃，耗电量约为传统电热元件的 2/3。

5. 远红外碳纤维材料地暖应用成效

保育舍仔猪地暖以新型的发热材料为原料，以嵌入式平铺地面，连接温控装置和供电装置即可，敷设及安装同普通电地暖或水地暖的安装（图 7-11）。统计监测数据表明，应用新型材料地暖对于能源节约和仔猪的成活率有较好的作用，其中能耗节约 50. 3%，成活率提高约 10 个百分点（表 7-11），相当于每窝多成活 1 头仔猪，养殖户能切实感觉到实在的好处和效果。

表 7-11 新型材料地暖效果试验

项目	对照组	试验组
保育猪（头）（窝）	141（14）	127（12）
能源消耗费（元）	30（热风炉耗能）	14. 9
保育期末头数（头）	120	121
成活率（%）	85. 10	95. 27

备注：对照组数据是以燃煤为基础计算，不计不可测量能耗，经验值；试验组为测量值。

第四节 生猪养殖节水新技术

一、生猪养殖节水背景

1. 发展节水、生态畜牧业符合首都农业产业结构调整要求

近 40 年来，北京畜牧业作为特大城市保障性供给基础产业的地位得到很好巩固，从 20 世纪 80 年代的城郊依附型畜牧业，到 90 年代的都市畜牧业，再到 21 世纪的都市型现代畜牧业，30 多年发展历程，始终坚持“服务首都、富裕农民”发展理念，每一

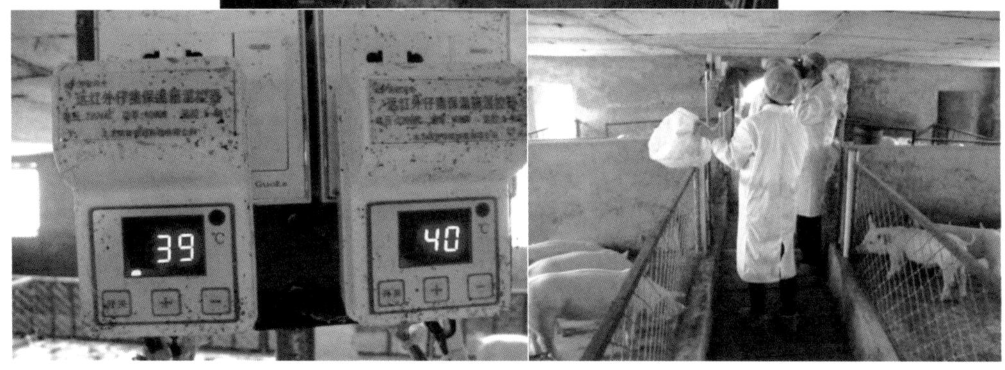

图 7-11　保育猪新型地暖应用情况

阶段的发展调整，都服从和服务于不同时期城市功能定位和城乡建设需要，成功走出了一条都市型现代畜牧业发展道路。但水资源的严重短缺和污染制约了畜牧业的发展，目前北京市人均水资源的占有量为 285t，是全国人均的 1/7，世界人均的 1/12，低于国际人均下限 1 000t 的警戒线，属于极度缺水地区。2014 年 3 月，习近平总书记在视察北京时明确提出北京要转变农业发展方式，推进节水和生态农业。北京畜牧业的发展，只有同首都战略功能定位契合，与首都发展阶段性特征相适应，才能实现新的跨越发展。

2. 发展节水畜牧业，开展畜牧养殖节水技术研究符合北京市相关政策

北京市委、市政府认为农业节水工作是有空间、有潜力的，都市型现代农业是有基础、有优势的。在此基础上，北京市农委、农业局等相关部门共同研究起草了《关于调结构转方式、发展高效节水农业的意见》，并经北京市政府常务会议和市委常委会审议通过，北京市农业局也制定了关于农业畜牧业节水行动的“2463”计划，即针对养殖环境中设备老化、工艺落后等问题，推广畜禽养殖饮水节水、畜禽污染及资源化利用、场内高效集雨等畜牧业高效节水技术。

3. 开展节水畜牧养殖技术研究是发展生态、健康畜牧业的重要环节

生态、健康养殖就是要在养殖环境、产品质量、畜禽健康和废弃物循环利用方面进行统一，要实现这个目标，节水畜牧养殖技术必不可少。畜禽节水技术的应用能有效避免水资源的浪费和污水的额外产生，保证了畜禽正常的饮水需要的同时，保护了养殖环

境的清洁和干燥，有利于动物的健康生长。截至 2014 年年底，全市生猪存栏量达到 179. 60 万头，年出栏 305. 76 万头，每头生猪平均每天产生污水 10kg，浪费更是达到 12kg，按此计算，全年共产生污水达 2 551. 20万 t，若应用节水型饮水装置，每头猪节水量按 30%算，可节约用水 700 万 t 以上，技术的应用对推进畜牧业健康发展具有重要意义。

二、不同阶段猪饮水特点及需要量

在正常温度下，水的正常需要量与年龄、体重、饲料组成和生理状态有关。当考虑到采食饲料与水的需要量关系时，猪每天消耗每 1kg 饲料会消耗 2~3kg 水。但不同的研究者在不同动物、不同条件下得出的结果差异较大。

1. 哺乳仔猪

关于哺乳仔猪饮水的需要量有不同的研究结果。Wcjjcik 等认为，仔猪出生后 5 天之内不需要饮水，而且每个哺乳仔猪平均 28 天总的饮水量与季节有关。Nagai 等研究发现，猪出生后 3~5h 开始饮水，同时，他认为哺乳仔猪的饮水量与温度、吃奶量及出生重有关。

2. 断奶仔猪

断奶后第 1 天仔猪的液体摄入量显著下降，从 800ml 母乳到约 200ml 水，液体摄入量的降低将严重影响仔猪消化固体饲料的能力，表现断奶后头几天零增长甚至负增长。一些试验结果表明，刚断奶仔猪平均要用大约 25h 的时间才能找到饮水，断奶后的 3 天内，大约只能饮 1L 水，断奶后 4 天饮水量开始增加，断奶仔猪饮水少，降低仔猪消化日粮能力，导致胃肠道的紊乱，如腹泻，并影响生长，如果仔猪饮水量增加，马上会得到相反的效果，因此，对于断奶仔猪来说，应尽量使其多饮水，有人试验得出 3~6 周龄饮水量和采食量呈正相关。

3. 生长猪

正常环境温度下，生长猪采食每千克的干物质饲料的饮水量是 3. 9L，随着体重的增加，每千克干物质采食量的饮水量降低，但随着温度的提高，这个数值提高。当猪体重范围在 25~45kg 或体重高于 70kg 时，水料比例分别为 2：51、2：215 和 2：1，研究得出随着猪体重的增加水料比降低的结果。研究表明，猪的水料比例从 3：215 降到 1：613时，虽然没有影响生长，但影响了干物质的表观消化率。

4. 母猪

猪各阶段的饮水量变化很大（表 7-12）。怀孕母猪的饮水量在 6. 8~13L/天，平均为 10L/天。即使是同样的日粮，母猪饮水量在 5~25L/天。非怀孕母猪饮水的变异大，妊娠母猪上也得出相似的结果，分析可能与母猪的呆板反应有关。母猪发情期饮水减少。妊娠期的饮水变异大，可能与母猪体重、妊娠阶段有关。从妊娠开始到妊娠的 11 周，妊娠母猪的饮水量逐渐升高到 18. 4L/天，但是 11 周后降低至 16L/天，妊娠阶段对饮水没有影响。泌乳母猪的饮水量比空怀母猪至少高 40%，泌乳母猪的饮水量受泌乳阶段、采食量、日粮纤维、盐、环境温度、饮水器、产仔数、健康等因素的影响，变异很大。干乳期母猪每天至少饮水 15L，否则易造成缺水，进而导致母猪干乳期延长和泌尿系统疾病，尿路疾病的发生概率在母猪断奶后加重，可能与生产上普遍限水有关，更明显的是60%~80%母猪的死亡与肾病和尿路疾病有关，因此，断奶母猪的限水可能会加重母猪死亡率。

表7-12　各阶段猪饮水需要量

猪生长阶段	猪体重（kg）	每天需要水的升数（L）	水嘴流量（ml/min）
断奶仔猪	6	0. 19~0. 76	500
断奶仔猪	10	0. 76~2. 5	500
生长猪	25	1. 9~4. 5	700
育肥猪	50	3. 0~6. 8	700
育肥猪	110	6. 0~12. 0	1 000
怀孕母猪		7. 0~17. 0	1 000
哺乳母猪		14. 0~29. 0	1 500

三、现有生猪养殖饮水设备及特点

猪只随时饮用足够量的清洁饮水，是保证猪正常生理和生长发育，最大限度发挥生长潜力和提高劳动生产率不可缺少的条件之一。猪自动饮水器的种类很多，有鸭嘴式、乳头式、杯式等。

1. 鸭嘴式自动饮水器

目前国内外猪场使用最多的是鸭嘴式猪用饮水器（图7-12）。主要由阀体、阀芯、密封圈、回位弹簧、塞盖、滤网等组成。其中阀体、阀芯选用不锈钢材料，弹簧、滤网为不锈钢材料，塞盖用工程塑料制造，整体结构简单，耐腐蚀，工作可靠，不漏水，寿命长，猪饮水时，嘴含饮水器，咬压下阀杆，水从阀芯和密封圈的间隙流出，进入猪的口腔，当猪嘴松开后，靠回位弹簧张力，阀杆复位，出水间隙被封闭。水停止流出。鸭嘴式饮水器密封性好，水流出时压力降低，流速较低，符合猪只饮水要求。安装这种饮水器的角度有水平和45°角两种，离地高度随猪体重变化而不同。

2. 乳头式猪用自动饮水器

乳头式猪用自动饮水器的最大特点是结构简单，由壳体、顶杆和钢球三大件构成。猪饮水时顶起顶杆，水从钢球、顶杆与壳体的间隙流出至猪的口腔中，猪松嘴后，靠水压及钢球、顶杆的重力，钢球、顶杆落下与壳体密接，水停止流出。这种饮水器对泥沙等杂质有较强的通过能力，但密封性差，并要减压使用，否则，流水过急，不仅猪喝水困难，而且流水飞溅，浪费用水。

3. 杯式猪自动饮水器（图7-13）

杯式饮水器是一种以盛水容器（水杯）的单体式自动饮水器，常见的有浮子式、弹簧式和水压阀杆式等形式。浮子式饮水器多为双杯式，浮子室和控制机构放在两水杯中间。通常一个双杯浮式饮水器固定安装在两猪栏间的栅栏间壁处，供两栏猪共用。浮

图 7–12　猪用鸭嘴式自动饮水器

子式饮水器由壳体、浮子阀门机构、浮子室盖、连接管等组成。当猪饮水时，推动浮子使阀芯偏斜，水即流入杯中供猪饮用，当猪嘴离开时，阀杆靠回位弹簧弹力复位，停止供水，浮子有限制水位的作用，它随水位上升而上升，当水上升到一定高度，猪嘴就碰不到浮子了，阀门复位后停止供水，避免水过多流出。

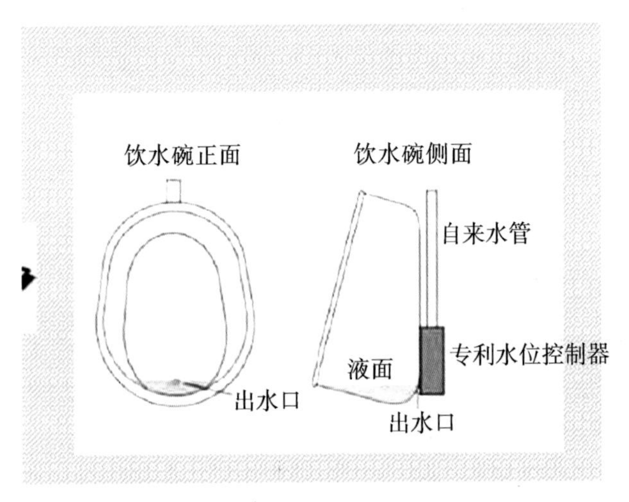

图 7–13　杯式猪用自动饮水器

4. 弹簧阀门式饮水器

水杯壳体一般为铸造件或由钢板冲压而成杯式，杯上销连有水杯盖。当猪饮水时，用嘴顶动压板，使弹簧阀打开，水便流入饮水杯内，当嘴离开压板，阀杆复位停止供水。

5. 水压阀杆式饮水器

靠水阀自重和水压作用控制出水的杯式饮水器，当猪只饮水时用嘴顶压压板，使阀杆偏斜，水即沿阀杆与阀座之间隙流进饮水杯内，饮水完毕，阀板自然下垂，阀杆恢复正常状态。

6. 碗式水位自动控制饮水器（图 7-14）

碗式水位自动控制饮水器是生猪产业技术体系北京创新团队健康养殖岗研发的新型节水饮水器，水位根据猪只饮用情况自动调节控制，不易造成浪费，节约用水，同时避免夏季猪的玩耍造成的浪费。

图 7-14　碗式饮水器

监测分析表明，因猪只玩耍及饮水器压力过大等，造成饮水浪费占到猪场总饮水的近 50%，饮水洒漏不仅造成浪费，而且大大增加了废污水产生量，带来后续污水处理负荷增加。因此新型节水饮水器在节水型生猪养殖产业中的应用具有重要意义。

北京市畜牧总站通过对比碗式饮水器和鸭嘴式饮水器，夏季和秋季监测的不同饮水器用水量结果见表 7-13。

表 7-13　碗式饮水器、鸭嘴式饮水器用水量比较

饮水器种类	夏季哺乳母猪用水量［L/（天·头）］	秋季哺乳母猪用水量［L/（天·头）］
铸铁饮水碗	118	58
不锈钢饮水碗	—	39
鸭嘴式饮水器	83	44

由以上监测结果分析可得出以下结论：

（1）市场上现有铸铁饮水碗尺寸对哺乳母猪来说偏小，铸铁饮水碗较鸭嘴式饮水器用水量大。鸭嘴式饮水器哺乳母猪饮水量为 16~66L/（天·头），铸铁饮水碗及漏水引起的用水量最大可达鸭嘴式用水量的近 10 倍。

（2）市场上现有不锈钢饮水碗（尺寸大于铸铁饮水碗）较鸭嘴式饮水器节水约 11.5%。

（3）水管漏水引起的耗水量远大于猪饮水量。

7. 圆盘式水位控制饮水器（图 7-15）

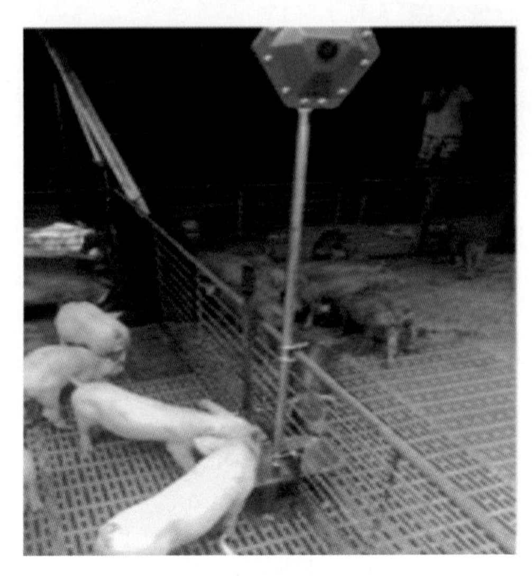

图 7-15　圆盘式饮水器

这是一款国内某公司生产的自动控制水位的饮水器，饮水器由不锈钢饮水盘、水位控制器组成，水位是根据饮水盘里剩余水的水位由控制器调节是否补充水量，实现饮水控制。但要求自来水水压至少达到一个压力以上。

四、猪舍环境监控

现代集约化养殖对养殖环境调控的要求愈发严格。健康良好的养殖环境不仅能为畜禽提供一个适宜生长的环境，还能有效降低畜禽疫病的发生，减少药物使用，同时还能促进畜禽生产性能发挥、保障畜产品质量安全和保护生态环境。随着养殖集约化程度的提高，传统依靠自然或人工调控环境的手段存在人为因素干扰大、不稳定、不节能等诸多问题，已难以满足现代畜牧业发展的要求。因此，集成监测、通信、自动控制手段的物联网技术，建立养殖环境智能监控是推进现代畜牧业发展的新途径。

猪场环境智能监控技术是应用现代物联网技术建立舍内温湿度、有害气体等关键环境指标的监测数据采集系统，应用非线性算法进行关键指标的综合分析，根据生产标准及空气环境质量要求，控制猪舍通风、降温、自动清粪、供暖、消毒等设备的开启和关闭，以实现舍内温湿度、有害气体浓度、空气中微生物及病原体量控制在适宜范围内，满足养殖业生产需求及环保要求。

（一）温湿度监控

温湿度监控是对猪舍温湿度进行实时监测，并根据猪舍温湿度的需求（表 7-14）及舍内温度、湿度监测数据，控制通风、降温、供暖等设施设备，实现舍内温热环境按需调控。

表 7-14　猪舍空气温湿度需求

（GB/T 17824.3—2008 规模猪场环境参数及环境管理）

猪舍类别	温度（℃）			湿度（%）		
	舒适范围	高限值	低限值	舒适范围	高限值	低限值
哺乳仔猪保温箱	28～32	35	27	60～70	80	50
哺乳母猪舍	18～22	27	16	60～70	80	50
保育猪舍	20～25	28	16	60～70	80	50
生长育肥猪舍	15～23	27	13	65～75	85	50
空怀妊娠母猪舍	15～20	27	13	60～70	85	50
种公猪舍	15～20	25	13	60～70	85	50

1. 猪舍温湿度的需求

温热环境主要是温度、湿度、气流、热辐射等温热因素共同作用影响的结果，适宜的温湿度是保障猪只正常生长和发育的前提条件，也是影响猪只生产性能发挥的重要因素。如同样是32℃的环境条件下，当湿度达到80%时，畜禽的体感温度会远超于湿度为50%环境条件下的体感温度。因此，畜禽舍温热环境状况，应该考虑温度、湿度和风速的综合效果。常见的温热因素综合评价指标有三种，即有效温度 *ET*、温湿指数 *THI* 及风冷指数。生猪的有效温度 *ET* 可以根据下式计算：

$$ET=0.65T_d+0.35T_w$$

式中，T_d表示干球温度，T_w表示湿球温度。具体可进行实测，并参照干球温度、湿球温度及湿度对照表进行计算。

2. 温湿度远程监测

温湿度远程监测系统主要由传感器、数据传输模块和数据接收存储平台三部分组成。传感器温度监测范围一般为 0～50℃，误差应小于±1℃；湿度范围一般为 20%～80%，精度误差小于±3%RH，如 SHT1x-7x 系列如图 7-16 所示。也可以选取一些响应迅速、抗干扰能力强、性价比高、可靠性和稳定性良好的国产温湿度传感器，如 HS-102S、WZP-035 等；数据传输模块应用 WiFi、ZigBee、RF 等无线通信技术，实现一定范围内的畜舍间温湿度监测数据的传输；数据接收存储平台定时接收发至远程服务器的监测数据。

➢ 传感器的布设。传感器安装数量与布局应综合考虑风向、跨度、长度、高度及通风方式等因素。安装高度确定在与猪只背部平行的位置，一般高于地面 1m 左右；点位布置按照梅花式布点法，如图 7-17 所示，可按照平均每 80～100m² 猪舍布设 1 组温湿度探头，且要至少避开门窗、墙角和环控设备 1～1.5m。以 50m 长、跨度 8m 猪舍为例，可设置 5 组温湿度探头，根据需要设置采集数据的频次，如每小时采集记录一次。

➢ 数据传输与接收。各温湿度传感器监测的数据可基于三种网络方式进行传输：分别是基于 RS-485 总线的监控网络；基于无线射频通信的监控网络；基于嵌入式 Wed

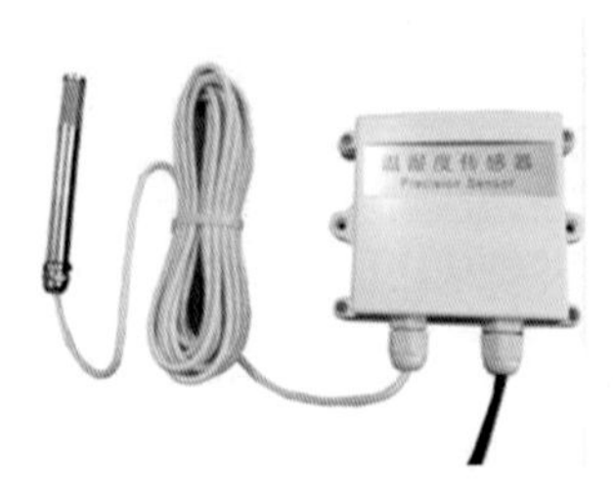

图 7-16 温湿度传感器

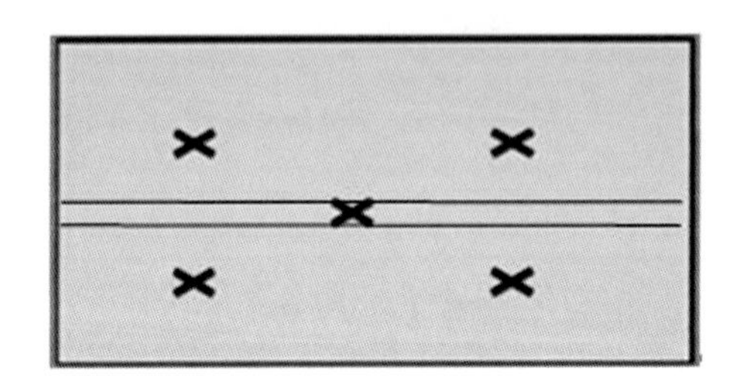

图 7-17 梅花式布点法

的监控网络。不同的通信方式也可以组合搭建监控系统，如在猪舍内部使用无线通信的方式构建无线传感网络，在各猪舍单元间使用 RS-485 监控网络，实现数据采集，再通过 ZigBee、RF 等无线通信技术的网关接入互联网或移动网络，最后由分组无线服务技术 GPRS 将数据信息传输到中心服务器实现实时查看远程监测。

3. 温湿度智能调控（图 7-18、图 7-19）

舍内温湿度智能控制系统由传感器监测系统、智能处理系统及环控设施控制系统三大部分组成。由舍内安装的温湿度传感器将实测数据传输到中控平台，当达到温湿度控制限值或超出温湿度综合评价指标时，则由智能处理系统发出相应指令，开启或者关闭供暖、通风或者降温等环境控制设施设备，以调控相应指标满足环境控制要求。

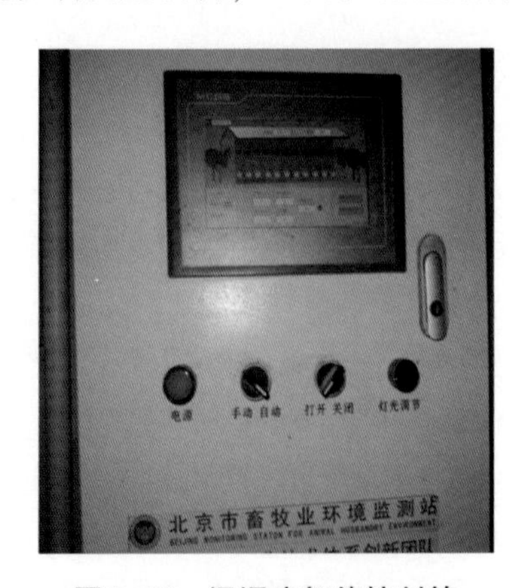

图 7-18 温湿度智能控制箱

➢ 传感器监测系统。由单栋舍内温湿度传感器或多栋舍之间层叠分布式温湿度传

图 7-19　猪舍温湿度智能监控

感器组成监控网络，各栋舍分别设置一个传感器数据的汇聚节点，可以协调传感器和监控系统的通讯，并通过 WiFi、ZigBee、RF 等无线通讯技术，将各畜舍的监测数据传输到配备 GPRS 模块监测系统中心节点。

➢ 智能处理系统。主要是对监测数据信息的处理和应用。监测数据传输至远程服务器，服务器根据温湿度限值的要求进行数据的处理计算，随后完成温湿度指标的综合分析，并通过互联网将控制指令输出到监控系统终端的控制器。常用的适宜环境监控的微处理器如 MSP430 系列 CPU、RISC 处理器、C8051F410 微控制器等。

➢ 环控设施控制系统。控制器接收控制终端发送的指令后，可对环境控制设备进行调控。具体指令一般包括开启对象、开启时长、开启数量等。温湿度调控设备主要包括供暖、降温、通风设备三类。目前北京市规模养殖场集中供暖以燃煤暖气为主，局部供暖设备以暖光灯和电热板为主；降温设备主要为湿帘、机械风机；通风设备主要采用自然通风与排风扇负压通风方式。

（二）空气质量监控

猪舍空气中的有害物质主要有氨气、硫化氢、恶臭、二氧化碳、PM_{10}、$PM_{2.5}$、细菌病毒等，由于猪的呼吸、排泄粪尿、粪尿分解及人工干扰等因素造成猪舍内有害气体浓度偏高等问题，长期在此条件下生存，生猪容易产生氨中毒、呼吸系统和神经系统疾病、抵抗力降低、生产性能降低、发病率增加等危害，引发直接或间接的健康影响。例如，长期在低浓度氨气的作用下，引起猪慢性中毒，体质变弱，抵抗力降低，采食量、日增重都降低；长期在低浓度硫化氢的作用下，猪会感到不舒适，生长缓慢，而高浓度氨气和硫化氢容易造成畜禽呼吸系统和神经系统损伤，甚至死亡。此外空气中的粉尘和气溶胶则是细菌、病毒等微生物传播的载体。因而必须重视畜舍空气质量管理，改善畜禽生长环境状况。

猪舍空气质量监控包括舍内有害气体监测以及舍内有害气体的调控。通过在猪舍安装氨气、二氧化碳等可以评价舍内空气质量环境的监测传感器，可实时掌握舍内空气质量状况，并根据舍内空气质量要求与实测数据进行综合分析，以控制通风、喷雾等设施设备，调控舍内空气质量环境达到适宜范围。大量监测数据表明，氨气、二氧化碳和粉尘是反映猪舍空气质量状况的三项重要指标。氨气主要是由含氮有机物（如粪、尿、饲料等）分解产生，其浓度值可以表明舍内通风换气、管理水平及清洁生产状况；二氧化碳浓度值可以直接反映畜舍通风情况、饲养密度状况；粉尘及气溶胶微粒是畜舍内各种细菌和病原微生物的传播载体，可以反映舍内通风及管理水平。因此，猪舍有害气体监控常选用氨气、二氧化碳等指标作为调控畜舍空气质量的因子。

1. 猪舍空气质量要求

猪舍空气质量状况关系生猪的生产性能水平，也关系到畜产品的安全问题，强化畜舍空气质量管理，推进标准化生产、加强舍内环境调控极为重要。例如《规模猪场环境参数及环境管理》（GB/T 17824. 3—2008）对猪舍空气中氨气、硫化氢、二氧化碳等浓度进行了规定，见表 7-15。此外，我国农业行业标准《畜禽场环境质量标准》（NY/T 388—1999）对猪舍内可吸入颗粒物、总悬浮颗粒物也做了规定，见表 7-16。

表 7-15　猪舍空气卫生指标

（GB/T 17824. 3—2008 规模猪场环境参数及环境管理）　　（mg/m^3）

猪舍类别	氨（NH_3）	硫化氢（H_2S）	二氧化碳（CO_2）	细菌总数	粉尘
种公猪舍	25	10	1 500	6	1.5
空怀妊娠母猪舍	25	10	1 500	6	1.5
哺乳母猪舍	20	8	1 300	4	1.2
保育猪舍	20	8	1 300	4	1.2
生长育肥猪舍	25	10	1 500	6	1.5

表 7-16　猪场有害气体浓度要求

（NY/T 388—1999 畜禽场环境质量标准）　　（mg/m^3）

项目	缓冲区	场区	猪舍
氨气（NH_3）	2	5	25
硫化氢（H_2S）	1	2	10
二氧化碳（CO_2）	380	750	1 500
可吸入颗粒物（PM_{10}）	0.5	1	1
总悬浮颗粒物（TSP）	1	2	3
恶臭（稀释倍数）	40	50	70

畜舍多种有害气体监测结果可运用综合污染指数进行评价，参照某一种污染物的标准限值，首先按式（1）计算污染物 i 的单项污染指数 P_i：

$$P_i = C_i / S_i \qquad \text{式（1）}$$

其中，C_i表示污染物 i 的监测浓度值；S_i表示污染物 i 的标准限值。其次按式（2）计算空气质量综合指数 P_{sum}，进行舍内空气质量综合评价。

$$P_{sum}=\sum P_i \qquad 式（2）$$

式中，P_{sum}为总污染指数；P_i为单项污染指数。

2. 空气质量远程监测

猪舍空气质量远程监测主要是建立有害气体监测系统，与舍内温湿度监测类似，空气质量远程监测主要由前端的氨气、二氧化碳、粉尘等传感器、数据传输模块及数据接收存储平台三部分组成。其中氨气传感器可选用基于电化学检测原理的 AJD-NH_3系列氨气传感器。量程范围 0~50mg/kg 精度为±5%，响应时间小于 30s 达到变化的 90%。此外也可选用测量范围为 5~100mg/kg 的 TGS826 半导体传感器；二氧化碳传感器可选用基于红外检测原理的 CO_2传感 S-100，量程范围 0~5 000mg/kg 精度 1mg/kg；粉尘传感器用 PPD20V 监测，可测量粒子直径为 1μm 以上，可以自行吸收外部大气。数据传输模块及数据接收存储平台的设置参加温湿度监测系统，具有连续监测主要有害气体浓度指标的功能。

3. 空气质量智能调控

空气质量智能调控系统的主体结构同样由传感器监测系统、智能处理系统及环控设施控制系统三大部分组成，针对两种或者两种以上有害气体指标，运用综合污染指数法进行畜舍环境质量评价。例如，以氨气和二氧化碳浓度指标进行调控，根据综合污染指数法计算公式，可由各监测点的实测浓度计算得到各监测时段的 P_{sum}。假设标准指数为 P_0，可根据监测值的综合污染指数高于 P_0的幅度范围，设定 A、B、C 三挡风机的开启情况（开启数量、开启时长）进行智能调节，同时也可兼顾养殖场环境管理的实际情况。在进行综合污染指数计算时，对主要污染物指标赋予权重，得到反映多种空气质量水平的综合污染指标，按照上述温湿度智能调控方式，发送调控指令。

（三）环境综合智能调控

环境综合智能调控是针对猪舍空气质量具有多重复杂性，是一个多变量耦合的非线性系统。该技术建立在温湿度智能调控与空气质量智能调控之上，形成基于温热—有害气体综合调控的猪舍智能控制模式（图 7-20），采用非线性模糊算法进行数据信息处理。主要由传感器监测系统、智能处理系统及环控设施控制系统三大部分组成。重点是智能处理系统，在空气质量综合污染指数评价的基础上，考虑到在一定的温热环境幅度范围内，可以优先氨气、二氧化碳等空气污染指数进行控制，即在小幅度的温热环境波动情况下，可以为达到空气质量水平，牺牲一定的温热条件。因此，前期需要根据养殖场的环境管理实际情况，对温热因素和空气质量因素赋予权重，通过编制非线性运算程序对相关数据进行模糊处理，完成温—湿度联动兼顾有害气体浓度的综合分析，最终自动向控制终端发送指令。

（四）用水量与排污量监控

调研结果显示，北京市近 70%的规模养殖场的用水类型为自备井，且采用变频自动供水设备，对生产用水量往往没有底数，由于用水量没有受到约束；此外因各养殖场生产工艺、清粪方式及粪便清理程度、用水习惯、管线问题以及用水量和环境管理差异

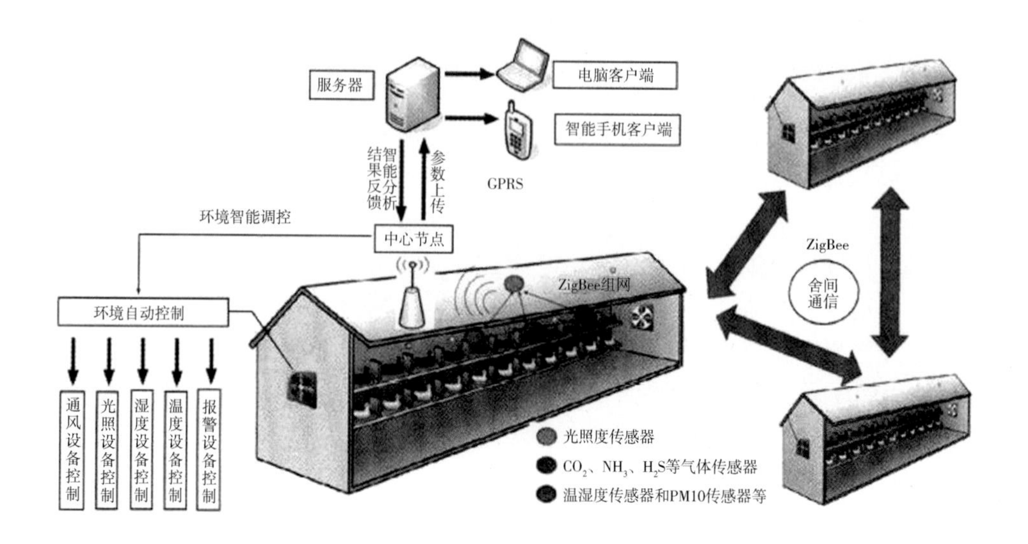

图 7-20　环境综合智能调控模式

较大，与当前发展高效节水农业的战略背景相悖，因此加强养殖业用水量和排污量监控对于增强养殖企业节水意识、推进养殖污水源头减排具有重要意义。养殖场用水量和排污量远程监控技术是在养殖场安装用水量远程传输水表和超声波流量计等计量设备，通过 GPRS 方式应用数据采集仪将监测数据传输到指定服务器上，可实现对养殖场用水量与排污量的实时动态监控。

1. 用水量监控

用水量监控技术是在养殖场总用水管出口处安装远程水表（图 7-21），主要包括三个方面：一是远程传输水表，根据养殖场供水管线的具体情况可以选用防堵塞型远传冷水表、超声波水表、电磁流量计及多普勒流量计等用水量计量设备，综合考虑建议选用防堵塞型远传冷水表。二是远程数据传输。数据采集仪记录水量后，通过 GPRS 方式可定时向指定的数据接收软件系统服务器中传输数据。三是终端接收平台和数据库系统，对用水量数据进行存储，可实现实时查询、统计及初级分析等功能（图 7-22）。

2. 排污量监控

排污量监控技术是对养殖场总排污渠或者排污管出水口安装明渠流量计或者超声波流量计，通过监测液位值，监控养殖场污水产排量。主要包括三方面内容：一是超声波流量计，根据养殖场明渠或者暗管的布局情况可以选用明渠流量计（图 7-23）、超声波流量计等排水量计量设备，综合考虑建议选用超声波明渠流量计或者改进型的超声波明渠流量计。二是远程数据传输。数据采集仪（图 7-24）记录水量后，通过 GPRS 方式可定时向指定的数据接收软件系统服务器中传输数据。三是终端接收平台和数据库系统，是监测数据的数据处理平台，可实现排水量数据的实时查询、统计及初级分析等功能。

图 7-21　用水量远程监测水表

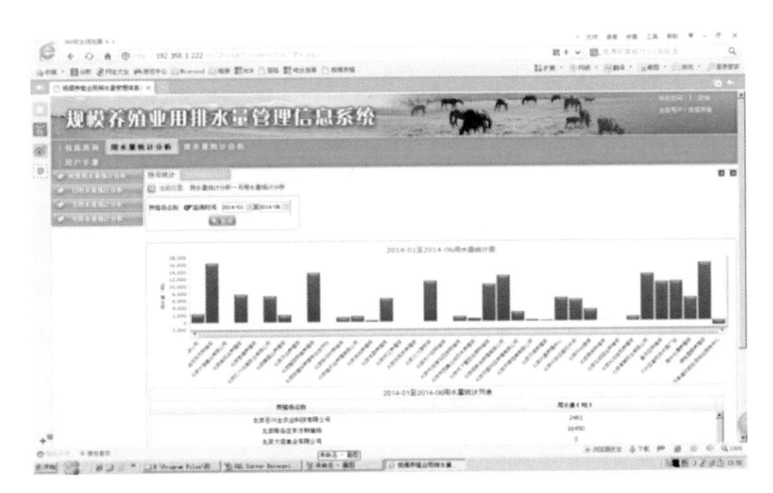

图 7-22　规模养殖场用水量和排水量远程监控系统

图 7-23　排水量超声波明渠流量计

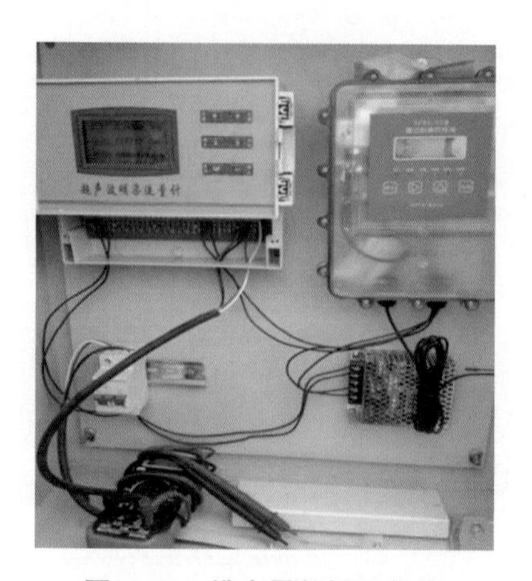

图 7-24　排水量数据采集仪

附　　录

生猪生产技术规范

ICS 65.020.30
B 43

备案号：17781-2006

DB

北　京　市　地　方　标　准

DB11/T 327—2005

生猪生产技术规范
Technological rules of swine production

2005-12-27 发布　　2006-03-01 实施

北京市质量技术监督局　发布

前　言

本标准由北京市农业局提出并归口。

本标准由北京市农业局畜牧兽医管理处负责解释。

本标准起草单位：北京市农业局、北京市畜牧兽医总站、北京市顺鑫农业小店种猪选育场。

本标准主要起草人：刘亚清、梅克义、张毅良、李秀敏、潘永杰。

生猪生产技术规范

1 范围

本标准规定了生猪生产技术的术语、基础设施与环境、引种、饲料、饲养管理、兽医防疫的要求和技术操作规范。

本标准适用于种猪场、商品猪场、养猪小区进行生猪生产。

2 规范性引用文件

下列文件中的条款通过本标准的引用而成为本标准的条款。凡是注明日期的引用文件，其随后所有的修改单（不包括勘误的内容）或修订版均不适用于本标准，然而鼓励根据本标准达成协议的各方研究是否可使用这些文件的最新版本。凡是不注明日期的引用文件，其最新版本适用于本标准。

GB/T 8381　饲料中黄曲霉素 B_1 的测定方法

GB 13078　饲料卫生标准

GB/T 13079　饲料中总砷的测定

GB/T 13080　饲料中铅的测定　原子吸收光谱法

GB/T 13083　饲料中氟的测定　离子选择性电极法

GB/T 13086　饲料中游离棉酚的测定方法

GB/T 13091　饲料中沙门氏菌的检测方法

GB/T 13092　饲料中霉菌的检验方法

GB 16548　畜禽病害肉尸及其产品无害化处理规程

GB 16567　种畜禽调运检疫技术规范

GB/T 16569　畜禽产品消毒规范

GB/T 17480　饲料中黄曲霉毒素 B_1 的测定　酶联免疫吸附法

GB 18596—2001　畜禽养殖业污染物排放标准

NY 5031—2001　无公害食品　生猪饲养兽医防疫准则

NY 5032—2001　无公害食品　生猪饲养饲料使用准则

NY 5037—2001　无公害食品　肉鸡饲养饲料使用准则

HG 2636—1994　饲料级　磷酸氢钙

3 术语和定义

下列术语和定义适用于本标准。

3.1　舍区 swine farm section

指生猪直接生活环境区。

3.2　场区 swine building

指猪场围栏或院墙以内、舍区以外的区域。

3.3　缓冲区 buffer section

猪场外周围，沿场院向外 500m 范围内生猪保护区。

3.4　药物饲料添加剂 medicated drug addition

饲料药物添加剂是指为预防和治疗动物疾病和促进动物生长、提高饲料转化率的需要，将兽药与适当的载体混合制成的剂型。

3.5　休药期 withdrawal period

动物从停止给药到许可屠宰或它们的产品许可上市的间隔时间。

3.6　最高残留限量 maximum residue limit

对动物用药后产生的许可存在于动物表面或内部的该兽药残留的最高量/浓度（以鲜重计，表示为 mg/kg，或 μg/kg）。

4　场址选择、基础设施及环境要求

4.1　选址

猪场选址应在地势高燥、采光充足、排水良好和隔离条件好区域。猪场或养猪小区 3km 以内无大型化工厂、矿厂等污染源。远离其他畜禽场、干线公路、村和居民点。在饮用水源、食品厂下游。

禁止在下列区域内建设猪场和养猪小区：

——生活饮用水水源保护区、风景名胜区、自然保护区的核心区及缓冲区。

——城市和城镇居民区、文教科研区、医疗区、集市等人口集中地区。

——县级人民政府依法划定的禁养区域。

——国家或地方法律、法规规定需特殊保护的其他区域。

4.2　建筑布局

4.2.1　生产区和生活区相隔离。

4.2.2　猪舍建筑布局符合卫生要求和饲养工艺的要求，应具备良好防鼠、防蚊蝇、防虫和防鸟设施。

4.2.3　应建有消毒室、兽医室，隔离舍。隔离舍应设在猪舍的下风向处。

4.2.4　粪污处理设施和病死猪处理设施应设在生产区、生活管理区以外的下风向处。

4.3　消毒设施

4.3.1　生产区门口设有更衣换鞋消毒室。猪舍入口处要设置消毒池或设置消毒盆。

4.3.2　应备有健全的清洗消毒设施，并对猪场及相应设施如车辆等进行定期清洗消毒，防止疫病传播。

4.4　饮用水质量要求

饮用水质量要求如表 1 所示。

表 1　畜禽饮用水质量要求

项目			标准值
感官性状及一般化学指标	色，(°)	≤	30
	浑浊度，(°)	≤	20
	臭和味		无异臭异味
	肉眼可见物		不得含有
	总硬度（以 $CaCO_3$ 计），mg/L	≤	1 500
	pH 值		5.5~9
	溶解性总固体，mg/L	≤	4 000
	氯化物（以 Cl^- 计），mg/L	≤	1 000
	硫酸盐（以 SO_4^{2-} 计），mg/L	≤	500
细菌学指标	总大肠菌群，个/100mL	≤	成年猪 10，仔猪 1
毒理学指标	氟化物（以 F^- 计），mg/L	≤	2.0
	氰化物，mg/L	≤	0.2
	总砷，mg/L	≤	0.2
	总汞，mg/L	≤	0.01
	铅，mg/L	≤	0.1
	铬（六价），mg/L	≤	0.1
	镉，mg/L	≤	0.05
	硝酸盐（以 N 计），mg/L	≤	30

4.5　猪舍空气环境质量要求

猪舍空气环境质量要求如表 2 所示。

表 2　猪舍空气环境质量要求

项目	指标		
	缓冲区	场区	猪舍
氨气　(mg/m^3)	2	5	25
硫化氢　(mg/m^3)	1	2	10
二氧化碳　(mg/m^3)	380	750	1 500
可吸入颗粒物　(mg/m^3)	0.5	1	1
总悬浮颗粒物　(mg/m^3)	1	2	3
恶臭　(稀释倍数)	40	50	70

4.6 养殖舍区环境要求

养殖舍区环境要求如表3所示。

表3 养殖舍区环境要求

项目	哺乳仔猪	育成仔猪	育肥猪	种猪
温度,℃	28~32	22~28	17~22	17~22
相对湿度,%	55~75	55~75	55~80	55~80
风速, m/s	0.15(冬季) 0.4(夏季)	0.2(冬季) 0.6(夏季)	0.3(冬季) 1.0(夏季)	0.3(冬季) 1.0(夏季)
细菌, 万个/m^3	1.7			
噪声, dB	80			
粪便含水量,%	70~80			
粪便清理	干法	日清粪		

4.7 废弃物处理

4.7.1 粪尿的收集。猪场内建有封闭式的排粪沟，避免雨水与粪水混合，粪水通过排粪沟流到猪场的粪尿收集池。

4.7.2 粪尿的贮存。猪场外建有粪肥贮存场和粪尿贮存池，粪尿的贮存要防渗、防漏。

4.7.3 粪尿的利用。粪便经堆积发酵后作为农业用肥，粪水经沉淀发酵后作为液体肥使用。

4.7.4 废弃物排放。粪便不得向外界排放，排放污水要达到排放标准。

4.8 污水处理

养殖过程中产生的污水应坚持种、养结合的原则，执行GB 18596，经无害化处理后尽量充分还田，实现污水资源化利用。

5 种猪要求

5.1 引种要求

从具有《种畜禽生产经营许可证》的种猪场引进，按照GB 16567进行检疫。

引进的猪来自非疫区，并有检疫证明，运输车辆应清洗消毒，引入后最少隔离观察30天，经兽医检查确定为健康合格后，方可供繁殖使用。

5.2 自留种猪要求

要符合种猪良种繁育体系要求，种猪要经生产性能测定，符合品种特征，要建立详实的技术档案，经过有关部门的种猪遗传评定。

6 饲料

各阶段营养需要和指标符合饲养本品种猪标准。

6.1 饲料原料

饲料原料新鲜，具有该品种应有的色、嗅、味和组织形态特征，无发霉、变质、结块、异味及异嗅；有害物质及微生物允许量应符合 GB 13078 和 NY 5032 的要求；含有饲料添加剂的应做相应说明。

6.2 饲料添加剂

6.2.1 安全卫生要求

饲料添加剂应具有该品种应有的色、嗅、味和形态特征，无发霉、变质、异味及异嗅；有害物质及微生物允许量应符合 GB 13078 的要求。

6.2.2 饲料添加剂使用

6.2.2.1 饲料中使用的营养性饲料添加剂和一般性饲料添加剂产品应符合 NY 5037 附录 A 所规定的品种，或取得试生产产品批准文号的新饲料添加剂品种。

6.2.2.2 饲料添加剂产品的使用应遵照产品说明书所规定的用法、用量；药物饲料添加剂的使用应按照 NY 5037 附录 B 执行；饲料中使用的饲料添加剂应具有产品批准文号的产品。

6.3 配合饲料

配合饲料应色泽一致，无发霉、变质、异味及异嗅；有害物质及微生物允许量应符合国家相关标准的要求；产品成分应符合标签中所规定的含量如表 4 所示；猪配合饲料、浓缩饲料和添加剂预混合饲料中不应使用违禁药物。

表 4 商品猪配合饲料营养成分指标

饲料类型	粗脂肪%不低于	粗蛋白%不低于	粗纤维%不高于	粗灰分%不高于	钙（%）	磷（%）不低于	食盐（%）	代谢能（MJ/kg）不低于
前期	1.5	15.0	7.0	8.0	0.40~0.80	0.35	0.30~0.80	12.55
后期	1.5	13.0	8.0	9.0	0.40~0.80	0.35	0.30~0.80	12.13

6.4 配合饲料卫生要求

配合饲料卫生要求如表 5 所示。

表 5 猪饲料卫生指标

<table>
<tr><th>序号</th><th>卫生指标项目</th><th>饲料种类</th><th>国家标准指标</th><th>安全指标</th><th>检测方法</th><th>备注</th></tr>
<tr><td rowspan="3">1</td><td rowspan="3">砷（以总砷计）的允许量（mg/kg）</td><td>配合饲料</td><td>≤2.0</td><td>≤2.0</td><td rowspan="3">GB/T 13079</td><td rowspan="3">不包括国家主管部门批准使用的有机砷制剂中的砷含量</td></tr>
<tr><td>浓缩料（20%）</td><td rowspan="2">≤10.0</td><td rowspan="2">≤10.0</td></tr>
<tr><td>添加剂预混料（1%）</td></tr>
<tr><td rowspan="3">2</td><td rowspan="3">铅（以 Pb 计）的允许量（mg/kg）</td><td>配合饲料</td><td>≤5.0</td><td>≤4.0</td><td rowspan="3">GB/T 13080</td><td rowspan="3"></td></tr>
<tr><td>浓缩料（20%）</td><td>≤13.0</td><td>≤10.0</td></tr>
<tr><td>添加剂预混料（1%）</td><td>≤40.0</td><td>≤35.0</td></tr>
</table>

（续表）

序号	卫生指标项目	饲料种类	国家标准指标	安全指标	检测方法	备注
3	氟（以F计）的允许量（mg/kg）	配合饲料	≤100	≤100	GB/T 13083	高氟饲料用 HG 2636中4.4
		浓缩料（20%）	≤50	≤50		
		添加剂预混料（1%）	≤1 000	≤800		
4	霉菌的允许量 霉菌总数 510^3/kg	配合饲料	<45	<40	GB/T 13092	
		浓缩料				
5	黄曲霉毒素 B_1 允许量（μg/kg）	配合饲料	≤10	≤10	GB/T 17480 GB/T 8381	
		浓缩料	≤20	≤20		
7	游离棉酚	配合饲料	≤60	≤60	GB/T 13086	
8	沙门氏杆菌	饲料	不得检出	不得检出	GB/T 13091	
9	盐酸克仑特罗允许量	配合饲料	不得检出	不得检出		
		浓缩料				
		添加剂预混料				

7 饲养管理

7.1 人员

7.1.1 饲养员要定期进行健康检查，有人畜共患病者不得从事养猪工作。

7.1.2 猪场内技术人员应经过职业培训并取得相应的国家级职业资格证书或绿色证书后方可上岗。

7.2 饲养

7.2.1 饲料添加要适量，防止饲料污染变质。

7.2.2 转群时，按体重大小强弱分群，分别进行饲养，饲养密度适宜。

7.2.3 每天打扫猪舍卫生，保持料槽、水槽用具干净，地面清洁。经常检查饮水设备，观察猪群健康状态。

7.3 灭鼠、灭蝇

7.3.1 选择高效、安全、二次中毒小、有解救方法的灭鼠药定期灭鼠，并及时收集死鼠和残余鼠药，进行无害化处理。

7.3.2 选择高效、安全的灭蝇药灭蝇，认真清除蝇滋生的死角。

7.4 生产档案

7.4.1 应建立日常生产记录，内容包括配种、产仔、哺乳、断奶、转群、饲料消耗及种猪来源、特征、主要生产性能等。

7.4.2 应建立日常用料记录，内容包括饲料来源、配方及各种添加剂使用情况等。

7.4.3 应建立免疫、用药、发病和治疗情况等记录。

7.4.4 应建立猪销售情况的记录。

7.4.5 资料最少保留 3 年。

8 兽医防疫要求及技术操作规范

8.1 猪场（养猪小区）防疫制度

8.1.1 非本场工作人员及车辆未经许可严禁入内。

8.1.2 定期对全场内、外环境进行消毒，生产区和栋舍每周消毒不少于一次。

8.1.3 猪场内严禁饲养其他畜禽，饲养员不串栋，饲养员家中不准养猪。

8.1.4 外购猪要隔离检疫，确无可疑传染病，经免疫、驱虫后进场饲养。

8.1.5 进入生产区必须更换专用工作服、鞋、帽，工作服定期清洗。消毒池按时更换消毒液。

8.1.6 定期对种猪进行健康检查，发现一、二类传染病，应按照《中华人民共和国动物防疫法》相关条款处理。

8.1.7 猪只销售需向动物防疫监督机构报检，经动物防疫监督机构检疫员检疫合格后才能销售或出场。

8.1.8 进入栋舍人员须脚踏消毒盆或消毒池 1 分钟以上，充分浸没鞋面，消毒液新鲜有效。

8.2 疫病监测

8.2.1 疫病检测种类按 NY 5031 执行。对新发和已控制又复发的传染病，进行监测和预测。

8.2.2 猪场要积极配合动物疫病检测机构对疫病进行检测和监督。

8.3 疫病控制和扑灭

8.3.1 发生或疑似发生动物疫情时，立即向当地动物防疫机构报告（报告内容包括：疫情发生时间、地点、发病品种、日龄、死亡数量、临床症状、生产和免疫记录，已采取的控制措施等）；配合动物防疫机构进行诊断、处理，不得妨碍执行公务；不得向动物防疫机构以外任何单位和个人发布疫情信息。

8.3.2 确诊发生一类传染病时，必须配合当地畜牧兽医管理部门，对猪群实施严格的隔离、扑杀、封锁。

8.3.3 发生猪瘟、猪繁殖与呼吸综合征、猪伪狂犬病、布鲁氏菌病时，应按照 NY 5031 处理。

8.3.4 发生疫病的猪场，按 GB/T 16569 进行消毒；病死或淘汰猪的尸体按 GB 16548 进行无害化处理。

8.4 免疫

8.4.1 免疫种类：牲畜口蹄疫、猪瘟和其他国家规定的计划免疫病实施强制免疫，免疫密度要求 100%。猪伪狂犬病、猪乙型脑炎、猪细小病毒、猪丹毒、猪肺疫等病实行推荐免疫。

8.4.2 猪只的免疫接种。选择适合的疫苗、免疫程序和免疫方法，参照疫苗使用说明或根据免疫抗体检测结果确定免疫时机。

8.4.3 种猪实行免疫健康证制度。

8.5 消毒

8.5.1 消毒前的准备

8.5.1.1 消毒前必须清除消毒场所的污物、粪便、饲料等。

8.5.1.2 必须选用对细菌、病毒等病原微生物有效的消毒药品。

8.5.1.3 配备必要的消毒器械和设施。

8.5.2 消毒内容及方式

8.5.2.1 金属设施设备采用火焰、熏蒸、喷洒方式消毒。

8.5.2.2 猪舍、场地、车辆采用消毒液清洗、喷洒消毒方式。

8.5.2.3 粪便采取发酵或深埋消毒方式。

8.5.2.4 饲养、管理人员采取淋浴、紫外线消毒方式，衣帽鞋等可能被污染的物质采取浸泡、高压灭菌方式消毒。

8.5.3 常用消毒剂使用方法

8.5.3.1 氢氧化钠（火碱）：常用2%浓度的热溶液消毒猪舍、饲槽、运输用具及车辆等，猪舍出入口可用2%~3%溶液消毒。

8.5.3.2 氧化钙（生石灰）：一般加水配成10%~20%石灰乳液，粉刷猪舍的墙壁，寒冷地区常撒在地面或猪舍出入口作消毒用。

8.5.3.3 甲醛溶液（福尔马林）：含甲醛40%的溶液称为福尔马林，0.25%~0.5%甲醛溶液可用作猪舍用具和器械的喷雾与浸泡消毒。熏蒸消毒要求室温不低于15℃，湿度70%~90%。

8.5.3.4 过氧乙酸（过醋酸）：市售商品为15%~20%溶液，有效期6个月，应现用现配。0.3%~0.5%溶液可用于猪舍、食槽、墙壁、通道和车辆喷雾消毒。

8.5.3.5 次氯酸钠：含有效氯量14%，可用于猪舍和各种器具表面消毒，也可用于猪体消毒，常用浓度0.05%~0.2%。

8.5.3.6 季铵盐类：可用于猪舍、器具表面消毒。常用量0.1%；用于猪只消毒常用量为0.03%。饮水消毒可用0.01%剂量。

8.5.3.7 漂白粉：有效氯量为25%，可用于饮水、污水池和下水道等处的消毒。饮水消毒常用量为每立方米水加4~8克（g）漂白粉，污水池每立方米水加8克（g）以上漂白粉。

8.5.3.8 碘制剂：1∶（200~400）倍稀释后用于饮水及饮水工具的消毒；1∶100倍稀释后用于饲养用具的消毒；1∶（60~100）倍稀释后用于猪舍喷雾消毒。

8.5.3.9 高锰酸钾：0.1%溶液用于饮水消毒；2%~5%水溶液用于浸泡、洗刷饮水器及饲料桶等；与甲醛配合，用于猪舍的空气熏蒸消毒。

8.5.3.10 酒精、碘伏、碘酒、紫药水及红汞水等：用于个体局部创伤等消毒。

8.6 用药规范

8.6.1 兽药使用准则

8.6.1.1 对畜禽疾病以预防为主，预防、治疗和诊断疾病所用的兽药应符合国家相关标准和法律法规。

8.6.1.2　所用兽药必须来自具有《兽药生产许可证》和产品批准文号的生产企业，或者具有《进口兽药许可证》的供应商。

8.6.1.3　使用兽药时应遵循以下原则：

——使用疫苗预防动物疾病，要根据生物制品安全代谢期的要求，宰前42天前不做油苗免疫；22天前不做任何活疫苗免疫。

——允许使用消毒防腐剂对饲养环境、圈舍和器械进行消毒，但应对人和猪安全、没有残留毒性、对设备没有破坏、消毒效果好、不会在猪体内产生有害积累。

——允许使用《中华人民共和国兽药典》二部及《中华人民共和国兽药规范》二部收载的用于生猪的兽用中药材、中药成方制剂。

——允许在临床兽医指导下使用钙、磷、硒、钾等补充药，微生态制剂、酸碱平衡药、体液补充药、电解质补充药、营养药、血容量补充药、抗贫血药、维生素类药、吸附药、泻药、润滑剂、酸化剂、局部止血药、收敛药和助消化药。

——允许使用的抗菌药和驱虫药，但使用中严格遵守规定的用法和用量，遵守休药期规定的时间。未规定休药期的品种，休药期不应少于28天。

——慎重使用经农业部批准的拟肾上腺素、平喘药、抗（拟）胆碱药、肾上腺皮质激素类和解热镇痛药。

——禁止使用麻醉药、镇痛药、镇静药、中枢兴奋药、化学保定药及骨骼肌松弛药。

——禁止使用未经国家畜牧兽医行政管理部门批准的用基因工程方法生产的兽药。

——禁止使用未经农业部批准或已经淘汰的兽药。

8.6.2　用药记录制度

8.6.2.1　记录包括生猪编号、发病时间、症状、治疗用药名称、给药途径、给药剂量、疗程、治疗时间等；预防或促生长混饲给药记录包括药品名称、给药剂量、疗程等；预防免疫记录包括免疫的程序、所用疫苗的品种、剂量、免疫途径和生产厂家等。

8.6.2.2　在整个饲养期内，要有完整的用药记录，由养殖场或养猪小区兽医统一保管。

8.6.3　用药管理制度

8.6.3.1　兽药用品必须来自经区县畜牧兽医主管部门批准合法兽药营销单位。兽药厂必须达到专业生产并通过国家相关认证许可，并具有产品批准文号；所用产品必须符合国家标准法，或者具有《进口兽药登记许可证》；写通用名；标签注明兽药。

8.6.3.2　采购后药品由兽医专业人员验证后入库，按药品库管要求保管。药的使用必须在各场或养殖小区的兽医指导下按兽药使用规范使用。

8.6.3.3　严格按照保存说明保存兽药、疫苗。

8.6.3.4　药要码放整齐，每件药品要有明显标签，称完药后要封口，保持药品处于密封状态。兽药必须注明失效日期。

8.6.3.5　药品库房干净、无杂物，室内放置干湿度计、温度计，定期检查室内干湿度是否适宜，兽药在干燥，阴凉的条件下保存。

8.6.3.6　在保存疫苗的冰箱内放置温度计，指定专人定期检查冰箱内温度，并做好检查记录。因停电等现象造成冰箱、冰柜内温度上升时，应对疫苗质量进行评估后再使用。

8.6.3.7　在放置疫苗的冰箱、冰柜内不得放置其他物品。

8.6.3.8　兽药、疫苗出库时，要严格遵照先进先出原则，防止兽药、疫苗过期失效。

8.7　无害化处理

根据《中华人民共和国动物防疫法》第十六条规定："对染疫动物及其排泄物、染疫动物的产品、病死或者死因不明的动物尸体，必须按照国务院畜牧兽医行政管理部门的有关规定处理，不得随意处置。"销毁 按 GB 16548 进行处理。

8.7.1　适用对象

确认为口蹄疫、猪瘟、猪水疱病、猪密螺旋体痢疾、急性猪丹毒、囊虫病、旋毛虫等传染病和寄生虫病的动物尸体；恶性肿瘤或两个以上器官发现肿瘤的动物尸体以及病变严重、肌肉发生退行性变化和中毒性疾病或不明死因的畜禽整个尸体。

8.7.2　操作方法

——湿法化制及干化制：利用湿化机，将整个尸体投入化制（熬制工业用油）。将尸体、病料分别投入干化机进行化制。

——焚烧：将整个尸体或割除的病变部分和内脏投入焚化炉中烧毁碳化。

——深埋：将病害尸体及其产品掩埋时，掩埋坑不得少于 2 米，尸体底部及上部应撒一层漂白粉。掩埋坑要远离水源。

参考文献

1.《中华人民共和国动物防疫法》

2.《中华人民共和国兽药典》

3.《中华人民共和国兽药规范》

4.［农牧发（1999）17 号 关于发布《动物性食品中最高残留限量》的通知］附件：(动物性食品中最高残留限量)

5.《北京市实施（中华人民共和国动物防疫法）办法》

6.《饲料管理条例》

7.《兽药管理条例》

种猪场舍区、场区、缓冲区环境质量

ICS 65.020.30
B 40

备案号：20148-2007

DB

北　京　市　地　方　标　准

DB11/T 429—2007

种猪场舍区、场区、缓冲区环境质量

Environmental quality standard for pigpen and field and buffer area of breeding pig livestock farms

2007-01-11 发布　　2007-03-15 实施

北京市质量技术监督局　发布

前　言

本标准由北京市农业局提出。

本标准由北京市农业标准化技术委员会养殖业分会归口。

本标准起草单位：北京市畜牧业环境监测站（农业部畜牧业环境监督检验测试中心）。

本标准主要起草人：王全红、刘成国、杜凤琴、直俊强、吴迪梅、史光华、孙盼。

种猪场舍区、场区、缓冲区环境质量

1 范围

本标准规定了种猪场舍区、场区、缓冲区空气环境质量要求、生态环境质量要求和饮用水水质要求及监测、采样和监测分析方法。

本标准适用于种猪场舍区、场区、缓冲区的环境质量控制、监测、监督、管理，种猪场建设项目环境质量及环境影响评价。

2 规范性引用文件

下列文件中的条款通过本标准的引用而成为本标准的条款。凡是注日期的引用文件，其随后所有的修改单（不包括勘误的内容）或修订版均不适用于本标准，然而，鼓励根据本标准达成协议的各方研究是否可使用这些文件的最新版本。凡是不注日期的引用文件，其最新版本适用于本标准。

GB 5750—1985　生活饮用水标准检验法

GB 6920—1986　水质　pH 值的测定　玻璃电极法

GB 6921—1986　空气质量大气飘尘浓度测定方法

GB 7467—1987　水质　六价铬的测定　二苯碳酰二肼分光光度法

GB 7475—1987　水质　铜、锌、铅、镉的测定　原子吸收分光光度计

GB 7477—1987　水质　钙和镁总量的测定　EDTA 滴定法

GB 7484—1987　水质　氟化物的测定　离子选择电极法

GB 11742—1989　居住区大气中硫化氢卫生检验标准方法　亚甲蓝分光光度法

GB 13195—1991　水质　水温的测定　温度计或颠倒温度计测定法

GB/T 14623　城市区域环境噪声测量方法

GB/T 14668—1993　空气质量氨的测定　纳氏试剂比色法

GB 14675　空气质量恶臭的测定　三点式比较臭袋法

GB 15432　环境空气总量悬浮颗粒物测定

国家环境保护总局《水和废水监测分析方法》（第三版）

国家环境保护总局《环境监测技术规范》（第二册）、（第三册）、（第四册）

3 术语和定义

下列术语和定义适用于本标准。

3.1　种猪场 breeding pig livestock farms

具有一定规模，设有舍区、场区、缓冲区，从事猪的品种培育、选育和生产经营，并取得国家《种畜禽生产经营许可证》的猪场。

3.2　舍区 the house of livestock farm

种猪场所处的半封闭的生活区域，即种猪直接的生活环境区。

3.3　场区 the playground of livestock farm

规模化种猪场围栏或院墙以内、舍区以外的区域。

3.4　缓冲区 the buffer area of livestock farm

在种猪场外周围，沿场院向外≤500m 范围内的保护区，该区具有保护种猪场免受外界污染的功能。

4　要求

4.1　种猪场舍区、场区、缓冲区空气环境质量

种猪场舍区、场区、缓冲区空气环境质量要求见表 1。

表 1　种猪场舍区、场区、缓冲区空气环境质量要求

序号	项目	单位	舍区	场区	缓冲区
1	NH_3	mg/m^3	≤23	≤5	≤2
2	H_2S	mg/m^3	≤8	≤2	≤1
3	CO2	ml/m^3	≤1 350	≤750	≤400
4	PM_{10}	mg/m^3	≤1	≤1	≤0.5
5	TSP	mg/m^3	≤2.5	≤2	≤1
6	恶臭	无量纲	≤70	≤50	≤40
7	细菌	个/m^3	≤16 000	—	—

4.2　种猪场舍区、场区、缓冲区生态环境质量

种猪场舍区、场区、缓冲区生态环境质量要求见表 2。

表 2　种猪场舍区、场区、缓冲区生态环境质量要求

序号	项目	单位	舍区		场区	缓冲区
			仔	成		
1	温度	℃	27~30	12~16	—	—
2	湿度	%	50~75		—	—
3	风速	m/s	≥0.35	≥0.8	—	—
4	照度	lx	>55	>35	—	—
5	噪声	dB	<65		<70	<75

4.3　种猪饮用水水质

种猪饮用水水质要求见表 3。

表 3　种猪饮用水水质要求

序号	项目	单位	指标
1	pH 值	—	6.5~8.5
2	总硬度	mg/L	≤450
3	溶解性总固体	mg/L	≤1 000
4	细菌总数	个/ml	<100
5	总大肠菌群	个/L	<3
6	氟化物	mg/L	≤1.0
7	铬（六价）	mg/L	≤0.05
8	锌	mg/L	≤1.0
9	铅	mg/L	≤0.05

5　监测

5.1　采样

环境质量各种参数的监测及采样点、采样方法、采样高度及采样频次的要求按《环境监测技术规范》执行。

5.2　监测分析方法

各项指标的监测分析方法见表 4。

表 4　各项指标的监测分析方法

序号	项目	分析方法	方法来源
1	温度	温度计测定法	GB/T 13195—1991
2	相对湿度	湿度计测定法[1)]	—
3	风速	风速仪测定法[1)]	—
4	照度	照度计测定法[1)]	—
5	噪声	声级计测定法	GB/T 14623
6	氟化物	离子选择电极法	GB 7484—1987
7	NH_3	纳氏试剂比色法	GB/T 14668—1993
8	H_2S	亚甲蓝分光光度法	GB 11742—1989
9	CO2	滴定法[2)]	—
10	PM_{10}	重量法	GB 6921—1986
11	TSP	重量法	GB 15432—1995
12	空气 细菌总数	沉降法	GB 5750—1985

（续表）

序号	项目	分析方法	方法来源
13	恶臭	三点比较式嗅袋法	GB/T 14675—1993
14	水质　细菌总数	平板法	GB 5750—1985
15	水质　大肠菌群	多管发酵法	GB 5750—1985
16	pH 值	玻璃电极法	GB 6920—1986
17	总硬度	EDTA 滴定法	GB 7477—1987
18	溶解性总固体	重量法	GB 5750—1985
19	铅	原子吸收分光光度法	GB 7475—1987
20	铬（六价）	二苯碳酰二肼分光光度法	GB 7467—1987
21	锌	原子吸收分光光度法	GB 7475—1987
1)：畜禽场相对湿度、照度、风速的监测分析方法，是结合畜禽场环境监测现状，对国家气象局《地面气象观测》（1979）中相关内容进行改进形成的，经过农业部批准并且备案。 2)：采用国家环境保护总局《水和废水监测分析方法》（第三版）中国环境出版社，1989。			

参考文献

1. GB 3095—1996　环境空气质量标准
2. GB 3838—1988　地表水环境质量标准
3. GB 5749—1985　生活饮用水卫生标准
4. GB 14554—1993　恶臭污染物排放标准
5. NY/T 388—1999　畜禽场环境质量标准
6. NY 5027—2001　无公害食品　畜禽饮用水水质标准

种猪场建设规范

ICS 65.040.10
P 35

备案号：23231-2008

DB

北 京 市 地 方 标 准

DB11/T 574—2008

种猪场建设规范

Construction specification for breeding pig farms

2008-07-24 发布　　2008-11-01 实施

北京市质量技术监督局　发布

目 次

前　言

本标准由北京市农业局提出。

本标准由北京市农业标准化技术委员会养殖业分会归口。

本标准起草单位：北京市畜牧兽医总站。

本标准主要起草人：云鹏、肖炜、韦海涛、路永强、谢实勇、王晓凤、蒋益民、张利宇、史文清、潘珺。

种猪场建设规范

1 范围

本标准规定了种猪场建设的建设规模、选址、布局、工艺与设施、猪舍建设、卫生防疫和环境保护等要求。

本标准适用于新建及改扩建的种猪场。

2 规范性文件

下列文件中的条款通过本标准的引用而成为本标准的条款。凡是注明日期的引用文件，其随后所有的修改单（不包括勘误的内容）或修订版均不适用于本标准，然而，鼓励根据本标准达成协议的各方研究是否可使用这些文件的最新版本。凡是不注明日期的引用文件，其最新版本适用于本标准。

GB 15618　土壤环境质量标准

GB 16548　病害动物和病害动物产品生物安全处理规程

GB 18596　畜禽养殖业污染物排放标准

GBJ 39　村镇建筑设计防火规范

GB/T 17824.1　中、小型集约化养猪场建设

GB/T 17824.3　中、小型集约化养猪场设备

NY/T 388　畜禽场环境质量标准

NY 5027　无公害食品　畜禽饮用水水质

3 术语和定义

下列术语和定义适用于本标准。

3.1　种猪场 pig breeding farm

从事猪的品种培育、繁育和生产经营，并取得省级畜牧行政主管部门颁发的《种畜禽生产经营许可证》的猪场。

3.2　全进全出 all-in and all-out

将同一生长发育或繁殖阶段的猪群同时转进或转出同一生产单元。

3.3　基础母猪 foundation sow

经过一胎产仔鉴定成绩合格留作种用的1.5岁以上的母猪。

4 建设规模

4.1　建场要求

种猪场的建设规模应符合国家的猪良种繁育体系总体规划布局要求和猪良种繁育体

系结构需求，并符合周边地区种猪市场需求量及社会经济发展状况。

4.2 饲养规模要求

种猪场的建设规模应符合表1的规定。

表1 种猪场基础母猪规模（头）

	大型种猪场	中型种猪场	小型种猪场
选育场	>600	400~600	300~400
扩繁场	>1 000	600~1 000	300~600

4.3 建设项目

4.3.1 生产区：种公猪舍、母猪舍、分娩哺乳舍、仔猪培育舍、生长舍、育肥舍、测定舍等生产设施设备。

4.3.2 管理区：办公室、接待室、资料档案室、饲料加工车间、饲料仓贮库、水电供应设施等。

4.3.3 生活区：工作人员的宿舍、食堂等生活设施。

4.3.4 隔离区：兽医室、隔离猪舍、病死猪焚烧处理与粪便污水处理设施等。

4.4 建设面积

4.4.1 猪舍总建筑面积按每饲养一头基础母猪需15~20m^{2}计算，猪场的其他辅助建筑总面积按每饲养一头基础母猪需2~6m^2 计算。

4.4.2 猪场的场区占地总面积按每饲养一头基础母猪需60~70m^{2}计算，不同规模猪场占地面积的调整系数为：大型场0.8~0.9，中型场1.0，小型场1.1~1.2。

4.4.3 生活区和管理区建筑面积符合GB/T 17824.1的要求。

5 选址

5.1 场址应选在地势平坦、干燥、交通方便、背风向阳、排水良好的地方。

5.2 水源充足，取用便利，水质良好，符合NY 5027的规定。

5.3 场区内土壤质量应符合GB 15618的要求。

5.4 无有害气体、烟雾、灰尘及其他污染。周围3km无大型化工厂、矿厂等污染源，远离其他畜牧场、畜禽屠宰场、学校、公共场所、居民居住区、交通干线等。

5.5 在居民区及公共建筑的下风向。

5.6 在饮水源、食品厂等下游。

5.7 以下地段或地区不得建场：水源保护区、旅游区、自然保护区、环境污染严重区、畜禽疫病常发区、山谷洼地等易受洪涝威胁的区域，以及国家或地方法律法规规定需要特殊保护的其他区域。

6 布局

6.1 建筑物布局

6.1.1 猪场建筑设施应按生产区、管理区、隔离区和生活区四个功能分区布置，各个功能区之间界限分明，各区间设有隔离墙和消毒设施。生活区、管理区位于生产区主风向的上风向及地势较高处，隔离应位于场区主风向的下风向及地势较低处。

6.1.2　生产区按三点安排，公猪舍、配种舍、母猪舍、妊娠母猪以及分娩哺乳舍放置一点；仔猪培育舍单独一点；生长肥育舍和测定舍放置一点。各点距离用绿化带或围墙隔开，三点间有道路或门控。

6.2　道路设置

猪场与外界应有专用道路相连通。生产区不设直通场外的道路，管理区和隔离区应分别设置通向场外的道路。场内道路分净道与污道，两者应严格分开，不得交叉与混用。净道用来运送饲料、兽药等；污道用来运送粪污、病猪、死猪等。

7　工艺与设施

7.1　确定工艺方案的原则

7.1.1　符合种猪饲养和选育的技术要求。

7.1.2　符合种猪场的防疫要求。

7.1.3　符合粪尿污水减量化、无害化处理的技术要求和环境保护要求。

7.1.4　符合动物福利的要求。

7.1.5　有利于提高劳动生产率。

7.2　饲养与管理工艺

7.2.1　种猪饲养应根据全年生产出栏计划总头数，对猪群按不同阶段分批饲养，做到全进全出、均衡生产，提高劳动生产效率和猪栏利用率。

7.2.2　饲养设施配置的原则

7.2.2.1　应满足种猪性能测定和选育的要求。

7.2.2.2　应满足种猪饲养的要求。

7.2.2.3　经济实用、便于清洗消毒、安全卫生。

7.2.2.4　有利于减少猪只的应激反应，降低发病率。

7.2.2.5　有利于控制舍内环境、便于观察与处理猪群。

7.3　饲养设施

7.3.1　分娩母猪采用高床饲养。保育猪应采用网、床饲养设施。

7.3.2　采用人工或机械饲喂设施，自动饮水设施，有关设施性能不低于 GB/T 17824.3 的规定。

7.3.3　猪舍沿长轴方向设置粪尿沟，粪便清洗采用人工或机械清洗，不得采用冲水式清洗。

8　猪舍建筑

8.1　结构

应采用轻钢结构或砖混结构。

8.2　形式

应根据当地自然气候条件，因地制宜采用半开放式或有窗式封闭猪舍。

8.3 舍内平面布置

猪栏沿长轴方向呈单列或多列布置。分娩哺乳舍和仔猪培育舍采用单元式猪舍为宜。

8.4 地面

猪舍内应采用硬化地面，地面应向粪尿沟处作1%~3%的倾斜，地面结实、易于冲洗，能耐各种形式的消毒。

8.5 方位

猪舍朝向和间距须满足日照、通风、防火、防疫的要求，猪舍长轴朝向以南向或南偏东15°以内为宜；每相邻二猪舍纵墙间距控制在7~10m为宜。相邻猪舍端墙间距不少于9m。猪舍距围墙不少于10m。

8.6 饲养密度

不同猪群的饲养密度应符合表2的规定。

表2 猪群的饲养密度

猪群类别	每栏饲养头数（头）	每头占猪栏面积（m^2）
种公猪	1	7.5~9.0
空怀、妊娠母猪	4~5	2.0~2.5
后备猪	4~6	1.5~2.0
哺乳母猪	1	3.8~4.2
断奶仔猪	10	0.38~0.42
测定猪	4~6	1.5~2.0
生长猪	8~10	0.6~0.9
育肥猪	8~10	0.8~1.2

8.7 饲料供应

种猪场根据猪群营养需求购进或加工全价配合饲料。若采用加工全价配合饲料，其配套的饲料场的生产能力不应低于表3之规定。

表3 饲料加工厂配套生产能力

猪场规模（饲养基础母猪头数）	300~400	400~600	>600
饲料加工厂生产能力（t/h）	1.5~1.8	1.8~2.0	>2.0

8.8 给水排水

8.8.1 猪舍给水设施应符合GB/T 17824.3的规定。

8.8.2 场区内设地下暗管排放产生的污水，设明沟排放雨、雪水。

8.8.3 生活区、管理区给水、排水按工业民用建筑有关规定执行。

8.9　采暖通风与降温

分娩哺乳舍和仔猪保育舍设置取暖设施，种公猪舍和妊娠母猪舍应设置夏季降温设施，保证其正常繁殖性能。其他执行 GB/T 17824.3 的规定。

8.10　电力

电力负荷等级为民用建筑供电等级三级，自备电源的供电容量不低于全场用电负荷的 1/4。

8.11　场内运输

场内运输车作专车用，不能驶出场外作业。场外车辆严禁驶入生产区，如有特殊情况，车辆应经过彻底消毒后才准驶入生产区。

8.12　场内消防

应采用经济合理、安全可靠的消防措施，应符合 GBJ 39 的规定。

9　卫生防疫

9.1　猪场四周有围墙或防疫沟，并有绿化隔离带，猪场大门入口处设有消毒池等消毒设施。

9.2　生产区入口处设人员更衣淋浴消毒室，在猪舍入口处设地面消毒池。

9.3　种猪展示厅和装猪台设置在生产区靠近围墙处，出售的种猪不可返回。

9.4　饲料库房应设在生产区与管理区的连接处，场外饲料车不允许进入生产区。

9.5　病死猪尸体处理按 GB 16548 的规定执行。

10　环境保护

10.1　环境卫生

10.1.1　新建猪场应进行环境评估，确保猪场不污染周围环境。

10.1.2　污染物处理应遵循减量化、无害化、资源化的原则。

10.1.3　新建猪场应与养猪场同步建设相应的粪尿、污水等废弃物的处理设施。

10.1.4　废弃物经处理，符合 GB 18596 要求后排放或零排放。

10.2　环境质量

场区、猪舍内空气质量和环境质量应符合 NT/T 388 规定。

10.3　环境检测

应定期按照 NY/T 388 的规定，对场区内环境质量进行监测，评估环境质量，并及时采取相应的改善措施。

10.4　场区绿化

场区绿化应结合场区与猪舍之间的隔离、遮阳及防风的需要进行。可根据当地实际种植美化环境、净化空气的树种和花草，不宜种植有毒、有刺、飞絮的植物。场区绿化覆盖率不低于 30%。

种猪生产技术规范

ICS 65. 020. 30
B 43

备案号：23235-2008

DB

北　京　市　地　方　标　准

DB11/T 578—2008

种猪生产技术规范

Technical specification for breeding pig production

2008-07-24 发布　　2008-11-01 实施

北京市质量技术监督局　发布

目　次

前　言

本标准由北京市农业局提出。

本标准由北京市农业标准化技术委员会养殖业分会归口。

本标准起草单位：北京市畜牧兽医总站。

本标准主要起草人：肖炜、云鹏、韦海涛、路永强、谢实勇、王晓凤、张利宇、史文清、蒋益民、潘珺。

种猪生产技术规范

1 范围

本标准规定了种猪的性能测定与选择、引种、生产管理、卫生防疫、饲料和兽药的使用、废弃物处理的要求。

本标准适用于基础母猪300头以上的种猪场种猪生产。

2 规范性文件

下列文件的条款通过本标准的引用而成为本标准的条款。本标准出版时，所示版本均为有效。凡注日期的引用文件，其随后所有修订单（不包括勘误的内容）或修订版均不适用于本标准，然而，鼓励根据本标准达成协议的各方研究是否使用这些文件的最新版本。凡是不标日期的引用文件，其最新版本适用于本标准。

GB 16548　病害动物和病害动物产品生物安全处理规程

GB 16549　畜禽产地检疫规范

GB 16567　种畜禽调运检疫技术规范

GB 18596　畜禽养殖业污染物排放标准

NY 5030　无公害食品　生猪兽药使用准则

NY 5031　无公害食品　生猪饲养兽医卫生防疫准则

NY/T 820　种猪登记技术规范

NY/T 822　种猪生产性能测定规程

DB11/T 327　生猪生产技术规范

动物性食品中兽药最高残留限量　农业部公告第235号

3 术语和定义

下列术语和定义适用于本标准。

3.1　后备猪 replacement pig

断奶至初配前留作种用的猪。

3.2　育种值 breeding value

数量性状表型值中由基因决定并能真实遗传，在育种中可利用的数值。

3.3　全进全出 all-in and all-out

将同一生长发育或繁殖阶段的猪群同时转进或转出同一生产单元。

4 种猪登记与选择

4.1 种猪登记

纯种个体应进行种猪登记，登记内容和方法按照 NY/T 820 执行。

4.2 种猪选择

种猪的选留应基于生产性能测定和遗传评定。

4.2.1 生产性能测定

4.2.1.1 测定站测定

测定站测定按照 NY/T 822 执行。

4.2.1.2 现场测定

4.2.1.2.1 测定基本条件与要求

a）测定猪的营养水平和饲料种类应相对稳定，并注意饲料卫生条件。

b）受测猪的圈舍、运动场、光照、饮水和卫生等管理条件应基本一致。

c）保证充足的饮水，适宜的温度、湿度。

d）测定单位应具备相应的测定设备和用具，并指定经过省级以上主管部门培训并达到合格条件的技术人员专门负责测定和数据记录。

e）测定猪需保持在健康的情况下，特别是无传染病的条件下，进行性能测定。

4.2.1.2.2 受测猪的选择

a）测定猪的个体号清楚，有 3 代以上系谱记录，品种特征明显。

b）测定猪应健康、生长发育正常、无外形缺陷和遗传疾患。受测前应由兽医进行检疫、按程序进行免疫、驱虫。

c）受测猪的选择应采取窝选与个体选择并重的方式，选择 60～70 日龄、体重 20kg 以上的个体。

4.2.1.2.3 测定项目与方法

测定项目与方法按照 NY/T 822 执行。

4.2.2 遗传评定

用动物模型 BLUP 法估计个体育种值（EBV）或综合选择指数，进行遗传评定。

4.2.3 种猪选择

4.2.3.1 性能测定和遗传评定结束后，根据估计育种值或综合选择指数进行选择。凡体质衰弱、肢蹄存在明显疾患、体型有损症、出现遗传缺陷的淘汰。

4.2.3.2 配种时留优去劣，对发情正常的母猪优先选留，以保证有足够的优良后备母猪补充，确保基础母猪的规模。留种用的后备猪，建立系谱档案。

5 引种

5.1.1 从非疫区健康的猪场引种。购回的种猪经过检疫确认无疫病后，方可进入健康猪舍。

5.1.2 引进种猪应有完整的系谱记录和相应的性能测定成绩。

5.1.3 种猪的出售和转运应符合 GB 16549、GB 16567 的规定。

6 生产管理

6.1 人员管理

按照 DB11/T 327 的规定执行。

6.2 生产工艺

采用全进全出的生产工艺进行生产。根据全年生产出栏计划总头数，母猪分批配种分娩，对猪群不同生长阶段分批饲养，做到全进全出。

6.3 营养标准

各类猪营养需要参考标准按表 1 执行。

表 1 不同猪群的营养参考标准

类型	消化能（MJ/kg）	粗蛋白（%）	赖氨酸（%）	钙（%）	磷（%）
公猪	13.0~13.5	15.0~17.0	0.60	0.75	0.60
空怀母猪	13.0~13.5	14.0~15.0	0.65~0.75	0.85	0.70
妊娠母猪	13.5~14.5	14.0~15.0	0.60	0.85	0.70
哺乳母猪	14.0~14.5	15.0~16.0	0.75~0.85	0.90	0.70
哺乳仔猪	14.0~14.5	20.0~22.0	1.40	0.80	0.65
断奶仔猪	13.5~14.0	18.0~20.0	1.00~1.20	0.70	0.60
后备猪（20~60kg）	13.0~13.5	15.0~17.0	0.80	0.60	0.50
后备猪（>60kg）	13.0~13.5	13.0~15.0	0.65	0.60	0.50

6.4 饲养管理

种猪要保持膘情达到中上营养水平，不能过肥或过瘦。日粮中应加入足量的微量元素和维生素，饲喂一定量的青绿饲料。饲料不宜频繁变换。

6.4.1 种公猪

6.4.1.1 种公猪的日喂量视体重、体况和配种能力适当掌握。体重为 90~150kg，日喂量 2.3~2.5kg；

体重 150kg 以上，日喂量 2.5~3.0kg。

6.4.1.2 种公猪单栏饲养，应经常运动，且作好防暑降温。

6.4.1.3 种公猪要定期检查精液，以保证具有良好的品质。

6.4.2 种母猪

6.4.2.1 后备母猪 80kg 以上，进行限饲，保持适度膘情，严禁过胖或过瘦，基本日喂量 2~3.0kg，但在配种前 14 天，实行短期优饲，以提高其初产仔数量。

6.4.2.2 妊娠母猪前期日喂料量 2.5~3.0kg，妊娠后期日喂 3~3.5kg。母猪体质过瘦过费要适当增减饲喂量。

6.4.2.3 母猪可采用小群饲养。可视体况分群饲养。

6.4.2.4 妊娠母猪应防挤、防跌、防打架、防机械性流产。圈舍应保持干燥卫生，适宜温度16~22℃。

夏季注意防暑降温，防止热应激造成中暑、死胎和流产。冬季注意保温。

6.4.3 后备猪

6.4.3.1 后备猪可采取限量饲养的方式，日饲喂量占其体重的2.5%~3.0%。

6.4.3.2 后备猪按体重大小、强弱、公母分栏小群饲养，每头占栏面积1~1.2m^2，为猪只提供适当的运动。

6.4.3.3 夏季注意防暑降温，冬天注意防寒保暖，适宜温度为18~23℃，相对湿度50%~70%。

6.5 灭鼠灭蝇

灭鼠、灭蝇按照DB11/T 327执行。

6.6 生产档案

生产档案按照DB11/T 327执行。

7 卫生防疫

卫生防疫应符合相关法律法规的要求，防疫制度、免疫和消毒按照DB11/T 327执行；疫病监测按照DB11/T 327执行，监测种类按照NY 5031执行；疫病控制和扑灭按照DB11/T 327、NY 5031执行；无害化处理按照GB 16548执行。

8 饲料和兽药的使用

8.1 饲料和兽药的使用应符合国家相关法律法规和标准，可按照NY 5030和NY 5031执行。

8.2 生猪及其产品中药物残留限量应符合农业部公告第235号规定。

9 废弃物处理

废弃物处理按照减量化、无害化、资源化的原则，按照DB11/T 327执行，达到GB 18596要求后排放或零排放。

畜禽场消毒技术规范

ICS 65.020.30
B 41

DB11

北 京 市 地 方 标 准

DB11/T 1395—2017

畜禽场消毒技术规范

Disinfection technical specification for livestock farm

2017-03-22 发布　　2017-07-01 实施

北京市质量技术监督局　发布

前　言

本标准按照 GB/T 1. 1—2009 给出的规则起草。

本标准由北京市农业局提出并归口。

本标准由北京市农业局组织实施。

本标准起草单位：北京市畜牧业环境监测站。

本标准主要起草人：吴迪梅、张加勇、刘建华、张卓毅、张丽丽、王健、刘薇、蒋益民。

畜禽场消毒技术规范

1 范围

本标准规定了畜禽场的消毒设施、消毒方法、消毒要求。

本标准适用于畜禽场消毒。

2 规范性引用文件

下列文件对于本文件的应用是必不可少的。凡是注日期的引用文件，仅所注日期的版本适用于本文件。凡是不注日期的引用文件，其最新版本（包括所有的修改单）适用于本文件。

NY/T 388　畜禽场环境质量标准

NY 5027　无公害食品　畜禽饮用水水质

3 消毒对象

包括畜禽场厂界内环境，生产管理人员及进出畜禽场的外来人员，畜禽饲养舍及舍内配套设施，各类生产用具，用于运输生产原料或畜禽产品的车辆。

4 消毒设施设备

4.1　畜禽场应配备人员、环境、畜禽舍、用具等的消毒设施设备。

4.2　人员消毒设施应包括更衣室、淋浴间、洗手池和消毒通道。

4.3　人员消毒通道分别设置在进入场区和生产区大门或通道处。

4.4　人员消毒通道内应设置迂回通道，并配置紫外灯和脚踏消毒池。脚踏消毒池内消毒液液面深度应大于15cm，使鞋子全面接触消毒液。

4.5　各畜禽舍入口处应设置消毒室，并放置消毒垫、洗手池和紫外灯。

4.6　车辆消毒池设在场区入口处，宽度与大门宽度相同，长度为3.5~4.0m，池内消毒液液面深度保持20~30cm，水泥结构。

5 消毒方法

5.1 喷雾消毒

采用规定浓度的化学消毒剂，用喷雾装置将消毒液雾化成15μm的细小雾滴，较长时间地悬浮于空气中，适用于人员消毒、舍内消毒、带畜消毒、环境消毒与车辆消毒等。

5.2 浸液消毒

用规定浓度的消毒溶液对消毒对象进行浸泡消毒。浸泡消毒前应将浸泡物洗涤干净后再进行浸泡，药液要浸没物体，浸泡时间30~60min，浸泡液温度应在60℃以上。主要适用于器具消毒、浸泡工作服、鞋靴等。

5.3 紫外线消毒

将紫外灯吊装在消毒房间的天花板或墙壁上，离地面2.5m左右。按1W/m^{3}配置相应功率紫外灯，紫外灯照射消毒时间应大于30min。紫外线灯照射杀灭病原微生物，适用于消毒间、更衣室的空气消毒及工作服、鞋帽等物体表面的消毒。

5.4 喷洒消毒

在畜禽舍周围、入口和畜禽舍等洒石灰水，灭活病原微生物和病毒。

5.5 火焰消毒

在畜禽经常出入的地方用喷灯的火焰瞬间喷射消毒。适用于笼舍、栏杆、地面、墙面及耐高温器物的消毒。

5.6 熏蒸消毒

熏蒸前先将畜禽舍透气处封严，温度保持在20℃以上，相对湿度达到60%~80%，甲醛与高锰酸钾之比为2∶1。容器的容积应大于甲醛溶液体积的3~5倍，用于熏蒸的容器应靠近门，操作人员应避免甲醛与皮肤接触。操作时先将高锰酸钾加入陶瓷或金属容器中，再倒入少量的水，搅拌均匀，再加入甲醛后人即离开，密闭畜禽舍，熏蒸24h以上。适用于密闭式空舍及污染物表面的消毒。

6 消毒要求

6.1 日常卫生

每天坚持清扫畜禽舍粪污，保持圈舍地面清洁，保持饲槽、水槽、用具等清洁干净。

6.2 环境消毒

6.2.1 针对自备井的水源供应，应对蓄水池或水塔进行定期消毒，消毒周期与水塔蓄水周期保持一致。可选用溶于水的含氯消毒剂。水管、水箱可用有效浓度漂白粉溶液浸泡或冲洗消毒。消毒后水中微生物指标应符合NY 5027要求。

6.2.2 保持消毒池内消毒液有效，大门口、生产区入口处消毒池内的消毒液应每周更换2~3次，各入口处消毒池、消毒垫的消毒液每天更换1次。可选用碱类消毒剂、过氧化物类消毒剂轮换使用。

6.2.3 场区道路和圈舍周围环境消毒可用10%漂白粉或0.5%过氧乙酸等消毒剂，每半月喷洒消毒1~2次。

6.2.4 排污沟、下水道出口、污水池定期疏通清理，并用高压水枪冲洗，使用漂白粉每2周消毒1~2次。

6.3 人员消毒

6.3.1 工作人员进入生产区须经“踩、照、洗、换”消毒程序（即踏踩消毒垫消毒，照射紫外线，洗澡或消毒液洗手，更换生产区工作服、胶鞋或其他专用鞋等），经过消毒通道方可进入。

6.3.2 外来人员不能进入生产区，若必须进入生产区时，应按6.3.1进行严格消毒。

6.3.3 场区工作人员每次离开生产区时，用消毒剂洗手，更换工作服，并将换下的工作服用消毒剂浸泡，洗涤后熏蒸消毒或在阳光下暴晒消毒。

6.3.4 进出不同圈舍应换穿不同的橡胶长靴，将换下的橡胶长靴洗净后浸泡在消毒槽中，并洗手消毒。

6.4 畜禽舍消毒

6.4.1 空舍消毒

采用从上到下的喷雾消毒方式，彻底清扫圈舍内外的粪便、垫料、污物、疏通排粪沟；用高压水枪冲洗圈舍内的顶棚、墙壁、门窗、地面、走道，必要时用20%石灰浆涂刷墙壁；搬出可拆卸用具及设备（饲槽、栏栅、保温箱）等，洗净、晾干，于阳光下暴晒。干燥后用消毒剂从上到下喷雾消毒。待干燥后再换另一种类型消毒药剂喷雾消毒。将已消毒好的设备及用具搬进舍内安装调试，密闭门窗后用甲醛熏蒸消毒。使用强酸、强碱及强氧化剂类消毒药消毒过的地面、墙壁应用清水冲刷后再进畜禽。

6.4.2 带畜消毒

带畜消毒时应选择对人畜安全、无毒无刺激性的消毒药，常用的消毒药有0.1%~0.3%过氧乙酸、0.1%次氯酸钠、0.1%新洁尔灭等。消毒时将喷雾器喷头喷嘴向上喷出雾粒。消毒后畜舍内空气质量的微生物指标应符合NY/T 388的要求。

6.5 用具消毒

6.5.1 饲槽、水槽和饮水器等用具每天进行洗刷，每周至少消毒一次。可用0.1%新洁尔灭、0.2%~0.5%过氧乙酸等消毒药进行消毒。

6.5.2 重复使用的注射器等防治器械应高温、高压消毒。

6.6 运输车辆消毒

进出场区的饲料或牲畜运输车辆，车厢内外都要进行全面的喷洒消毒。选用不损坏车体涂层和金属部件的消毒药物，如过氧化物类消毒剂、含氯消毒剂、酚类消毒剂等消毒车身。外来人员车辆不能进入生产区，进出办公区应进行车身、车轮等消毒。

7 注意事项

7.1 稀释消毒药时一般应使用自来水，药物混合均匀，稀释好的药液不宜久贮，现用现配。

7.2 消毒药定期更换，轮换使用。几种消毒剂不能同时混合使用。酚类、酸类消毒药不宜与碱性环境、脂类和皂类物质接触；酚类消毒药不宜与碘、高锰酸钾、过氧化物等配伍；阳离子和阴离子表面活性剂类消毒药不可同时使用；表面活性剂不宜与碘、碘化钾和过氧化物等配伍使用。

7.3 挥发性的消毒药（如含氯制剂）注意保存方法、保存期。

7.4 使用氢氧化钠、石炭酸、过氧乙酸等腐蚀性强消毒药消毒时，注意做好人员防护。

7.5 消毒药的选择和使用应确保产品质量安全和生态环境安全。

7.6　畜禽免疫前后一天，不能进行带畜消毒。

7.7　进行火焰消毒时，应注意消防安全，做好防火措施。

7.8　应做好消毒记录，包括消毒地点、消毒时间、消毒方法、消毒剂名称、消毒剂用量，操作人员等。

生猪养殖场粪便处理技术要求

ICS 65.020.30

B 44

DB11

北 京 市 地 方 标 准

DB11/T 1394—2017

生猪养殖场粪便处理技术要求

Technical specifications for excrements treatment of pig farms

2017-03-22 发布　　2017-07-01 实施

北京市质量技术监督局　发布

目　　次

前　言

本标准按照 GB/T 1. 1—2009 给出的规则起草。

本标准由北京市农业局提出并归口。

本标准由北京市农业局组织实施。

本标准起草单位：北京市畜牧业环境监测站。

本标准主要起草人：张加勇、王全红、直俊强、张建森、王重庆、郭海涛。

生猪养殖场粪便处理技术要求

1 范围

本标准规定了生猪粪便的处理原则、清理与收集、贮存、处理及处理后产物的要求等内容。

本标准适用于生猪养殖场（户）的粪便处理。

2 规范性引用文件

下列文件对于本文件的应用是必不可少的。凡是注日期的引用文件，仅所注日期的版本适用于本文件。凡是不注日期的引用文件，其最新版本（包括所有的修改单）适用于本文件。

GB 5084 农田灌溉水质标准

GB 18596 畜禽养殖业污染物排放标准

GB 18877 有机—无机复混肥料

NY 525 有机肥料

NY/T 682 畜禽场场区设计技术规范

3 术语和定义

下列术语和定义适用于本文件。

3.1 堆肥 compost

将畜禽粪便等有机固体废弃物集中堆放并在微生物作用下使有机物发生生物降解，形成一种类似腐殖质土壤的物质的过程。

3.2 干清粪 dry manure

将畜禽的粪便和尿液排出后随即进行分流处理，干粪由机械或人工收集、清扫、运走，尿液则从排尿沟流出。

4 处理原则

4.1 减量化

生猪养殖场应根据自身特点选择适宜的粪便收集处理工艺，从源头消减排放总量。

4.2 无害化

生猪养殖场应采取适当工艺处理生猪粪便，提高处理效果，使之对人、动物、环境无害。

4.3 资源化

生猪养殖场应根据自身的地理位置、周边环境现状，采取堆肥发酵、沼气等方式，实现粪便的资源化利用。

4.4 达标排放

生猪养殖场粪便对外排放应执行相关标准。

5 粪便的清理与收集

5.1 粪便的清理

生猪养殖场应采取干清粪工艺清理猪舍粪便，降低猪场用水量和收集粪便的含水率。

5.2 粪便的收集、运输

采用专业的设施设备收集、运输从猪舍中清理出来的粪便，收集、运输过程不应出现撒、漏现象。

6 粪便的贮存

6.1 贮存场地选择

生猪养殖场应根据场区布局，按照 NY/T 682 的规定在畜禽场生产区、管理区常年主导风向的下风向或侧风向选择场地建设粪便贮存场。

6.2 贮存容积

贮存场的容积可按最大存栏量计算，每头猪不低于 0.1m^3。

6.3 贮存场建设要求

粪便贮存场的地面应进行水泥硬化，满足防渗要求。同时还应建设相应的辅助设施，如遮阳棚、围墙等，防日晒、防雨淋、防粪水溢流。

7 粪便的处理

7.1 堆肥

7.1.1 原理

利用混合机将猪粪和添加物质按一定比例进行混合，控制微生物活动所需的水分、酸碱度、碳氮比、空气、温度等环境条件，在有氧条件下，借助嗜氧微生物的作用，分解畜禽粪便及垫草中各种有机物，使堆料升温、除臭、降水，在短时间内达到矿质化和腐殖化的目的。

7.1.2 设施建设

猪场需按照相关要求，建设粪便堆肥发酵场，同时配备粪便翻抛等设施，以满足粪便堆肥过程中对场地和堆肥条件的需求。

7.1.3 技术要求

堆肥初期含水率宜控制在30%~50%，堆肥腐解过程则以40%~50%为宜，堆肥产品含水率则应保持在35%左右；堆肥初期温度应保持在30~50℃，中后期则应55~60℃为宜；碳氮比为（20~30）：1 为宜。

7.2 生物堆肥

7.2.1 原理

应用微生物无害化活菌制剂发酵技术处理粪便，通过发酵作用使粪便达到腐熟、除臭和干燥的目的。

7.2.2　设施建设

生猪养殖场需按照相关要求，建设粪便发酵场，同时配备粪便翻抛等设施设备，以满足粪便堆肥过程中对场地的堆肥条件的需求。

7.2.3　技术要求

合理选择堆肥菌种，腐熟前畜禽粪便中的有机质含量应在30%以上，50%~70%为宜，碳氮比为（30~35）：1；腐熟后达到（15~20）：1，pH值为6~7.5，水分含量控制在50%左右为宜。常用的菌种主要有丝状真菌、担子菌、酵母菌和放线菌等。

7.3　生产沼气

7.3.1　原理

利用生猪粪便等原料通过厌氧发酵产生沼气，实现粪便再生利用。

7.3.2　设施建设

根据生猪养殖场养殖量及粪污产生量，按照相关规定和要求建设沼气设施，对粪污进行处理。沼气池容积可按最大存栏量计算，每头猪不低于0.2m^3。

7.3.3　技术要求

生产沼气主要包括四个阶段，即预处理、厌氧发酵、沼气净化、沼气利用。整个生产工艺流程见图1。

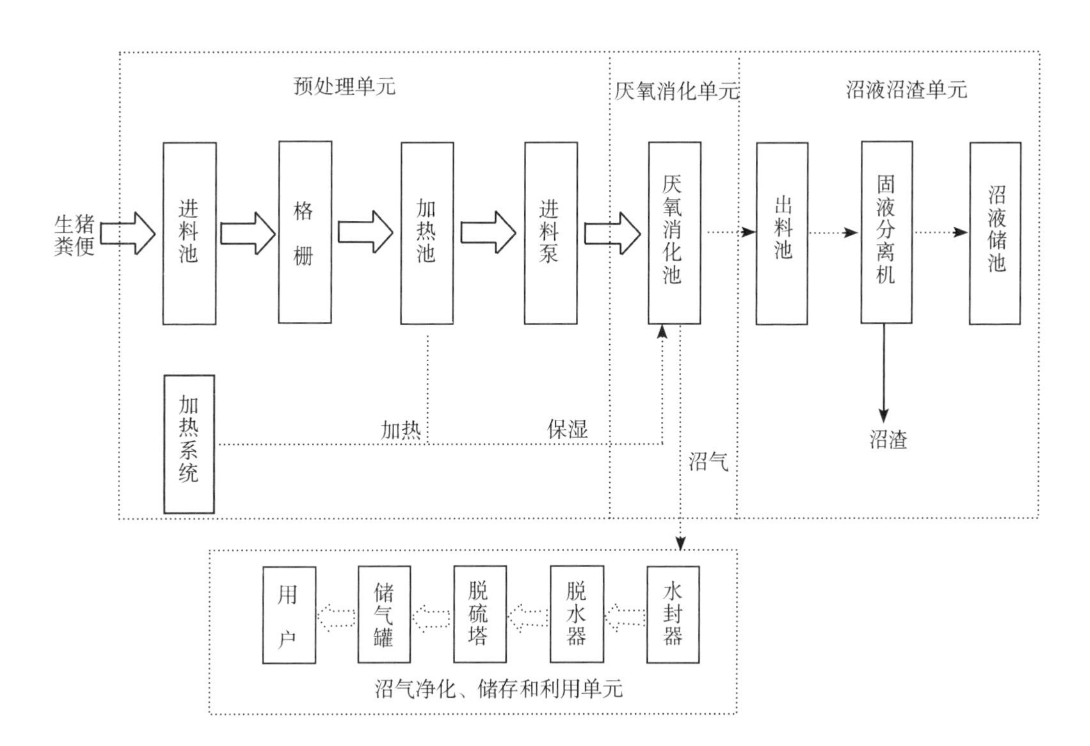

图1　沼气生产工艺流程

7.3.3.1　预处理

预处理主要由进料池和加热池组成。在进料池中将粪便破碎打匀后，经过格栅拦截大的杂质流入加热池，搅拌稀释，加温至35~38℃，采用间断进料方式由进料泵提升至厌氧反应罐进行沼气发酵。

7.3.3.2　厌氧发酵

厌氧消化反应最佳温度范围为35~38℃。冬季应对系统实施整体保温措施，同时还需对厌氧消化罐进水进行增温处理。

7.3.3.3　沼气净化

对厌氧消化罐产生的沼气进行脱水、脱硫等净化处理。

7.3.3.4　沼气利用

根据用户不同的要求，分别进行设计，以满足用户取暖、炊用、供电等要求。

7.3.3.5　沼渣沼液的利用

沼液中富含氮、磷、钾、钠、钨等元素，可用于浸种、叶面施肥、病虫害防治等；沼渣含有有机质、腐殖质、氮、磷、钾等元素，可用于栽培蘑菇、种植花草。

8　处理后产物要求

8.1　堆肥应满足的粪便无害化卫生要求，见表1。

表1　堆肥应满足的粪便无害化卫生要求

序号	项目	卫生标准
1	蛔虫卵	死亡率≥95%
2	粪大肠菌群数	≤10^5 个/kg

8.2　沼渣、沼液作为肥料施入农田应满足的无害化卫生要求，见表2。

表2　沼渣、沼液作为肥料施入农田应满足的无害化卫生要求

序号	项目	卫生标准
1	寄生虫卵	死亡率≥95%
3	粪大肠菌群数	常温沼气发酵≤10 000 个/L，高温沼气发酵≤100 个/L
4	蚊子、苍蝇	有效控制苍蝇孳生，池的周围无活的蛆、蛹或新羽化的成蝇
5	沼渣	达到表1要求后方可用于还田

8.3　沼液作为农田灌溉水时，应符合GB 5084的规定。

8.4　沼液直接排放时，应符合GB 18596的规定。

8.5　堆肥和沼渣作为有机肥料的，应符合NY 525和GB 18877的规定。

猪场生物安全管理规范

——猪场生物安全概念
——生物安全控制内容
——实际操作

一、生物安全的概念

生物安全是指在生物体外杀灭病原微生物（包括寄生虫），降低机体感染病原微生物的机会和切断病原微生物传播途径的一切措施。生物安全涉及猪场选址、切断病原的传播途径、严格的免疫程序、优质的营养供给、重要疫病的净化、严格的环境控制与灭菌消毒、病死猪的无害化处理、污水猪粪的处理等养猪的全过程。

二、生物安全的内容

猪场生物安全（Farm Biosecurity）是比防疫具有更深刻的内涵、外延和更高技术要求的概念，其主要包括四方面内容：

（1）如何防止猪场以外有害病原微生物进入猪场。

（2）如何防止有害病原微生物在猪场内的传播和扩散。

（3）如何防止猪场内的病原微生物向外传播扩散。

（4）猪场内部如何消除或净化有害病原微生物。

三、实际操作总则——“十八字方针”

“守住门”：

门卫要尽职尽责，看守好猪场大门，进出场区的人和车辆要严格登记、消毒和备案，尽可能减少进出，力争做到养殖区域封闭，生活区独立管理。

“盯住人”：

来人来客来访人员要坚决杜绝进入生产区，特别需要进入生产区开展相关工作的，需请主管确认执行消毒防疫程序后方可进入，并做好细致的登记；

未经猪场主管或者安全防疫员许可，不得进入生产生活区进行无端的活动；

本场人员对进入同样严格执行相关制度，盯紧每个来往活动人员，本场员工因事离场再返回必须按照相同程序进行外来病原菌的净化和隔离，减少风险。

“管住车”：

大门口的消毒池按要求及时更换消毒液，确保消毒池内消毒液有效浓度，按比例配制有效浓度的消毒液，不能进行简单地加水加药操作，不按浓度要求的消毒液是达不到灭菌消毒的要求的；进出车辆严格遵照执行登记、备案、消毒管理制度，必要时建设车辆洗消中心。

“把住料”：

从品质信誉和生产管理规范的饲料企业进料（饲料生产或销售许可证），每批次进料手续和卫生状况进行检测，杜绝饲料运输车多场次运输，确保饲料免受污染。

“看住猪”：

建立猪场猪群巡查制度，通过人员巡视、监控监测、采食量和精神状态的变化等手段和方法，多关注猪群的状态变化，发现异常立即隔离并采取积极的措施进行隔离或送检检测，做到早发现，早防治。

“关注邻”：

密切关注近邻地区和周边猪场疫病状况，多跟地方动物防疫部门进行沟通，切实了解当前疫病流行和变化状况，及时采取预防和控制措施。

四、猪场生物安全常规操作

（一）猪场消毒

消毒是保障猪场安全生产的一个非常重要的措施，通过消毒工作可以达到杀灭和抑制病原微生物扩散或传播的目的。消毒分为日常消毒、空舍消毒和器械消毒等。

1. 日常消毒

——入场人员的消毒要求：

场门、生产区以及生产车间门前必须设有消毒池，池内的消毒液必须保持有效的浓度，消毒液每周更换 1~2 次。每次更换要有记录，走道的消毒垫必须保持潮湿（消毒液浸湿）；进场前必须先用消毒剂洗手，将手和暴露在外面容易接触到的手臂清洗干净，洗完后自然干燥；入场前必须喷雾消毒 30s，达到全身微湿；脚踩消毒垫或消毒池 1min，消毒垫（池）的消毒液要用高浓度的消毒液；员工外出回场需在门卫处洗头、洗澡，更换场内预先准备的干净衣服和鞋子方可入内。

——进入猪舍的消毒要求：

进入猪舍的人员必须穿胶鞋和工作服，双脚必须踏入消毒池消毒 10s 以上或者更换猪舍内部的胶鞋，并且洗手消毒。

——猪舍内部消毒：

各栋舍内按规定打扫卫生后，每周一、周四带猪喷雾消毒 2 次。

——饲料及断奶仔猪运输车辆的消毒：

车辆在进场前必须严格喷雾消毒 2 次，要用消毒液将车表面完全打湿：包括车头、车底、车轮、内外车厢、顶棚等。消毒时间间隔 30min，消毒后方可从消毒池进入场区。门卫负责填表做好记录。种猪运输车辆必须转猪专用，具备两副垫板，并将垫板泡于消毒池中 24h 后晾干后交替使用。

——销售淘汰种猪消毒要求：

销售的淘汰种猪要用内部车辆运到离种猪场 500m 以外的下风方向或更远的地方再将猪转到商贩车上，售猪车辆的消毒程序按照车辆消毒方法进行；赶猪人员要分工明确、分阶段站岗、不同岗位的工人应该穿不同颜色衣服。不得在猪栏和上猪台之间来回往返；要防止淘汰猪返回，淘汰猪要从淘汰专用通道出场，不得使用正常的生产通道和上猪台；销售结束后对使用过的上猪台、秤等工具以及过道要及时清理、冲洗、消毒；

参与淘汰猪出售的人员，衣鞋要及时清洗、消毒。

——场区内消毒：

猪舍外的走道、装猪台、生物坑为消毒重点，每周三消毒一次。外界出现重大疫情时，要用生石灰在场周围建立 2m 宽的隔离带。解剖病死猪只后必须用消毒剂消毒现场，尸体进入生物坑、焚烧炉焚烧或无害化处理等，地表用消毒液泼洒，再用生石灰掩盖，参与人员不得在生产区随意走动，更换衣服洗澡消毒后方可返回生产岗位。

2. 空舍消毒

空舍后先将灯头、插座及电机等设备用塑料薄膜包好，整理舍内用具和清理舍内垃圾，用洗衣粉 1∶400 对整个猪舍进行喷洒、浸泡，待停放 30min 完全浸泡后用压力 4MPa 高压水枪进行清洗。风扇、百叶窗、水帘等地方进行清洗时应将高压水枪枪头调成喷雾状，避免水压过大损坏设备。

清洗完毕后马上打开风扇抽风，让猪舍干燥后，然后用消毒药对栏舍所有表面进行全面消毒，消毒时间不低于 2h。

消毒后 12h 用清水再次冲洗栏舍，再用消毒药彻底喷雾消毒一次。

第二次消毒后 12h 再用清水将栏舍进行冲洗，将栏舍内所有表面打湿，用高锰酸钾/甲醛熏蒸 2 天。

用量：每立方米需高锰酸钾 6. 25g，40%甲醛 12. 5ml。

计算：长×宽×高（包括凹凸部分）。

方法：先打湿；使室温保持在 27℃左右；每 3～4m 放置一平底容器；在所有容器内放入高锰酸钾后再量取甲醛，从猪舍一端开始迅速倒入甲醛，或先倒入甲醛而后将称量好的、用纸包的高锰酸钾放入容器，这样更安全。如事先在容器内放入 1/2～1 倍量的水，可使反应缓和，不致使消毒药溅出来。关闭门窗熏蒸 12h 以上；进猪前至少通风 24h。

空栏消毒时间最好控制在 1 周时间，最低不得少于三天。

3. 器械消毒

——注射器针头消毒：

注射疫苗前，清洗注射器针头，高压灭菌消毒 30min 或煮沸消毒 45min，晾干备用。

——注射部位消毒：

通常用 2%～5%碘酊消毒，一次涂抹碘酊不宜过多，尽量等干燥后再注射，否则碘酊注射针孔进入杀灭疫苗而造成疫苗防疫失败；后用 75%酒精消毒（即取 95%酒精 75ml 加蒸馏水至 95ml）。

——注射用过的针头先用清水洗干净，连同清洗后的注射器高压灭菌 30min 或煮沸消毒 45min，晾干后再使用。

4. 常用消毒剂

猪场常用的消毒剂有农福、正净、高锰酸钾、甲醛、碘酊、酒精和甲紫等，各消毒剂的使用范围和浓度要求见下表：

常见消毒剂的使用范围及浓度要求

类别	名称	常用浓度	用法	消毒对象
碱类	烧碱	1%~5%	喷洒	消毒池
	生石灰	10%~20%	洒、刷	道路、空圈舍
醛类	福尔马林	2%~10%	喷洒	空舍、车辆
		10~20ml/m^3	熏蒸	空舍、车辆
	正净	1：(400~600)	喷雾	车辆、空舍
酚类	复合酚	1：(100~300)	喷雾	环境空栏消毒池、车辆等
季胺盐类	新洁尔灭	0.1%	浸泡	猪舍内外环境车辆等
	百毒杀	1：(100~300)	喷雾	猪舍内外环境
酸类	农福	1：200	喷雾	猪舍内外环境
卤素类	有机氯	1%	喷雾	环境、带猪消毒
	碘类	2%~5%	喷雾	环境、带猪消毒
氧化剂类	高锰酸钾	0.1%	浸泡	皮肤及创伤消毒
	过氧乙酸	0.5%	喷雾熏蒸	猪舍内外环境消毒
醇类	酒精	75%	外用	皮肤创伤及器械消毒

注：带猪消毒的浓度也用于人的喷雾、洗手等消毒。

5. 注意事项

消毒液的用量：消毒剂必须彻底地将消毒面打湿，消毒的药液最低量为0.3L/m^2，一般为0.3~0.5L/m^2。

消毒液作用的时间不得低于30min；消毒前要保持消毒对象的清洁卫生；消毒剂要现配现用，混合均匀，避免边加水边消毒的现象；不同性质的消毒液不能混合使用。

甲醛熏蒸消毒时，保持栏舍湿度，消毒时确保栏舍密封性；定期轮换使用消毒剂。

消毒操作人员做好自身防护措施，避免发生烫伤、灼伤等事故，尤其是使用化学性较强消毒药，应该做好岗前培训。

（二）疫苗免疫

免疫是保障猪场安全生产的一个非常重要的措施，通过合理的免疫工作可以提高猪群的抵抗力，从而有效降低病原微生物对猪场造成的危害。

1. 免疫程序

根据猪场自身的特点及当地疫病流行的规律，以严格的血清学检测结果作为依据制定出符合自身猪场的免疫程序。

2. 疫苗的运输保存

疫苗应按要求进行冷链运输，故接收疫苗时要检查包装是否完整，箱内是否放有冰袋，箱温是否符合要求；以上三点若不符合要求则疫苗不能接收。疫苗接收后，应按说明书要求分别进行冷藏保存和冷冻保存。

冷藏保存：是指液体活疫苗或者灭活疫苗的保存，通常保存温度为2~8℃；

冷冻保存：是指冻干疫苗的保存温度，通常保存温度为-15℃以下；

温度记录：每天10：00和15：00记录保存温度及最高最低温度。

3. 疫苗的接种

注射时一猪一针头，注射器械使用前高温消毒和检查够用并装于器械盒，注射时用围栏或绳保定，控制猪只活动。

15kg以下的猪用12mm×20mm针头，15~30kg猪用12mm×25mm针头，30kg以上用（12~16）mm×38mm针头。

准备其他工具如围栏、喷漆、冰块等；疫苗保存要温度适宜和避光。

使用疫苗前检查疫苗如颜色、沉淀、黏度及有效期。

疫苗从冰箱取出后应放在加冰块的保温箱中；活疫苗稀释后2h内用完。

灭活疫苗用前要摇均匀，剩余的马上放回冰箱；注意阅读疫苗的使用说明，如剂量、注射方式。

疫苗注射中发现猪出现应激时，及时注射抗应激药物。

在注射疫苗时发现针孔出血，要再补注一针，补救免疫失败。

后备种猪疫苗注射时间为猪进入后备舍10天左右猪群稳定时开始；注射后应对猪只作好标记并观察有无应激。

如必须同时注射2种药物或疫苗应分两侧注射；过敏猪应隔离治疗。

注射疫苗要在猪耳后三角区中间，不能太上太下。

注射疫苗后，主管负责填写好免疫记录表，记录好疫苗注射时间、剂量、猪只头数、疫苗批次、疫苗名称、责任人等相关信息。

（三）抗体监测

为监测猪群的健康状况，了解疫苗的免疫效果，以便能够合理地调整免疫程序，将定期对猪群进行抽样和全群检测，检测计划如下：

1. 抗体水平抽查

每年检测4次，检测时间分别在3月、6月、9月、12月1—5日。基础群600头的场抽样10%，抽检0~5胎次母猪各10头（其中哺乳母猪、怀孕35~84天母猪以及怀孕85天以上母猪各20头）保育肥猪4周龄、8周龄、14周龄、20周龄各10头；基础群1 000头的场抽样5%，抽检0~5胎次母猪各10头（其中哺乳母猪、怀孕35~84天母猪以及怀孕85天以上母猪各20头，保育肥猪4周龄、8周龄、14周龄、20周龄各15头；公猪全部检测。抽查的常规项目为猪瘟、蓝耳、伪狂犬和口蹄疫抗体，每个猪场根据自己实际情况确定常规检测项目。

2. 猪瘟净化

每年3月1次，种猪场所有母猪进行猪瘟抗体普查，抗体不合格者加强免疫一次，21~28天再次采血化验，不合格的一律淘汰。

3. 后备猪

按批次检测，在每批的16周龄、20周龄、24周龄和32周龄进行检测；16周龄、20周龄和32周龄的后备猪按10%~15%比例抽查；24周龄的全部检测，抗体检测不合格的一律淘汰。

4. 紧急抽样检测

如有特殊情况，根据生产情况进行紧急抽样检测。

（四）病死猪的处理

1. 病猪的处理

全面检查猪群，看是否存在异常；进入猪栏，赶起每头猪观察其状况；发现病猪做上记号。

患病严重的将其挑出到病猪栏进行治疗。

跟踪治疗效果，使用超过2种治疗方案无效的，立即处理淘汰。

2. 死猪的处理

死猪进生物坑、焚尸炉焚烧或无害化处理，生物坑每月加一次10%的烧碱溶液100kg。

生物坑要有足够的空间，一般2 400头种猪场生物坑至少100m，生物坑必须有盖，以防动物或鸟类食尸体引起疾病传播。

3. 阻断病原的传播

生物坑周围每月15日要进行一次消毒并在周围撒石灰。病死猪用有内膜的口袋并用专用车周转，不能让病死猪直接接触地面，参与处理病死猪人员不得在生产区随意走动，更衣洗澡消毒后方可返回生产岗位。

（五）生物管制

（1）不得在场内饲养猫、狗、鸡、鸭等其他动物。

（2）场区大门要用遮阳网蒙住下端，每天检查围墙有无损坏，及时发现及时修补，避免猫狗等小动物入场。

（3）避免饲料撒落地面，如有饲料撒落，应马上回收或清理干净以避免鸟类入场进食；

（4）每季度进行一次集中灭鼠工作，消除鼠疫。

（5）生活区的剩饭、剩菜不乱扔乱倒，每周进行一次卫生大扫除，清理场内垃圾，清洁环境，防止蚊蝇的孳生。

生猪规模养殖场生物安全运行规范*

猪场生物安全系统是为阻断场外病原感染猪群、维护猪群健康安全、保障猪场安全生产而采取的一系列疫病综合防范措施。随着非洲猪瘟、塞尼卡病毒等外来病的传入流行，使国内猪病疫情形势严峻，防控难度加大，为进一步加强猪病防控工作，强化本市规模猪场生物安全屏障，保障生猪养殖健康持续发展，现制定生猪规模场生物安全控制体系与运行标准。

一、总体原则

养殖者应按“科学选址、合理布局、完善制度、执行到位、定期评估、实时改进”的原则，根据自身生猪养殖需求，科学选择建场地址，合理规划栏舍布局，加强各项制度建设，严格落实防疫措施，根据实际防控效果定期查漏补缺并实时改进，不断完善生物安全制度，确保生猪养殖健康安全。

二、硬件设施

1. 养殖场选址

养殖场区要求位置独立、地势高燥、通风良好、给排水方便，远离集中式饮用水源地，距离主要交通干道、居民生活区 1km 以上，距离屠宰场、交易市场、其他养猪场 3km 以上。

2. 结构布局

（1）场区周围建立有效防疫隔离带，设立养殖场防疫标志明显（有防疫警示标语、标牌）。

（2）根据猪场所在地全年主导风向和地势，场内划分生活区、生产区和无害化处理区，生活区位于上风位，无害化处理区位于下风位。各区之间不应小于 50m 并建立有效的物理隔离带。

（3）场区内净污道分开，避免交叉污染。

（4）栋舍之间距离不小于 10m，根据生产流程合理布局栋舍。

（5）场内配建预售猪只设施或观察舍。

（6）场内须建远离主群 50m 以上的引种隔离舍、病猪隔离舍，后者位于猪场下风向。

（7）场内设立专用的兽医室。

（8）场内建立专用的物料库。

（9）配建出猪台且与生产区保持有效距离。

3. 设施设备

（1）距场区 500m 处建立车辆洗消中心，用于车辆清洗消毒。场区入口配建有效的

* 文本来源：北京市动物疫病预防控制中心

车辆消毒设备设施，用于入场车辆二次消毒，建立有效的人员消毒设施。

（2）生产区入口配置有效的人员消毒、淋浴设施。

（3）栋舍入口放置消毒盆和脚踏池，用于生产人员手部和鞋底消毒。

（4）根据生产规模配置饮水和上料系统，保育舍装配可控的饮水加药系统。

（5）兽医室配备免疫、采样、诊疗的仪器设备。

（6）设立监控室，配备必要的监控设备，用于生产管理和接待介绍。

（7）在无害化处理区配置病死动物和粪污等无害化处理设施或设备。

4. 生物安全控制

（1）场区须实现雨污分流。

（2）生产区具备有效的防鼠、防虫媒、防犬猫、防鸟进入的设施或措施，场区禁养其他动物。

（3）场区内有防雨、防渗漏、防溢流措施。

三、生产管理

（一）人员管理

1. 场外人员

严禁场外人员入访。须入场时必须严格消毒登记后方可进入。

2. 场内人员管理

（1）建立对猪场管理人员和工人的培训和考核制度，树立防疫意识屏障，培养疫病处置能力。

（2）建立严格的岗位责任制，专人专舍，严禁擅自串舍串岗。

（3）生活区与生产区实行“颜色管理”，种猪、产房、保育、育成育肥段（区）采取不同颜色、款式工作服和雨鞋以便对工人区分管理。

（4）生活区进入生产区，严禁带入个人物品，手机、眼镜等必需品应经紫外消毒后方可带入生产区。

（5）新员工进入生产区前须经 4 天的隔离期；休假或外出返场的员工至少须经 2 天的隔离期。

（6）所有进入生产区人员必须淋浴、更衣、换鞋、消毒后方可进入，着重对头发、指甲等重点部位清洗，严禁违规入区。

（7）员工进出猪舍对手部、鞋底进行消毒，进出不同栋舍需更换雨鞋（雨鞋每栋猪舍均需备好）。

（二）日常防疫

（1）建立场内防疫人员体系，明确防疫责任。

（2）建立健全防疫制度和相关应急预案，制定兽医诊疗与用药制度，做好相关记录。

（3）建立生产和健康巡查制度和记录，包括配种、妊检、产仔、哺育、保育与生长等。

(4) 严格实行“全进全出”，按栋、单元为单位实施转猪计划。

(5) 猪只分群、转群和出栏后，栋舍要彻底进行清扫、冲洗、消毒和空舍。

(6) 料槽及其他饲养管理工具每天洗刷，定期消毒，严禁混用生产工具、设备。

(7) 妊娠母猪和哺乳母猪上、下床通道使用前后都应彻底清洗消毒，母猪做淋浴或冲洗消毒处理。

(8) 每周进行 1 次带畜消毒。

(9) 发现病死猪时，饲养员应将其放置栋舍门口，由场内后勤人员集中将各区、各栋门口病死猪拖运至暂存点，清运顺序为种猪区、保育、育肥，最后至暂存点。

(10) 坚持“自繁自养”，须进新猪必须经非洲猪瘟、猪瘟、蓝耳病、伪狂犬等病原检测为阴性后，隔离饲养至少 30 天方可混群。

(11) 销售种猪须预先挑选合格的，避免筛后不合格猪返舍，选猪展厅务必保持干净干燥状态。

(12) 售猪或淘汰猪时各区工作人员根据职责分段赶猪。饲养员将猪赶至猪舍门口，后勤人员负责赶至出猪台，装猪人员或司机负责装猪。

(13) 售猪后出猪台需要用高压、发泡剂或温水冲洗并彻底消毒。

(三) 免疫防控

(1) 根据国家规定的强制免疫疫病、辖区和本场的疫病流行状况，制定免疫防控方案，并做好免疫记录。

(2) 须用正规厂家、有生产批号的疫苗，严禁使用“自家苗”和其他试验苗。

(3) 免疫接种过程中，用针遵循“一窝一针头”，以降低交叉感染风险。

(4) 连续注射器、针头、剪刀等重复利用的器械，用完后先用清水清洗，去除孔内或死角处残留物，再高温消毒 30min。残留疫苗、疫苗瓶等废弃物须无害化处理。

(四) 隔离诊疗

(1) 日常健康巡查中，发现临床异常猪只应立即拉至病猪隔离舍进行隔离。

(2) 病猪剖解需在密闭远离主群的房间内进行。

(3) 重复利用的诊疗器具应清洗、高温（或酒精）消毒，诊疗废弃物须无害化处理。

(4) 隔离治疗的母猪、种公猪须在病愈后观察 14 日方可返圈混群。商品病猪严禁返圈混群，直至育成出栏。

(五) 车辆管理

1. 场外车辆

(1) 车辆必须在洗消中心彻底清洗、消毒，经猪场负责人或相关技术人员检查合格后方可驶至猪场门口，经再次消毒，司机下车需穿戴鞋套后方可拉猪。

(2) 环卫车与医疗垃圾车严禁进入猪场，由猪场中转车将死猪拉至指定中转站卸载。卸完死猪后，中转车返回洗消中心彻底清洗消毒。

2. 场内转运车

场内饲料和猪只转运车须由低风险向高风险的路线行驶。转运车每日清洗消毒一次。

3. 其他车辆

（1）配送物资车辆在洗消中心彻底清洗消毒后，经猪场负责人或相关技术人员检查合格后方可驶至猪场门口。

（2）个人及公车严禁进场，停于猪场门口的车辆每周清洗消毒一次。

（六）投入品管理

1. 饲料

（1）饲料中严禁使用血浆蛋白、血清等高风险猪产品。

（2）饲料运输车在运输过程中不可打开料罐，要按规定行驶线路行驶，避开屠宰场、养殖区等高风险区域。

（3）颗粒料经中转罐打到各栋舍料罐，严禁饲料车靠近猪舍。

（4）袋装料在中转料库储存 3 天，经熏蒸消毒后方可运入各栋舍。

2. 饮水

（1）猪场用水必须选用洁净、理化指标合格的软质水或硬度适中的水。

（2）定期清除蓄水池内壁的藻类、淤泥，清除供水管道和饮水器内的污垢。

（3）使用过滤设备过滤或使用氯制剂类对饮水进行处理。

（4）兽药疫苗、耗材一律去除外包装消毒后转运至相应库房备用。

（七）病媒虫介防范

（1）猪舍门窗密闭，屋檐和料库等需要有防鸟设施。

（2）定期清理场内杂草和废弃杂物，严防老鼠和蚊子等传播媒介。

（3）定期开展驱蚊灭鼠工作。

（八）消毒

1. 消毒药选择与使用

（1）针对本场疫病流行情况有针对性地选择消毒药。消毒药的使用遵循交替使用原则，通常选择“酚—氯—醛”类消毒药交叉使用。

（2）消毒剂要现配现用，混合均匀，避免边加水边使用的现象。

2. 消毒方法

（1）化学消毒：针对防水的设备物资进行体表喷雾消毒。

（2）熏蒸消毒：对于一般物资可以直接熏蒸，熏蒸时必须摊开物资（密封袋拆开），熏蒸 24~72h。

（3）酒精消毒：适用于不宜熏蒸和喷雾的物资设备，如精密仪器设备、电子产品等，用 75%酒精擦拭表面。

（4）紫外线消毒：针对防潮物品、防异味物品、蔬菜、食品等可采用紫外线消毒。

3. 生产区消毒步骤

（1）无水清洁：无水清洁清除所有有机物质，移走所有设备（保温灯、仔猪料槽、橡胶垫等）。

（2）用水清洗：用水清洗，用水（热水 71℃、参考用量 1.0L/m^2）高压冲洗地面和墙壁上的粪便及天花板。

（3）化学清洁：清洁液清洁，使用清洁剂浸泡 20~30min 后，用水冲洗干净，等待干燥。

（4）化学消毒：消毒剂消毒，选择合适的消毒剂按说明书进行稀释消毒（一般推荐用量 300ml/m^2）；喷洒消毒时，药物必须彻底地将消毒面打湿，作用 30min。

四、评估

猪场采用定期自查和实验室检测方法对各项生物安全的落实效果进行评价（见附件）。

（一）制度自查

定期检查各种免疫、消毒等生产记录及养殖环境治理情况，进行生物隐患排查和整改。

（二）效果自查

每月采集车辆、栋舍、雨鞋、粪便等环境样品，展开重要病原学监测，及时评估感染风险。

（三）猪群健康评估

（1）仔猪处理液：收集仔猪脐带、断尾等组织，对组织渗出液进行处理，监测母猪健康状态。

（2）唾液采集：对生长猪群进行群体采样，定期监测病原感染，排查生物安全漏洞。

（3）精液监测：定期对精液展开病原和细菌监测。

（4）血清学监测：采集前腔静脉血、耳根血开展抗体监测，利用抗体结果评估免疫效果。